中国轻工业"十三五"规划教材
高等学校通识教育选修课教材

食品文化简论

Introduction to Food Culture Second Edition

第二版

U0219978

主编 / 庞 杰 余 华 梁文娟

中国轻工业出版社

图书在版编目（CIP）数据

食品文化简论／庞杰，余华，梁文娟主编 . —2 版
. —北京：中国轻工业出版社，2022. 11
ISBN 978-7-5184-3307-0

Ⅰ. ①食… Ⅱ. ①庞… ②余… ③梁… Ⅲ. ①饮食—
文化—中国—高等学校—教材 Ⅳ. ①TS971. 202

中国版本图书馆 CIP 数据核字（2020）第 246980 号

责任编辑：马 妍 巩孟悦
策划编辑：马 妍 责任终审：劳国强 封面设计：锋尚设计
版式设计：砚祥志远 责任校对：宋绿叶 责任监印：张 可

出版发行：中国轻工业出版社（北京东长安街 6 号，邮编：100740）
印 刷：三河市国英印务有限公司
经 销：各地新华书店
版 次：2022 年 11 月第 2 版第 1 次印刷
开 本：787×1092 1/16 印张：13.75
字 数：329 千字
书 号：ISBN 978-7-5184-3307-0 定价：45.00 元
邮购电话：010-65241695
发行电话：010-85119835
网 址：http：//www.chlip.com.cn
Email：club@chlip.com.cn
如发现图书残缺请与我社邮购联系调换
201476J1X201ZBW

本书编写人员

主　　编　庞　杰　福建农林大学
　　　　　　余　华　成都大学
　　　　　　梁文娟　云南农业大学

副 主 编　吴春华　福建农林大学
　　　　　　周一鸣　上海应用技术大学
　　　　　　张　辉　浙江大学
　　　　　　温成荣　大连工业大学
　　　　　　杨金初　河南中烟工业有限责任公司

参编人员　（按姓氏笔画排序）
　　　　　　马萨日娜　内蒙古农业大学
　　　　　　孙玉敬　浙江工业大学
　　　　　　孙意岚　福建农林大学
　　　　　　李广森　阿尔法集团（郑州）实业有限公司
　　　　　　李美英　华南农业大学
　　　　　　李　媛　中国农业大学
　　　　　　李　颖　青岛农业大学
　　　　　　杨　丹　福建农林大学
　　　　　　吴咏芳　浙江农业商贸职业学院
　　　　　　陈　文　福建农林大学
　　　　　　陈丽娟　郑州轻工业大学
　　　　　　陈　磊　武汉轻工大学
　　　　　　林慧敏　浙江海洋大学
　　　　　　郑盛璇　莆田学院
　　　　　　徐祥彬　海南大学
　　　　　　唐伟敏　浙江大学
　　　　　　鲁玉妙　西北农林科技大学
　　　　　　颜吉强　福建农林大学

前言（第二版） | Preface

　　中华食品文化始于先秦，夏商周成形，秦汉发展丰富，直至唐宋明清辉煌鼎盛，与中华文化交融发展，是源远流长的中华文化重要组成部分。其精髓是"善在调味，重在营养，美在造型"。饮食的历史渊源、典故传说、逸闻趣事、文人墨客和风土人情，将饮食与思想情感和文化品位有机融合，将简单的饮食行为层面上升到精神层面，形成食品文化，对中国文化的发展产生深远影响，成为我国浩瀚文化发展史上熠熠生辉的瑰宝。

　　本书从历代经典著述中引经据典，力求以雅俗共赏、深入浅出的方式，剖析中国食品文化的起源、形成与发展，让读者从饮食品质、审美体验、情感活动、社会功能等方面领略中国食品文化的博大精深，感悟食品文化内涵，传承中华优秀传统文化。全书结合中国食品文化的历史渊源及形成特点，以食品文化的功能性、安全性、阶层性、民族性、地域性、传承性、艺术性和传播性八大特征为维度，诠释中国食品文化的特性，传递中国食品文化的核心思想。

　　本书各章节分别由以下作者完成：绪论庞杰；第一章余华、梁文娟、孙玉敬、陈文；第二、第六章吴春华、陈磊、杨丹、马萨日娜、颜吉强；第三章周一鸣、李广森、马萨日娜；第四章张辉、李媛、李颖、孙意岚；第五章余华、杨金初、徐祥彬、鲁玉妙；第七章张辉、吴春华、杨金初、李美英；第八章温成荣、余华、林慧敏、陈文；第九章陈丽娟、吴咏芳、唐伟敏、郑盛璇。全书由庞杰、余华、梁文娟、张辉修改、统稿，并对个别章节进行修改。研究生郭洋洋、徐晓薇、刘婧雯协助主编统稿，并系统整理文字。浙江大学哲学社会科学国家创新基地主任黄华新教授对全书进行了审定。

　　本书可作为高等院校的公选课教材及食品类专业素质教育教材，也可作为文化研究者的参考资料。本书第一版中文繁体版权于2018年2月输出至台湾地区。本教材编写过程中，参考了许多中外文献，编者对这些文献作者，对提出宝贵意见的专家教授们，对热情指导、大力支持编写工作的中国轻工业出版社领导一并表示衷心感谢！

　　由于编者水平有限，书中难免有不当之处，敬请广大读者与同行提出批评和建议，以便我们日后进一步完善和修订。最后，愿中华文化繁荣昌盛，愿我们的明天更美好。

编者

2022 年 5 月

"民以食为天"这句话，相信大家早已耳熟能详。人们的生活离不开一日三餐，从基本需求的角度看，吃首先当然是为了"果腹"，俗话说就是填饱肚子，中国人"吃"的文化可谓闻名于天下。随着社会发展和生活水平的提高，人们在解决了温饱问题之后，开始追求生活品质，希望生活得愉快、健康，并能延年益寿。中华饮食文化的精髓是"善在调味，重在营养，美在造型"。人们在追求各种美味佳肴满足食欲的同时，更应该细细品味其中蕴藏着的丰厚的内涵——饮食文化。

饮食文化在中国文化中具有非常重要的地位，在世界饮食文化史上也是一枝独秀，有"食在中国"的美誉。中国饮食文化始于燧人氏钻木取火石烹，经中国古代三皇五帝完善与发展，形成于周秦时期。中国饮食文化的丰富时期，归功于汉代中西（西域）饮食文化的交流，然而饮食文化的高峰，则在唐宋时期。"素蒸声音部，罔川图小样"，最具代表性的是著名的烧尾宴。到了明朝，饮食文化又达一高峰，是唐宋食俗的继续和发展。满汉全席则代表了清代饮食文化的最高水平。

中华医食同源、五味调和、孔子食道等饮食思想对中国饮食文化的发展产生了深远的影响。饮食的历史渊源、典故传说、逸闻趣事、文人墨客和风情民俗促使饮食与思想情感和文化品位相互联系。饮食文化向科学、合理、深邃方向发展，使之由简单的物质层次升华到丰富的精神层面上来。中国饮食文化发展至今，在我国浩瀚的文化史上，堪称一朵奇葩。生活在这个拥有几千年饮食文化的文明古国中，我们应当共同徜徉于文化海洋之中，抓住机遇，创造出一个个传播中国饮食文化的平台，确立一种促进身心和谐发展的良好生活方式，并进一步丰富中国饮食文化的内涵，弥补其缺憾，为我国现代化建设的发展创造良好的文化环境，展示中国饮食文化特色，把中国与世界结合起来，让世人记住这个充满文化气息的中国。

《食品文化简论》着眼于剖析中国饮食文化的起源、形成与发展，传递中国饮食文化的基本精神，从历代经典著述中引经据典，力求以雅俗共赏的方式，深入浅出，引导人们从饮食活动过程中的饮食品质、审美体验、情感活动、社会功能等方面领略中国食品文化的博大精深。本书保留了目前市面上同类图书的特点，又以独特的角度与大家话文化、聊食品，同时围绕中华民族的各色饮食文化展开，是一本地域性、民族性、艺术性、审美性共同交融的饮食文化图书。从大的方向本书可概括为以下七部分：第一部分，食品文化的历史渊源及潜在特点；第二部分，食品文化的功能及安全性探讨；第三部分，历史发展所形成各阶段的食品文化；第四部分，中华民族特色饮食文化；第五部分，地域性产生的饮食文化；第六部分，主食、茶、酒文化的经典传承；第七部分，趣话食品文化的艺术及传播性。总之，本书以中国食品文化的历史渊源及形成特点为线索展开，与地域、艺术、民族等鲜明特点有机融合，深入浅出谈文化。

本书的内容通俗易懂，而非高深莫测，但传播的文化内涵具经典性、知识性、实用性、趣味性，让读者轻松徜徉其中，了解中国的饮食文化、民间习俗、地域饮食特点，领略食品文化这朵奇葩，其乐无穷。

本书由福建农林大学、海南大学、浙江大学、西南大学、上海交通大学、西北农林科技大学、华南农业大学、云南农业大学、华中农业大学、杭州师范大学、厦门海洋职业技术学院和浙江海洋学院等单位共同编写而成。要特别感谢毕业于福建农林大学食品科学学院的杨金初付出艰辛的劳动。福建农林大学食品学院硕士研究生肖晓莹、陈丽萍参加了文字整理工作，江西师范大学的研究生史学荣参加了全书的配图及文字编排工作。全书由庞杰、刘湘洪、敬璞、陈继承、简文杰和明建修改、统稿，并对个别章节进行修改，以及完成最后的审定工作。

本书可作为通识性文化教育教材及文化研究者的参考资料，也可作为高等院校食品质量与安全、食品科学与工程专业教材及农林类院校进行素质教育的公选课教材。

本教材编写过程中，参考了许多中外文献，编者对这些文献的作者，对提出宝贵意见的专家教授们，对热情指导、大力支持编写工作的中国轻工业出版社领导一并表示衷心感谢！由于编者水平有限，书中难免有不当之处，敬请广大读者与同行对本书提出宝贵的批评和建议，以便我们日后进一步完善和修订。最后，愿中华文化繁荣昌盛，愿我们的明天更美好。

目录 | Contents

中华文化源远流长且博大精深，而食品文化是其中的重要组成部分，在中华文化中占据特殊地位。历代的传说以及文人墨客所记载和倡导的相关思想，将食品文化从简单的饮食行为层面上升到精神层面，对中国文化的发展影响巨大。食品文化贯穿着每一个时代，但食品文化的存在与发展也受到各因素的影响，而这些因素同时也赋予中国食品文化一些特征，如功能性、安全性、阶层性、民族性……研究中华食品文化意义非凡，它是了解中国的一把钥匙，透过中国食品文化，可以知晓古今中国的发展状况。

第一节　食品文化的起源

对于中国饮食文化而言，饮食是次要部分，而饮食所承载的文化才是其主要部分。这与中国饮食文化的起源与发展有密切关系。中国文化起源于先秦时期，而食品文化也在这个时期占据了中国文化的特殊地位。

说中国文化起源于先秦时期，是因为在这个时期涌现出许多伟大人物，他们对随后中国文化发展的方向有着重大影响，他们创建的学派深入到社会形态和思想的构建之中，他们的文学创作奠定了中华民族的精神。说食品文化在这个时期占据了中国文化的特殊地位，是由于这个时期伟大的思想家们都曾经深刻论断过食品文化，并深入思考食品文化与中国文化这两者间的联系。他们的至理言论改变了中国人眼中的饮食概念，使它由简单的物质层次上升到丰富的精神层次上来，对中国文化的发展产生了深远的影响。

中国古代的很多传说都与人们的生存状况或者饮食情况有关。

燧人氏的传说意义重大，虽其记载稍后于些，但却折射出先人的思想光辉。燧是火的意思，"燧人氏始钻木取火，炮生为熟，令人无腹疾，有异于禽兽。"人类在未用火之前的进食方式主要是生食，这一历史时期被我们称作"自然饮食状态"。恩格斯说过："就世界性的解放作用而言，摩擦生火还是超过了蒸汽机，因为摩擦生火第一次使人支配了一种自然力，从而最终把人与动物界分开。"他还指出："甚至可以把这种发现看作人类历史的开端。"因此燧人氏的地位很高，火的使用在食品文化发展史上具有划时代的意义。

神农氏也对中华民族史的开端发挥了重要作用。神农意味着农业的开始，农业的开始意味着先民开始产生生产食品的主动性，意义非凡。《神农本草经》是神农氏尝百草的结晶（图1-1），充分表明了先民开始对食物的比如药性功能有了更新地关注，但这个时候的食品仍然是缺乏的。

再有，许多古代的伟大人物及其著作搭起了中国文化与饮食的桥梁，空前提高了饮食的重要性，在文化发展过程中，起到了指引的作用。

《周易》被称为中国文化之源，对中国文化的影响无形而巨大，它不仅提出了一个思维模式，还对中国的食品文化进行了可贵的探讨，并设计出中国饮食具体的文化精神与价值理念。例如，食对于民众的重要性、人体内的阴阳平衡与饮食、饮食有节、应时顺气、鼎中之变、五味调和、饮食礼仪等。这些不但反映了中国古代饮食烹饪名物制度，揭示其基本义理，而且其辩证的思维模式也在一定程度上指导着饮食文化的发展，"一阴一阳之谓道"的"中和观"后来成为饮食文化的核心思想。

孔子（图1-2）是思想家，同时又是美食家。他对中国文化的发展产生了巨大影响，他创立的儒学主导着中国古代的思想文化，渗透到中华民族生活的方方面面。虽然孔子的人生追求在于如何实现政治理想，只是"食无求饱，居无求安"，但是他同样把对食品文化的许多独创见解及生动思想贯穿于日常生活之中，把饮食礼仪与礼的思想相结合，对后世的影响很深远。儒家所提倡的礼仪渗透到中国人生活的点点滴滴。以吃饭的形式为例，中国人的饭局讲究之多是世界上其他国家所无法比拟的。这种讲究就是礼仪，礼仪贯穿用餐的整个过程之中，从排座位到按序上菜，从谁先动筷到何时离席，都有明确的规定，把儒家的礼制观念发挥得淋漓尽致。在中国人的饭局上，最尊贵的人是坐在靠里面正中间的位置，上菜的顺序是先凉后热、先简后繁。吃饭的时候，要等最尊贵的人动筷后，其他人才能跟着动筷。吃完饭后，人们往往还要聊上一会儿，以增进彼此的感情，等最尊贵的人流露出想走的意思后，大家才能随之散席。

图1-1 神农尝百草图

图1-2 孔子

墨子（图1-3）说过"量腹而食，度身而衣"，反对人们过高追求物质生活上的享受，他的学生吃的是粗茶淡饭，穿的是粗布衣，和普通民众没有两样。墨子反对儒家"贪于饮食，惰于作务"。《墨子·非乐》指出社会上有三大问题："民有三患：饥者不得食，寒者不得衣，劳者不得息，三者民之巨患也。"提出要社会互助、积极生产。他已经看到了粮食对于国家的重要性，认为国家的七大忧患之一就是"畜种菽粟不足以食之"。此外，《节用》篇也讲述了古代饮食的道理。

老子的饮食思想与其政治思想相通并独成体系，其主旨是既要适应当时的社会，又要清心寡欲，辩证地看待饮食之美。老子的理想是"无为而治"和"小国寡民"："甘其食，美其服，乐其俗，安其居。"老子提倡永远保持极低的物质生活水平，认为发达的物质文明不会有

图1-3 墨子

好的结果："五色令人目盲，五音令人耳聋，五味令人口爽；驰骋畋猎令人心发狂，难得之货令人行妨。是以圣人为腹不为目，故去彼取此。"意思是越是丰美的饮食，越使人味觉迟钝，过分追求食物的滋味，反而会伤害胃口。老子还提出："为腹不为目。"是针对当时饮食的奢靡之风提出的批评，认为不应只求饮食外在的美，而应求其实际，吃饭是为了饱肚子，不是为了好看。老子又有"为无为，事无事，味无味"的说法，"味无味"就是以无味为味，能于恬淡无味之中体会出最浓烈的味道来才是最高级的品味师，也算是一种独到的饮食理论。很明显，老子的饮食观与其人生哲理密切相关，谈的是饮食，同时也是人生态度。老子还明确提到饮食对人的修养的重要意义，有"治身养性者，节寝处，适饮食"的议论。老子有一句治国名言："治大国若烹小鲜。"小鲜，即小鱼，老子将治理大国比喻为煎烹小鱼，就是说统治者已经做出的决策必须准确稳定，如果朝令夕改，那就像是用铲子乱铲乱翻，锅里的小鱼就会被铲烂。

孟子是孔子之后儒家一大派，对后代也有很大的影响。孟子指明大自然给人类提供了无穷无尽的食物资源，关键在于统治者不能违背自然规律："不违农时，谷不可胜食也；数罟不入洿池，鱼鳖不可胜食也；斧斤以时入山林，材木不可胜用也；谷与鱼鳖不可胜食，材木不可胜用，是使民养生丧死无憾也。养生丧死无憾，王道之始也。"孟子最有名的说法是："鱼，我所欲也，熊掌，亦我所欲也，二者不可得兼，舍鱼而取熊掌也。生，我所欲也，义，亦我所欲也，二者不可得兼，舍生而取义者也。"在为了说明取舍之难时，用了鱼和熊掌的难以割舍的比喻。比喻中的食物使得说理更为生动贴切。在同一节里他又说道："一箪食，一豆羹，得之则生，弗得则死，呼尔而与之，行道之人弗受；蹴尔而与之，乞人不屑也。"将对待食物的态度与人所应当具有的崇高气节相联系，很能鞭策人。

《孟子·告子上》："告子曰：食色，性也。"先秦思想家很少有人谈论到性的问题，对男女之间的事情总是讳莫如深，而《告子》却石破天惊地讨论了它，并且将它与吃饭这一头

等大事放在同一重要位置来谈，确实不能不让人感到意外。《告子》将人的追求概括为饮食之欲和男女之情两个方面，并将食放在第一的位置，说明了食品在人的本原的生存意义上的重要性。

据上所述，所以说中国食品文化起源于先秦时期，并深深地影响着后来的食品文化的发展。

第二节　食品文化的特征

食品文化的存在与发展，取决于自然生态环境与文化生态环境两大系统因素。就物质层面说，饮食文化主要取决于自然因素；就精神层面看，则主要受文化因素的制约。食品文化在各种因素的作用下，经过数千年的丰富和发展后，开始呈现出各式各样的性质，最终形成了如今璀璨夺目的食品文化。说到食品文化的特征，中西方饮食文化是不同的。西方的饮食，由于最初是以畜牧为主，肉食在饮食中所占的比例一直很高，到了近代，种植业比重增加，但是肉食在饮食中的比例仍然要比中国人的高。由于肉食的天然可口，所以西方人没有必要对饮食进行装点，肉食的天然可口限制了烹饪的发展。欧洲人在显示富裕的时候，多以饮食的工具来表现，如各种器皿的多少和豪华程度成为讲究的内容。相较之下，中国文化则可以称之为"吃的文化"。虽然中西食品文化各有不同，但是仍然有许多共通的东西。总的来说，食品文化包含功能性、安全性、阶层性、民族性、地域性、传承性、艺术性和传播性八个特征，本书将以这八个特征为切入点，以最直接、最形象的方式将博大精深的食品文化生动地展现给大家，带领大家一睹当今食品文化的盛况。

一、功能性

"民以食为天"的古语充分说明了"食"的重要性。食品作为人类生存的最基本要素，首先在于它的营养性，何谓营养性？是指食物中所含的养分，生物从外界摄取养料滋补身体以维持其生命的性质就称为营养性。食物最主要的是营养作用，一旦离开食品营养的滋养，人类也将无法生存，为此，营养性常常又被称为生存性。然而在营养学家的心目中，营养常常有另一个解释：食物中的营养素和其他物质间的相互作用与平衡对健康和疾病的关系，以及机体摄食、消化、吸收、转运、利用和排泄物质的过程。为此，食品又慢慢衍生出另一种重要功能：食疗。食疗是指利用食物来影响机体各方面的功能，使其获得健康或治愈疾病的一种方法。大多数人都认为食品的功能性指的就是营养性，其实不然，中医很早就认识到食物不仅能提供营养，而且还能疗疾去病。如近代医家张锡纯在《医学衷中参西录》中曾指出：食物"病人服之，不但疗病，并可充饥；不但充饥，更可适口，用之对症，病自渐愈，即不对症，亦无他患"。可见，食物本身就具有"养"和"疗"两方面的性质和作用，它们两者的结合就是食品的生理功能。

一个人生命的整个过程都离不开营养，人在胚胎阶段就得从母体中吸取自己所需要的营养，营养的好坏及充足与否不仅直接影响胎儿的正常发育，还关系到孩子一生的健康。营养不仅与人类的生长发育有关，对人的智力、延寿以及病人身体的康复也起着决定性作用。

在促进生长发育方面，主要的影响因素有营养、运动、疾病、气候、社会环境和遗传因素等，其中营养是最主要的影响因素。

在智力方面，食品中的营养素极其重要，在大脑发育最快的儿童时期需要提供足够的营养物质，如蛋白质、二十二碳六烯酸（DHA）、磷脂酰胆碱等，一旦这些营养物质摄入不足，将影响大脑发育，阻碍智力开发。

人体的衰老属于自然正常现象，是不可避免的，但是如果在日常生活中科学饮食，注重饮食规律，多摄取均衡、合理、抗老化的营养素，就能延缓衰老，达到健康长寿的目的。如中老年人应多吃水果、蔬菜等富含维生素、纤维素的食物，少吃油脂或胆固醇含量较高的食物，这样既可防止高血压、糖尿病的发生，又可预防心血管疾病。

此外，充分、合理地摄入营养可以帮助病人尽快康复，当一个病人与病魔抗争时，机体承受着较大的压力，而足够的营养通常能帮助人们抵抗压力，加快康复速度，同时充足的营养也能为工作负担和精神压力过大的人减负降压，增进健康，时刻保持旺盛的精力。

医食同源、药膳同功是中华饮食文化的又一特点。在中国人的眼里，食物不但能果腹，而且合理的膳食更能养生，治愈疾病。食物与药物都有治疗疾病的作用。但较药物而言，食物每天都要吃，与人们的关系更为密切，所以历代医学家都主张"药疗"不如"食疗"。如宋代《太平圣惠方》中有这样一段记载："食能排邪而安脏腑，清神爽志以资气血，若能用食平病，适情遣疾者，可谓上工矣。"食物的治疗作用可以概括为三个方面，即"补""泻"与"调"。食物的性能概念主要有"性""味""归经""升降浮沉""补泻"等。总之，食疗反映了食物与人体的关系，是从整体的角度去把握食物对人体的不同作用。

除了生理功能外，食品还具有社会功能和娱乐功能。社会功能有许多方面，包括历史功能、教育功能、传承理德、传递情感、陶冶情操和政治情愫六方面，但概括起来主要体现在两个层次上，一是食品具有联络感情的功能，二是具有维持社会稳定的功能。娱乐功能是指人们在食品文化的活动过程中获得快乐的效用。人们在注重"吃得营养、吃得健康"的时候，也开始追求食品文化的娱乐功能，以求获得享受。食品的娱乐功能主要表现在两个方面，分别是审美乐趣和食俗乐趣。食品文化的社会功能和娱乐功能共同构成了食品文化精神方面的功能，对食品文化的丰富和发展具有重要意义。

二、安全性

前面已表述食品安全问题关系到人民群众的身体健康、生命安全和社会稳定。随着生活水平和生活质量的提高，人们对食品的质量与安全的意识不断增强，食品安全也渐渐成为社会广泛关注的敏感话题。食品安全在我国有两方面的含义，一是国家或社会的食品保障（food security），即是否具有足够的食物供应；二是食品中有毒、有害物质对人体健康影响的公共卫生问题（food safety）。为了更便于区分这两个概念，现在有关方面已将 food security 译作"食物安全"。1996 年，世界卫生组织（WHO）在其《加强国家级食品安全计划指南》中将"食品安全"和"食品卫生"作为两个不同概念加以区别，其中"食品卫生"定义为为了确保食品安全性和适用性在食物链的所有阶段必须采取的一切条件和措施。而"食品安全"定义为对食品按其原定用途进行制作和食用时不会使消费者健康受到损害的一种担保。从中可知，"食品安全"比"食品卫生"涵盖的范围要广。

我国食品工业经过几十年的发展取得了突出的成绩，国家加大了对食品安全的监管力度，但食品安全问题，食品中毒事件仍有发生，假冒伪劣产品屡禁不止。例如，2006 年的福寿螺致病事件、人造蜂蜜事件、"苏丹红鸭蛋"事件、超碘乳事件、变质乳事件、孔雀石绿事件；2008 年的三聚氰胺乳事件；2011 年的"瘦肉精"事件、地沟油事件、毒豇豆事件等；2013 年硫黄熏制"毒生姜"事件、镉大米事件等；2015 年走私"僵尸肉"事件；2017 年天津独流调料造假、多地的"脚臭盐"事件、"三只松鼠"开心果霉菌超标事件等；2021 年河北"养羊大县"的瘦肉精事件、奈雪的茶菌落总数超标等。食品安全问题一直是老百姓日常议论和关注的话题。如果这个问题得不到更好的解决，将会对人民的身心健康、整体生活水平、食品工业乃至整个经济发展造成负面的影响。

造成食品安全问题的原因主要有八个方面：①微生物引起的食源性疾病。②长期使用农药、兽药、化肥及饲料添加剂。③环境污染。④食品添加剂。⑤食品加工、贮藏和包装过程的操作不当。⑥食品新技术新资源的应用带来新的食品安全隐患。⑦传统的批发市场和农贸市场存在安全隐患。⑧法律制度的不完善带来的问题。概而言之，食品不安全因素可能产生于人类食物链的不同环节，其中某些有害成分特别是人工合成的化学品，可因生物富集作用而使处在食物链顶端的人类受到高浓度毒物的危害。为此，我们必须认真对待食品安全给我们带来的挑战。为了保障食品安全，维护社会稳定，对于未来社会的食物供应和食品质量和卫生方面的安全性，应采取措施积极应对，既要维持当前良好的势头，又得切实研究食品不安全问题，认真分析原因，采取行之有效的对策，逐步消除食品的不安全因素，构筑适合我国国情的食品安全体系。

总而言之，吃得营养，吃得安全，是人类生存的基本要求，也是社会稳定、发展的动力。

三、阶层性

纵观中国饮食文化大致有五个基本的阶层，分别是：宫廷饮食文化、贵族饮食文化、文人士大夫饮食文化、市井百姓饮食文化、宗教饮食文化。

宫廷饮食文化处于中国饮食史上的最高层次，是以御膳为重心和代表的一个饮食文化层面，包括整个皇家禁苑中数以万计的庞大食者群的饮食生活，以及由国家膳食机构或以国家名义进行的饮食生活。《诗经》中讲："普天之下，莫非王土。率土之滨，莫非王臣。"在长达 2000 余年的中国封建社会里，身居巍峨的皇宫和瑰丽的皇家花园之中的帝王，不仅在政治上拥有至高无上的权力，在饮食的占有上也凌驾于万人之上。因此，帝王拥有最大的物质享受。宫廷饮膳凭借国内最精美珍奇的上乘原料，运用当时最好的烹调条件，在悦目、福口、怡神、示尊、健身、益寿原则指导下，创造了无与伦比的精美肴馔，充分显示了中国饮食文化的科技水准和文化色彩，同时体现了帝王饮食的富丽典雅而含蓄凝重，华贵尊荣而精细真实，程仪庄严而气势恢宏，外形美与内在美高度统一的风格，使饮食活动成了物质和精神、科学与艺术高度统一的过程。尤其在清朝时期达到最高峰，奢侈靡费、等级森严、礼节繁缛、用料珍贵、烹饪精细等特点都"暴露无遗"。

贵族层主要是由贵胄达官及家资丰饶的世望族所组成。贵族层的家庭饮食生活，往往是日日年节，筵宴相连，灯红酒绿无有绝期。府邸之中奴婢成群，直接服务于饮食生活的役仆便有数十上百。厨师队伍组织健全、分工细密，独擅绝技的名师巧匠为其中坚。他们是灶上烹天煮海，席间布列千珍。其中孔家菜和谭家菜堪称中国古代贵族饮食文化的缩影，是中国古代饮食艺术的典型代表，是贵族饮食文化的活样板、活化石。

中国文人士大夫，是中华美食的享受者，也是中国饮食文化的主要传播者。受中国饮食文化的熏陶，中国历代诗人骚客以饮食为诗、为词、为曲、为文、为赋、为小说戏剧，使悠远绵长的中国文学艺术与中国饮食生活结下不解之缘，不仅在于好吃，享受口腹之乐，更在于吃出门道，吃出滋味，且能用优美的语言文字表述心中的美感。文人与美食之间，从来就有着情感的交融、心灵的契合，还有渴望表述的冲动。因此，真正的文人美食家，自应是好吃、会做、且能说、会写的行家。但愿国人都能在有吃、爱吃之余，也从文人与美食的和谐关系中，悟出一些吃的滋味与美感，享受到美食的妙用与意味。

市井百姓饮食文化层由广大底层民众构成，其中以大多数的农民为主体，包括城镇平民等。市井百姓饮食包括市井饮食和百姓饮食。市井饮食的对象主要是当时的坐贾行商、贩夫走卒，而这些人来去匆匆、行止不定，所以随来随吃、携带方便的各种大众化小吃极受欢迎。而百姓作为民族饮食的基本群体，作为饮食文化之塔的基层，他们取材方便随意，制作方法简单易行，他们所烹饪的菜肴称为民间菜。民间菜是中国饮食文化的渊源，多少豪宴盛馔，如追本溯源，皆源于民间菜肴。民间菜的日常食用性和各地口味的差异性，决定了民间菜的味道以适口实惠、朴实无华为特点。

宗教饮食具有不同宗教在传播和发展中逐渐形成的独具特色的宗教饮食风格。在中国文化中，宗教饮食主要指的是道教、佛教和伊斯兰教的饮食。道家饮食烹饪上的特点就是尽量保持食物原料的本色本性，其典型代表是"道家四绝"。佛家饮食的特点是提倡素食（图1-4），还有就是就地取材，佛寺的菜肴，善于运用各种蔬菜、瓜果、笋干、菌菇及豆制品为原料。伊斯兰教教义中强调"清静无染""真乃独一"，所以就创造了"清真菜"，清真菜以对牛、羊肉丰富多彩的烹饪而著名。

图1-4　佛门素菜——素鸡

四、民族性

民族是一个历史性的概念。它有狭义和广义之分，是在历史上形成具有或基本具有共同语言、共同地域、共同经济生活、共同心理素质的稳定的人群共同体。但是无论是广义上的民族还是狭义上的民族，由于长期赖以生活的自然环境、气候条件、经济生活、生产经营的内容、生产力水平与技术的不同，以及各地区索取的食物对象和宗教信仰存在差异，从而形成了以共同的区域、经济文化为基础的具有共同经济生活、共同饮食礼节与禁忌等共同饮食风格、共同饮食制作技法的具有区域或地方饮食品质的有别于其他民族的文化实体。即形成了各自不同的饮食文化。

我国食品文化的民族性差异形成的主要因素在于自然环境和传统观念。同时，中国饮食文化的民族性主要体现在传统食物的摄取、食物原料的烹制方法、食品的风味特色以及不同的饮食习惯、饮食礼仪和饮食禁忌等几个方面。

由于各个民族生活环境的不同，自然环境供给人类食物的种类、数量也就不同。因此当地所盛产的食物原料往往成为一个民族赖以生存的主要食物，这是人类长期进行定向摄食的主要原因。我国是以"五谷为养"为饮食特点的农业大国，大部分民族的饮食都以五谷为主。如中国北方的主要粮食作物是小麦、玉米、高粱、马铃薯等，因此北方民族农民的主食是小麦、玉米、高粱；东北的朝鲜族、宁夏的回族和新疆的维吾尔族种植水稻，在喜庆节日时常用大米做抓饭招待客人；青海的撒拉族、土族和部分藏族人民吃青稞面和马铃薯；南方的少数民族以大米为主食；凉山彝族、羌族、门巴族、珞巴族、纳西族、怒族、普米族等，以玉米、青稞、荞麦等为主食。

由于环境、资源等自然因素的不同，居住在农业不发达地方的民族往往会开发、利用当地的其他优势食物资源，以其为主食，从而形成当地民族特有的饮食文化。如赫哲族和京族在中华人民共和国成立前仍然以渔业为主，食物中鱼类和海产占主要地位。鄂伦春、鄂温克、独龙、基诺等民族过去以狩猎和采集为主，食物中总有野味和野生植物。从事畜牧业的藏、蒙古、哈萨克、塔吉克、柯尔克孜、乌孜别克、塔塔尔、裕固等民族，以牧畜的肉、乳为主要食物，而以粮食为辅助食物，像蒙古族牧民，一日三餐都离不开肉、乳、乳制品。

在食物分配方式和食用仪式方面，各民族也都独具特色。以鄂伦春人为例，他们在中华人民共和国成立前夕仍处在原始狩猎经济阶段，猎获物属于公有，参加狩猎的人或全氏族平均分配食物。饮食器皿除装肉干的皮口袋及筷子外，盆、碗、篓、箱、盒、桶等，都是用桦树皮制作的。就餐时，一般围篝火或火塘席地而坐。老人、氏族族长、行猎长、佐领及贵宾坐正席（上席），其余人分坐两旁，年轻妇女负责侍候。食物摆放在桦树皮上。

图1-5　丽江粑粑

此外，我国食品文化的民族性还表现在各个民族的特色传统菜肴上。如生活在云南的怒族，喜食用石板烤出来的玉米面与麦面混合饼；排湾人以椰壳当锅，烧热石头放入"椰锅"里烫水煮肉；云南纳西族在大理石板上和面，烙出"丽江粑粑"，油而不腻，冷而不硬，驰名远近（图1-5）；西藏珞巴族以石锅做饭煮菜，虽费柴火，但粥香味美；白族将洱海肥美的鲤鱼，剖腹洗净抹上精盐后与火腿片、鲜肉片、猪肝片、冬菇、海参、豆腐、玉兰片等各种适量配料同置砂锅内，置炭火炉上文火煮成的砂锅鱼，是大理的著名佳肴；朝鲜族的泡菜是该族最富特色的传统风味菜肴，几乎家家必备、每餐必食。这些美味佳肴的存在与传承，很好地诠释了我国民族的特色食品文化，使其民族性更加丰富多彩。

五、地域性

由于地域特征、气候环境、风俗习惯等因素的影响，会在原料、口味、烹调方法、饮食习惯上出现不同程度的差异。从而导致食品文化具有强烈的地域性。

有的学者提出了"饮食文化圈"的概念，依据中国饮食文化区位类型的不同，将中华饮食文化圈划分为以下12个小圈：①东北地区饮食文化圈；②京津地区饮食文化圈；③中北地区饮食文化圈；④西北地区饮食文化圈；⑤黄河中游地区饮食文化圈；⑥黄河下游地区饮食文化圈；⑦长江中游地区饮食文化圈；⑧长江下游地区饮食文化圈；⑨东南地区饮食文化圈；⑩西南地区饮食文化圈；⑪青藏高原地区饮食文化圈；⑫素食文化圈。

以民众食品而言，就有非常明显的地区差异。例如青藏高原海拔高，气候寒冷，身体所需热量大，所以人们多吃牛羊肉，而喝的茶是把牛奶、酥油和茶水混融于一体的酥油茶，他们所吃的都是高热量食物，吃了以后浑身上下，从里到外都觉得热腾腾的。东北地区冬季严寒，缺少新鲜蔬菜，民间多用白菜来渍酸菜，用马铃薯做粉条，所以酸菜粉条炖猪肉很普遍。天津的"狗不理"包子久负盛名，在全国许多城镇都开设了包子铺，天津的大麻花也是名产，只是油太重，略嫌硬，不过拧在一起的麻花丝倒是比较细的。

然而，它们所体现的地域性美食仅仅局限在中国，要想更深入地体会和了解食品文化地域性的魅力，我们还应将目光投向海外，一览各国之间饮食文化的差异，关于这一点，将在本书第六章详细阐述。

六、传承性

在长达数千年的历史中，中国食品文化无论是在精神形态还是在物质形态上，都一直处于世界领先地位。对于中国饮食文化而言，饮食是次要部分，而饮食所承载的文化才是其主要部分，这与中国饮食文化的起源与发展有密切关系。如果离开中国这几千年文化的沉积与传承，中国的食品文化将千篇一律、止步不前，而如今光辉璀璨、博大精深的食品文化也将不复存在。为此，食品文化的发展是一个不断创新的过程，在创新的过程中，时代在变迁，饮食习惯在变化，但是有许多是不变的，这就是食品文化的传承性。

一般而言，食品文化在传承中并不是万象更新的，而是具有相对的稳定性。其中还存在着不变因素。不同国家、不同民族，由于区位文化的长久迟滞及内循环机制下的代代相传，使得区域内食品文化传承牢固保持。食物原料品种及其生产、加工，基本食品的种类、烹制方法，饮食习惯与风俗，几乎都是这样代代相传地重复存在的，甚至区域内食品的生产者与消费者的心理与观念也是这样形成的。

由于长期定性、定向地开发地域性食物，逐步形成了各朝代独特的饮食风尚，同时也伴随着食品文化的代代相传与变迁。如面包技术和烤食技术的成熟和发展，使西亚人首先制成了面包，而饼食技术的成熟和发展，使我们中国人首先制成了面条、馒头和烙饼。同时，随着各种食品原料逐渐被发现，其派生食品也呈现出它的多样性。如菽诞生不久，春秋战国时期，它便一跃成为主食，豆饭、豆羹、豆豉、豆酱、酱油、豆腐（图1-6）、腐乳等制品一一问世。再拿豆浆来说，在唐代，豆浆被时人

图1-6　豆腐

认为是与酒和茶并列的三大饮料。而发展至今，豆浆广泛地成为人们的早餐佳选。又如众所周知的茶叶，它是古老文明的中华民族贡献给全人类的一种上好的饮料，起源于神农，发展于秦汉，兴盛于唐宋，鼎盛于明清，繁荣于现代。其文化可谓是代代相传，源远流长。说到茶，人们一定会想到中国食品文化的另一朵奇葩——酒，其文化无论在酿酒技术、酒业发展，还是在特色酒器方面，经过几千年的发展与传承，均逐渐成为我国一种特殊的文化象

征。包括人们离不开的五谷，它们文化的传承与发展，也有着耐人寻味的历程。因此，任何事物都有其发生、演变的过程，食品文化也不例外。

七、艺术性

文化与艺术，是由经济方式所决定的生活形态和观念形态。在所有的艺术种类和形态中，食品艺术并不是一种在形式、形态、呈现规律和艺术理念等方面表现很纯粹的艺术，食品和人最基本的饮食需求相联系，是人类基本生存欲望的投射对象，它是所有艺术种类、形态中最为独特、抽象和内感化的一种艺术。从而，食品文化的艺术性，讨论的对象便是食品的审美艺术活动，将涉及食品的艺术性质、艺术的价值方位、视觉活动体系和食品种类的艺术特点等有关食品艺术的问题，目的在于展示食品活动的艺术规律。

图1-7　令人惊叹的食品艺术

食品的审美艺术活动（图1-7），即人类最初的审美意识，是萌发于食物的烹饪之中，即表现为对"味"的重视和对"和"的追求。这一点从汉字"美"字的最初含义里也可以得到证实。汉代许慎的《说文解字》是这样解释"美"的："美，甘也，从羊，从大。羊在六畜主给膳，美与善同意。"这就是后人所谓"羊大则美""羊大为美"。羊是人类最早的畜养动物之一，又肥又大的羊自然肉质鲜美，能够满足人们食物上的需要，因此它是善的、美的。显而易见，古人对美的解释基于饮食。关于食品文化的艺术性，同食品中蕴含的丰富的文学知识也是紧密相连的。比如，精于食道的美食家，专业的烹饪工作者之所以具备高于一般人的味觉审美能力，这同他们具有更多美食方面的知识是分不开的。从文人与美食的密切关系中，可以看到味觉审美与知识修养的内在联系。

可见，美，主要表现在食品的形神兼备方面，不仅外形美、气味美，而且所要表达的意思要美。中华饮食之所以能够征服世界，重要原因之一就在于它美。这种美，是中国饮食活动形式与内容的完美统一，是它给人们所带来的审美愉悦和精神享受。无论是从食品的感官角度及内在涵养，还是从食品的烹饪艺术及造型方面，无不将食品文化的艺术性体现得淋漓尽致。

八、传播性

中国食品文化是一种广视野、深层次、多角度、高品位的悠久区域文化，是中华各族人民在漫长的历史进程里生产和生活实践中创造、积累的物质财富及精神财富。

食品文化的传播性不同于其他文化的一个最大特点，就是受传者绝不是被动拿来，而是主动吸收，有些食品的引进还冒着一定的危险。例如，甘薯是明中叶从南洋传入我国的，据广州《电白县志》记载，广东吴川人林怀芝到交趾国（今越南）一带行医，因给交趾国王的女儿治病有功，国王赐食甘薯（图1-8）。林怀芝为了将这种生熟皆可食的甘薯引进中国，要求吃生的，国王派人取来生甘薯，他只啃了两口，偷偷藏起，准备带回中国。交趾有禁令甘薯不准输出异国，出境时被关将发现，此将也曾得重病被林怀芝治好，为酬谢林怀芝之恩，遂将其放行，可是他知道放走携带甘薯的人出境，死罪难逃，遂跳水而死。这样林怀芝才把甘薯带回中国。

图1-8 甘薯

食品文化是流动的，处于内部或外部多元、多渠道、多层面的持续不断的传播、渗透、吸收、整合、流变之中。古代中国作为当时的世界大国，与很多国家有政治和商务来往，这就在很大程度上促进了中国食品文化的传播。早在秦汉时期，中国的饮食文化就开始对外传播。据《史记》记载，西汉张骞出使西域时，就同中亚各国开展了经济和文化交流活动。张骞等人除了从西域引进了胡瓜、胡桃、胡麻、胡萝卜、石榴等物产外，也把中原的桃、李、杏、梨、姜、茶叶等物产及饮食文化传到了西域，并同时带去了中原的饮食工具和烹调方式。

比西北丝绸之路还要早一些的西南丝绸之路，北起西南重镇成都，途经云南到达缅甸和印度，这条丝绸之路在汉代同样发挥着对外传播食品文化的作用。所以，至今越南和东南亚各国仍然保留着吃粽子的习俗。

随着中国饮食文化的传播，很多国家的饮食习惯都受到中国饮食文化的影响。例如，唐代时，在中国的日本留学生几乎把中国的全套岁时食俗带回了本国，如元旦饮屠苏酒（图1-9），正月初七吃七种菜，三月上旬摆曲水宴，五月初五饮菖蒲酒，九月初九饮菊花酒等。唐朝高僧鉴真东渡日本，带去了大量的中国食品，如干薄饼、干蒸饼、胡饼等糕点，还有制造这些糕点的工具和技术。日本人称这些中国点心为果子，并依样仿造。还有，朝鲜人使用筷子吃饭，在使用的烹饪原料、搭配饭菜上，都明显地带有中国的特点。甚至在烹饪理论上，朝鲜也有中国的"五味""五色"等说法。

图1-9 屠苏酒

泰国地处海上丝绸之路的要冲，加上和中国便利的陆上交通，因此两国交往甚多。泰国人自唐代以来便和中国的汉族交往频繁，公元9~10世纪，我国广东、福建、云南等地的居民大批移居东南亚，其中很多人在泰国定居，中国的食品文化对当地的影响很大，以至于泰国人的米食、挂面、豆豉、干肉、腊肠、腌鱼以及就餐用的羹匙等，都和中国内地有许多共同之处。在中国的陶瓷传入泰国之前，当地人多以植物叶子作为餐具。随着中国瓷器的传入，当地人有了精美实用的餐饮器具，这使当地居民的生活习俗大为改观。同时，中国移民还把制糖、制茶、豆制品加工等生产技术带到了泰国，促进了当地食品业的发展。

拥有繁华文明的古代中国，把引以为豪的中国饮食文化传播到世界各地，同时也把千年中华文明向世界展现。热情的中国人拥有丰富的佳肴，同时也代表了中国人的民族精神文化，通过食品文化的传播，促进了民族文明的传播。

第三节　中国食品文化的发展趋势

中国食品文化源远流长，早在春秋战国时代就出现了比较系统的烹饪理论，近代又形成了各具特色的菜系，从而展示出了无与伦比的美食天地。中国食品文化的发展，应该紧紧地把握住"天人关系"，具体而言，即是把握住一对矛盾，矛盾的一方面是天，天即是大自然；矛盾的另一方面是人。大自然所生的物质种类是无限的，人的欲望也是无限的。表现在对食品的追求上是"食不厌精，脍不厌细"。人对食物的需求是多层次的、渐进的。首先是果腹，这一层次实现后，就要求吃好。人的欲望与大自然的供应是一对矛盾。因此，中国食品文化史就是这一对矛盾不断展开的过程，对于人而言，是一个不断探索、不断发现的过程；对于大自然而言，就是一个不断地满足人的需要的过程。今天人们所认识的世界，人们所享受的食品之丰富绝非古代或者上古时代人们能够想象的。

随着经济的发展、时代的进步和世界的多元化，原来的食品结构、饮食方法、饮食习惯等都渐渐地发生变化，推动着中国食品文化朝着四个方面发展。

一、速食餐饮

现代社会竞争激烈，生活步调加快，大部分人都生活在紧张之中，人们难有闲暇"泡馆子"，不能总是"酒过三巡、菜过五味"，而是要快做快吃。最近几年来，全国饮食文化最引人注目的发展，并非什么豪华酒楼的建造，而是各式快餐和小吃的兴起。

北京的老家肉饼，天津的狗不理包子、煎饼馃子，云南的过桥米线，兰州的牛肉刀削面、牛肉拉面，台北豆浆大王等。这些餐饮企业将推动饮食文化向易于制作、易于食用、易于保存的高水准方面发展，是社会向前发展的表现之一。可以预见，快餐将成为未来最具有发展潜力和生命力的餐饮项目。中国完全可以凭借烹饪深厚的底蕴，研制出具有中国特色又为世界各国人民喜食的多种多样的中国快餐。无论是食品工厂开发的各种冷冻食品、中式点心，还是餐饮业以中央厨房为后盾制作的种类繁多的炒饭、炒面、包子等均将以连锁经营方式大行其道，陆续登上世界饮食舞台，一展风采，而且将是最有希望的一股新生力量。

二、返璞归真

从茹毛饮血到以火熟食及烹饪的发明，人们的饮食循着由粗到精、由天然到人工的方向发展，可现在的食物走向是返璞归真。由于时代的迅速发展，如今不少人意识到油腻对身体健康的影响，开始崇尚"粗茶淡饭"，追求绿色、健康、野生天然食品。目前，一些营养学家提出饮食回归自然之说，就是提倡人们选择新鲜、无污染的野菜、野果、野味食用；提倡经常吃一些未经过精细加工制成的各种天然食品，如粗米、粗盐、红薯、蜂蜜和各种蔬菜、水果等；且提倡"低盐、低油、低热量"和强调"本色、原味、清淡"。可见，崇尚绿色、健康和乡野天然食品，将是未来食品和餐饮的重要趋势之一。中国地域辽阔，天然食物资源极为丰富，只要我们想方设法，必能开发出许多健康食品来。

三、营养保健

饮食的基本功能在于满足人类生存和发展的需要，食物营养的高低和能否起到保健作用，是衡量其价值的主要标志。但是什么才叫营养和保健，其概念在不同的历史发展阶段有不同的变化。20 世纪 80 年代后的营养保健观念，也跟着形势的变化而慢慢有了改变。以前那种多吃脂肪、乳蛋，强化体格，小孩子吃得胖嘟嘟已不合时宜了。现在讲营养，主要是讲如何使取得的各种营养素适度、均衡，使自己能活得健康长寿。现代传媒常提倡多吃含有纤维素的食物，如芹菜（图 1-10）、白菜等蔬菜和粗粮，少吃蔗糖、精粉、蛋糕一类不含或少含纤维素的食物，就是由于纤维素对人体所起的保健作用不可忽视。我们应该发扬中国传统膳食结构中食物要互相搭配的优良传统，荤素相配、粗细相配、主食副食相配，使其在人体中交替见功，以保证人体健康长寿。

图 1-10　营养饮食——西芹百合

四、尝鲜创新

尝鲜创新是人们共有的心态，人们已不满足于"靠山吃山，靠水吃水"和"北方吃牛羊，南方吃鱼虾"的老习尚。中国饮食在保持和传承本土食品文化优势的前提下，大胆改革创新，积极尝试、了解和引荐异国餐饮。如今川菜、港粤菜、新疆烤羊肉串、兰州牛肉拉面、陕西凉皮、羊肉泡馍、猪肉炖粉条、酸菜粉丝，乃至韩国烤肉、朝鲜冷面、意式比萨（图 1-11）、南美烤肉、日式料理等菜点随处可见，呈现出多元化的态势，都是变革带来人们视野和观念变化——求新、求异、求奇的反映。

图 1-11　意大利比萨

随着科技的迅速发展和经济的高度发展，人们的饮食观念也随之转变，进而对自己的饮食提出新的更高的时代要求。食品文化呈现出前所未有的丰富、活跃、更新的发展趋势，人们不仅希望吃到美味可口、营养丰富、快捷方便、风味多样、科学安全、功能有效的食品，而且对饮食生活开始进行更新观念的审视。人们已不再满足于食品的色、香、味、形，不再满足于用嘴吃饭，开始用脑吃饭，即重视食品的营养卫生和安全。社会在进步，科技在发展，未来的食品原料、食品制作方式和食品种类也将发生意想不到的变化，但可以肯定的是，营养、安全、便捷、绿色仍将是未来食品理念和食品文化发展的主方向。

第四节 食品文化研究的意义

对于人类而言，第一要务便是生存下来，保持自己的生命。因此，食品便成为人类生存的第一要务，没有哪一个人、哪一个民族、哪一个国家会逃脱这一法则。食品身上所赋予的意义和价值是任何其他的可以满足人类需要的物质形态的东西（如衣、住、行等）所无法比拟的。开门七件事，"柴、米、油、盐、酱、醋、茶"，全是有关吃喝的，那些总称为"饮食"。悠悠万事，唯此为大，不可须臾离也。同时，饮食往往影响一个民族的思维模式、思想感情，甚而是命运。或者说，食品文化的不同，是不同民族的根本区别，而且是最容易观察的表面层次的区别。从这个意义上说，食品文化的研究具有巨大的意义。张光直说："达到一个文化核心的最佳途径之一就是通过它的肚子。"这句话形象地说明了食品文化研究的重要意义。

中国食品文化源远流长，成为中国文化的一个有机组成部分。可以说自从中华大地上有了人，便没有一天离开过食品，在食品的获得和享受过程中便有了人与自然的相互交流，便有了食品文化。中国人吃什么，不吃什么，为什么吃，又为什么不吃；为什么这样吃而不那样吃；为什么这个地方的人这样吃，而那个地方的人那样吃，这些问题的背后隐藏着异常深奥的文化道理。

丰富多彩的中国食品文化，包含有深刻的哲学、诗文、科技、艺术乃至于安邦治国的道理。食品文化是中国文化的重要组成部分，甚至有人说，中国食品文化是中国文化的代表，认为不了解中国食品文化就不能了解中国文化。食品文化的形成是建立在中国历代先人广泛的饮食实践基础上的，是中华民族悠久灿烂文化的重要组成部分，标志着各个历史时期中华文明的发展进程和进步过程，说明中华民族自古以来就是一个热爱生活、追求真善美的民族，从侧面体现了中华民族的创造精神和独特风采。

讨论中国食品文化，不能不提到一句名言"民以食为天"，无论是中国学者还是外国学者，只要研究中国食品文化，都会引用这一句话，这是证明中国食品文化独特性的一句名言。此语最早出自西汉司马迁《史记·郦生陆贾列传》："王者以民人为天，而民人以食为天。"在政治家看来，王、民、食三者之间的关系，食是基础，没有食便没有民，没有民又哪里会有王。《史记·郦食其列传》中刘邦的谋士郦食其予以发挥："臣闻知天之天者，王事可成；不知天之天者，王事不可成。王者以民为天，而民以食为天。"此时正当楚汉相争最紧张的荥阳大战之时，郦食其献策应占据成皋粮仓，指出没有粮食，就不能取得天下。从此之后，历代的政治家无一不再重复地论证着："夫民以食为天，若衣食不给，转于沟壑，逃于四方，教将焉施？""民以食为天"是政治名言，它将"食"与政治密切地结合在一起，食品文化带有极为浓重的政治色彩。历代重要的政治家无不通过发挥"民以食为天"这一经典论断来探寻治国良策。"食"与中国政治有着不解之缘，它是中国社会稳定的基石。

总之，中国饮食文化是一种广视野、深层次、多角度、高品位的悠久区域文化，是中华各族人民在悠悠历史长河的生产和生活实践中创造、积累并影响周边国家和世界的物质财富及精神财富。

思考题

谈谈如何看待中国食品文化以及研究食品文化的意义。

食品文化的功能性

中华饮食文化的形成是建立在中国历代先人广泛的饮食实践基础上的，是中华民族悠久灿烂文化的重要组成部分，它标志着各个历史时期的中华文明的发展进程和进步过程，反映了中华民族自古以来就是一个热爱生活、追求真善美的民族，从一个侧面体现了中华民族的创造精神和独特风采。在世界饮食文化的大背景下看中国食品文化，就会明显地发现它的伦理性、社会性、政治性三大特点，它承载了过多的调剂人际关系的功能。食品本来的角色，所应当承载的仅仅是补充能量、延续生命这一最初的、最基本的功能，但是中国人的饮食，承担了除此之外的功能。

食品是人类生存和发展的根本条件。食品承载的文化源远流长、博大精深，在人类进化的漫长生活体验中，食品除具有满足人们生理的需求功能外，还具有许许多多的其他功能：养生功能、社会功能、娱乐功能……

第一节　基本功能

所有的生命都离不开营养。最初的食品，仅仅是维持生命所必需，而且来自大自然，是原始形态的东西。后来，人类开始用火熟食，进入了文明时期，一个自觉的主动创造的时代才得以产生。对于人类而言，第一要务便是生存，保全自己的生命。因此，食品便成为人类生存的第一要务，没有哪一个人、哪一个民族、哪一个国家会逃脱这一法则。食品身上所赋予的意义和价值是任何其他的可以满足人类需要的物质形态的东西（如衣、住、行等）所无法比拟的。费尔巴哈说："心中有情，脑中有思，必先腹中有物"。由此可见，食品是人类生存和发展的基本条件，而满足人类生存的能量需求则是食品的基本功能。

西方有一种观点："世界上没有生命，便没有一切，而所有的生命都需要营养""一个民族的命运决定于他们的饮食方式"。中国则有相对应的话，称为："民以食为天"。可见对于食品文化的生存性这一特征是没有疑义的。

第二节　养生功能

养生，又称摄生、道生、养性、卫生、保生、寿世等。"养生"一词最早见于《庄子·内篇·养生主》。所谓生，就是生命、生存、生长之意；所谓养生，即通过保养、调养、补养之道，达到延续生命之意。总之，养生就是保养生命的意思。随着人们精神生活的日益丰富和物质生活水平的不断提高，健康、长寿已成为人类追求的最高目标，"尽终其天年，度百岁乃去"。但是怎样才能健康又如何能颐养天年，"养生之道"已经成为人们谈论的热门话题。养生的方法多种多样：推拿养生、环境养生、情志养生、运动养生、药物养生、气功养生、针灸养生、饮食养生等，饮食养生是最根本的养生方法。

饮食养生，简称食养或食补，就是按照中医理论，调整饮食，注意饮食宜忌，合理地摄取食物，以增强体质，增进健康，达到益寿延年的养生方法。中国饮食文化有别于西方的最显著特点就是注重"养"，具体表现在日常饮食行为中就是特别注重饮食"补"的功能。中国人对饮食"补"的重视远远超过世界上其他民族，在长期实践中积累了丰富的知识和宝贵经验，逐渐形成了一套具有中华民族特色的饮食养生理论。据《周礼·天官》记载，早在3000年前的周代，中国就建立了世界上最早的医疗体系。当时将医生分为"食医""疾医""疡医""兽医"四类，并明确提出以"食医"为先。"疾医"，即内科医生，用"五味、五谷、五药养其病"；"疡医"，即外科医生，"以酸养骨，以辛养筋，以咸养脉，以苦养气，以甘养肉，以滑养窍"。"食医"，是负责管理膳食营养的专职人员，负责调配周天子"六食""六饮""六膳""百馐""百酱"的滋味、温凉和分量，其从事的工作与现代临床营养医生类似，这是迄今已知人类历史上最早的"营养医学"的实践。因此，中国饮食文化具有"医食同源""医食同用"甚至医食不分的特点，形成这种特点的原因固然有多种，但其深层次的原因，则是"天人合一"思想观念的影响。首先，人的生命需要摄入一定的能量，而饮食方法对人生命的正常运动有着直接的作用。按照中国人的养生观，人的生命体内充满着阴阳对立统一的辩证关系，"人生有形，不离阴阳"，而"阴阳乖戾，则疾病生"，因此，日常饮食活动首先要做到阴阳相调相配。不仅人体有阴阳，而且世界上所有食物都各有阴阳禀性，并且两者之间有一种互感作用，只有将两者相配得当，才能维持生命的平衡、保证人体的健康，否则就会阴阳失调、疾病骤生。这就是说人之性只有配物之性，才会保持人体世界的阴阳平衡。其次，将人体脏腑组织与阴阳五行理论进行联系类比，形成"四时五脏阴阳"的学说，即人所有的食物，与天体的四时运行、人的脏腑器官，都有一种相生相补、相亲相和的一致性，所以饮食时应注意不同季节不同食物的不同性味变化，饮食不要偏嗜而要适宜，五味适宜，才能五脏平衡。"天"与"人"体现出一种同德同生、和合相偕的关系，这种关系不仅对人的生命现象有一种新的认识，而且还形成以"天"为主导的世界观，从"天人相应"到"天人合一"，表现了中国饮食文化中哲学、审美观念发生、发展的历程。而饮食文化中"天人合一"的思想观念，又是以重"养"尚"补"为其表现特征的。所以在中国饮食文化中，人们即使不生病，也常常吃补药，如用人参、茯苓、当归、枸杞子一类的药材泡茶、酒或煮汤，这类药材并不是医疗性的，而是预防性及调养性的。古代典籍中有专门讲补论养的内容，现代社会中也有补品、补药与补益良方之类的书。

图 2-1　五谷为养

早在春秋战国时代就已形成："其为食也，足以增气充虚，疆体适腹而已矣"，所谓"增气"，就是补充身体的热量，使身体有气力；"充虚"，即补充因身体消耗而带来的虚空，保证新陈代谢的需要；"疆体"就是供给合理的养料，以便增强虚弱的体质；"适腹"就是满足口胃，使大脑皮层从适宜的食物中得到良性刺激，进而保证食欲，增强机体的吸收功能。所有这一切的前提条件，则是身体的"虚"与"弱"，所以需要大补特补。早在周代，就已有"食医"，到后来，这种观念同阴阳五行学说结合起来，更是将"补"强化到了极点。如《礼记·月令》中就将人类的食物分为五谷（图 2-1）和五畜，与五味和五行相对应，并规定了什么季节应该吃什么食物：春天食麦和鸡肉，味酸属木，可以补肝；夏天食黍和羊肉，味苦属火，可以补心，食粟和牛肉，味甘属土，可以补脾；秋季食稻与马肉，味辛属金，可以补肺；冬天食豆和猪肉，味咸属水，可以补肾。如果五谷五畜不能顺时而食，就会五味错杂、五脏衰乱。无论是否科学，这种理论强调了对"补"的执着。因此，古代典籍中专门有讲补论养的内容。春秋战国时代，中医第一部总结性的经典著作《黄帝内经》中有"食饮有节，谨和五味"的至理名言。文中指出"虚则补之，药以祛之，食以随之"，指出保持健康不能依靠药物，必须配合日常饮食调理。当时的名医扁鹊认为："君子有病，期先食以疗之，食疗不愈，然后用药。"至唐代，大医学家、有药王之称的孙思邈在所著《备急千金要方》一书中列有"食治"专篇，收载有果实、菜蔬、谷米、鸟兽四类食物，总计 154 种，并从医药学观点对日常食物进行了详细解说。至此，食疗已成为专门的学科。孙思邈指出："食能排邪而安脏腑，悦情爽志以资气血"，提出"夫为医者，当须先晓病源，知其所犯，以食治之，食疗不愈，然后命药"的临床治疗原则，认为医生"若能用食平疴，释情遣疾者，可谓良工"。宋朝《太平圣惠方》列出了对 28 种疾病进行食疗的方法，明确了饮食的治疗学意义。自此以后，不仅在民间用食物防病治病、养生的民谚、歌谣广为流传，而且食疗专著也不断出现。金元名医张从正指出"五谷、五菜、五果、五肉皆补养之物"，元代《饮膳正要》一书系统总结了食物的药效和食疗方法。此后孟诜的《食疗本草》、陈士良的《食性本草》、姚可成的《食物本草》，以及近代江苏名中医叶桔泉《食物中药与便方》等专著中都详细记载了各种食物的食疗功效。食物的饮食养生的功能概括起来主要表现为以下几点。

一、补充营养

《黄帝内经》中说："食气入胃，散精于肝，淫气于筋；食气入胃，浊气归心，淫精于脉。"这里明确指出了饮食在进入人体以后，滋养脏腑、气血、经脉、四肢、肌肉乃至骨骼、皮毛、九窍等的作用。当饮食入胃后，通过胃的消化吸收、脾的运化，然后输布全身。可散布精华于肝，而后浸淫滋养于肌肉；精食精华之气归心，精气浸淫于脉，以充盈心脏、血脉。人体所需的营养物质，必须依靠饮食源源不断地予以补充。一个人一生中摄入的食物超过自己体重的 1000~1500 倍，这些食物中的营养素（中医称为"水谷精微"），几乎全部转化成人体的组织和能量，以满足生命运动的需要。由于食物的性味各有不同，从而对脏腑所起的作用也不一样。如《黄帝内经》中说："五味入胃，各归所喜，故酸先入肝、苦先入心、甘先入脾、辛先入肺、咸先入肾，久而增气，物化之常也。"这说明了五种味道的食物，不仅是人类饮食的重要调味品，可以促进饮食、帮助消化，也是人体不可缺少的营养物质。食物对人体的营养作用，还表现在各种食物对人体脏腑、经络、部位的选择性上，即通常所说的"归经"问题，不同的饮食，归经不同。如：葱归肺经，可用于肺气不宣之咳嗽；苦瓜归心经，可用于心火上炎之口舌生疮；茶叶可明目清肝而归肝经等。这说明要有针对性地选择适宜的饮食，确保营养均衡，以尽可能地发挥食物对人体的营养作用。

二、滋养"精气神"

被称为人身三宝的"精、气、神"，来源于脾胃化生的水谷精微，是脏腑功能综合活动的结果，是构成人体、维持生命活动的基本物质。《寿亲养老新书》认为："主身者神，养气者精，益精者气，资气者食。"强调了饮食是精、气、神的营养基础，只有机体营养充盛，精、气才会充足，神志才能健旺。

"精"有广义、狭义之分。广义的精，是后天水谷之精微所化生的物质，包括血、津、液等，是生命活动的基本物质，称为"脏腑之精"；狭义的精，是指具有生长发育及生殖能力的物质，称为"生殖之精"，二者相互滋生、促进。"气"也有两种含义：一是指体内流动着的精微营养物质，由水谷之精气与吸入的自然界大气合并而成，如营气、卫气等；另一是指脏腑生理功能，如脏腑之气、经脉之气等。气是在一定物质基础上产生的生命运动形式，是人体一切生理功能的动力。"神"也有两种：广义是人体生命活动现象的总称，狭义指人的精神思维活动，所谓"得神者昌，失神者亡"，即指神的重要性。

"精、气、神"三者既有各自的特点，又有内在的联系。精能化气、生神，是气与神的物质基础；精足则气充，气充则神旺；气能生精、化神，气足则精盈，精盈则神明；神能驭气、统精，神明则气畅，气畅则精固。三者协调统一，才能维持人体正常的生命活动。正如汪绮石《理虚元鉴·心肾不交论》所曰："以先天生成之体质论，则精生气，气生神；以后天运用之主宰论，则神役气，气役精。精、气、神，养生家谓之'三宝'，治之原不相离。"

精气神与人体五脏关系密切，中医学认为，人以五脏为本。一切生理过程均离不开五脏的功能活动。精、气、神是生命活动三要素，一方面，精、气、神是五脏功能活动的重要保证，精为五脏提供物质基础，气是激发五脏的动力之源，神主宰调控五脏的整体协调。另一方面，精、气、神的化身、贮藏及运行又都是由五脏主持完成的。《灵枢·本藏》曰："五藏者，所以藏精神血气魂魄者也。"由于五脏所藏精、气、神的内容及形式各异，形成了五脏不同的功能及特点（图 2-2）。

精是五脏功能活动的物质基础，来源于父母及后天水谷，其化生与肾脾两脏关系密切。精藏于五脏，是谓脏腑之精；藏于肾者，即肾精。因精主静内守，故《素问·脉要精微论》曰："五脏者，中之守也……得守者生，失守者死。"强调五脏藏精内守的重要性；《素问·六节藏象论》又曰："肾者，主蛰，封藏之本，精之处也。"指出因五脏之精皆藏于肾，故封藏乃肾之功能特点。

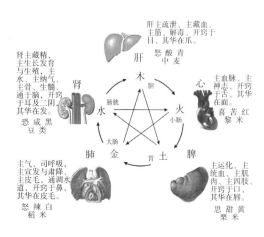

图2-2　五脏四季养生图

气是五藏的功能及动力。它由元气、水谷气及清气化生，是肾、脾、肺三脏综合作用的结果。气生成之后，不断运行于全身，其运动形式不外乎升降出入。气的升降出入运动具体体现在脏腑的功能活动之中，《素问·刺禁论》曰："肝生于左，肺藏于右，心部于表，肾治于里，脾为之使，胃为之市。"诸脏在各自的生理活动中，构成了肝升肺降、心肾相交（心降肾升）、脾升胃降三个特定的结构单元，以完成气在体内的环周运动。

神是五脏的主宰及外在征象，由五脏功能活动所化生。《素问·阴阳应象大论》曰："人有五藏化五气，以生喜怒悲忧恐。"神分藏于五脏，即神、魂、魄、意、志，如《素问·宣明五气篇》曰："五藏所藏：心藏神、肺藏魄、肝藏魂、脾藏意、肾藏志。"神统归于心，即为全身之主宰，《素问·灵兰秘典论》曰："心者，君主之官，神明出焉……主明则下安……主不明则十二官危。"说明心藏神主明，心神昌明，则诸脏协调；心神失明，则诸脏功能皆失。

总之，精气神与五脏关系十分密切，两者均是生命活动的主要内容，精气神着重于生命基本要素的阐发，五脏是对生命整体功能系统的概括，是生命活动的执行者。因此，精气神是五脏系统的功能保障，而五脏系统是精气神发挥作用的场所及载体。

三、预防疾病

中国医学非常重视"治未病"，防病于未然，并把它提到战略高度来认识。《黄帝内经》说："夫圣人之治病也，不治已病，治未病；不治已乱，治未乱。夫病已成而后药之，乱已成而后治之，譬犹渴而穿井，斗而铸锥，不亦晚乎！""治未病"重要的一条，就是加强饮食的滋养作用，因为饮食对人体的滋养作用本身就是对人体的一种重要的保健预防。对这一点，《黄帝内经》又指出："正气存内，邪不可干"说明人体正气充盛，邪气就不能侵袭使人致病。正气怎样才能充盛呢？这就要合理安排饮食，只有这样做，机体所需营养才能保证，五脏功能才可旺盛。现代医学证明，人体如缺乏某些食物成分，就会导致疾病，如钙质不足会引起佝偻病，铁元素不足会引起缺铁性贫血，碘元素不足会引起缺碘性甲状腺肿大，缺硒引起克山病，维生素缺乏会产生夜盲症、脚气病、口腔炎、坏血病、软骨症等，而通过食物的全面配合，便可预防上述疾病的发生。祖国医学早在1000多年前，就已用动物肝脏预防夜盲症，用谷皮、麦麸预防足癣，用水果和蔬菜预防坏血病等。此外，中医学还注意发挥某些食物的特异性作用，如用绿豆汤（图2-3）预防中暑，用大蒜预防癌症，用葱白、芫荽预防感冒，用胡萝卜粥（图2-4）预防头晕等。近年来，人们还主张用生山楂、红茶、燕麦降低血脂，预防动脉硬化，用玉米粉粥预防心血管病等。

图2-3　绿豆汤　　　　　　　　　　　　　　图2-4　胡萝卜粥

四、有助于治疗疾病

药物有治疗疾病的作用，食物也对治疗疾病有一定的作用。食物每人每天都要吃，与人们的关系较药物更为密切，所以历代医家都主张"药疗"不如"食疗"。远在古代，我国就很重视饮食治疗，《周礼·天官》中提到的"食医"与"疾医""疡医""兽医"，合为当时医学的四个专科。宋代《太平圣惠方》中将善于用饮食治病的医生称为"良工"，认为："若能用食平疴，释情遣疾者，可谓良工"。能够用于疾病治疗的食物很多，如猪骨髓可补脑益智、山楂消食积、大蒜治痢疾、当归羊肉汤治产后血虚、赤小豆治水肿等。

五、抗老防衰

《养老奉亲书》中说："高年之人，真气耗竭，五脏衰弱，全仰饮食以资气血"。这说明对于老年人，必须注意饮食的调配及保养，只有这样才能延缓衰老。清代大养生家曹廷栋提出老人以粥调治颐养，可以长寿。他说："老年有竟日食粥，不计顿，饥即食，亦能体强健、享大寿。"饮食之所以抗老防衰，其作用是通过补肾益气、滋肾强身而产生的。临床实践证明，肾的精气不足，常会导致牙齿松动、须发早白、健忘等未老先衰的征象。

总之，"食疗"作为中国食品文化的特色，在某种程度上印证了中国文化对天人关系的探讨，求证人的健康长寿与饮食之间的关系，而指出"食疗"正是追求人的健康长寿、提高国民素质的一种途径。中国五千年的文明史对饮食和保健积累了丰富的经验，当今许多学者专家也致力于饮食营养的开发与研究，在提高中国人的体质上给予了更大的关心，同时对中式传统饮食也提出了挑战。

第三节　社会功能

自人类进入文明社会后，食品即成为人类社会活动的一个重要组成部分，在人们的社会交往中，食品以其独有的物质特性和文化内涵，成为一位几乎无时不有、无处不在的社会"角色"。"吃了没？"是中国人问候语中使用频率很高的一句话，日常生活中的祭祀禳灾（图2-5）、欢庆佳节、婚丧嫁娶、迎来送往、贺喜祝捷、遣忧解闷等，都与"吃"密切相

图2-5　清明祭祀以食品来祭祖

关。这种"吃"，表面上看是一种生理满足，但实际上"醉翁之意不在酒"，它借吃这种形式表达了一种丰富的心理内涵和社会含义。因此，饮食文化的社会功能体现在社会生活的方方面面，诸如人生礼俗、年节活动、人们日常生活中迎来送往以及酒肆茶馆的交际中等，体现出的社会功能主要有：历史功能、教育功能、传承礼德、传递情感、陶冶情操、政治功能等。

一、历史功能

中国食品文化的孕育呈现出明显的时代层次，好似不同年代的历史文物埋藏在同一地点的不同地层之中，故而它是活的社会"化石"，逼真的历史"录像带"，饮食文明史中的"特写镜头"。像"仿唐宴"中就有唐人饮食生活的风采，"孔府宴"中就有古代书香门第的翰墨气息。通过这一功能，人们记录、了解、研究中国食品文化发展史上的某些片段，进而探寻和总结中国饮食文化对全人类的贡献。

二、教育功能

中国食品文化有着深厚广博的群众基础，它们的产生大都蕴含着一定的功利目的。丰富多彩的食品文化，不仅可使人们熟悉自己祖先创造的灿烂文化，还能够通过食品文化活动的潜移默化进行传统教育，增强民族自豪感和民族自信心，形成良好的民族心理和民族性格。我国许多少数民族团结互助、豪爽待客的民风，在很大程度上都与食俗的长久熏陶有关。

三、传承礼德

中国饮食讲究"礼"，这与中国的传统文化有很大关系。生老病死、迎来送往、祭神敬祖中都有礼。礼指一种秩序和规范。《礼记·礼运》说："夫礼之初，始诸饮食"，意即最原始的礼仪是从饮食开始的。基于饮宴中的礼仪，于是人与人的关系如中国古代君臣、父子、夫妇、兄弟、朋友的五伦关系都体现了出来，各人都得依礼而行。所以礼产生于饮食，又严格控制饮食行为。宴请宾客时，主客座位的安排，上菜肴、酒、饭的先后次序等，都体现着"礼数"。这种"礼数"不是简单的一种礼仪，而是一种精神，一种内在的伦理精神。这种精神，贯穿在饮食活动的全过程中，对人们的礼仪、道德、行为规范发生着深刻的影响。这种"礼数"古代有古代的规矩，今天有今天的礼仪，无论中餐还是西餐都有相应的礼数。

四、传递情感

食品是人与人之间情感交流的媒介。借食表意、以物传情普遍存在于人们的日常生活中，把情感融入热腾腾、香醇醇的饮食活动中早已成为人们追逐的方式。一边吃饭，一边聊天，可以做生意、交流信息、采访。朋友离合，迎来送往，人们都习惯于在饭桌上表达惜别或欢迎的心情。感情上的风波，人们也往往借酒菜平息。过去的茶馆，大家坐下来喝茶、听书（图 2-6）、摆龙门阵，也是一种极好的心理安慰。因此，无论是文人墨客雅集宴饮的吟咏唱和，还是民间酒肆游戏的相互争逐，都在对不同口味菜肴的共同品尝中，在诗情画意的宴饮氛围中，达到了人与自然、人与人之间的和谐相处。

图 2-6　喝茶、听书

五、陶冶情操

食品文化在人类历史发展的进程中，与美术、音乐、文学等有着同等的提高人生境界的意义，它可让人洋溢出丰富的想象力和创造性。人们可在食品文化中去寻求心境的宁静、去追忆已逝的时空，去认识民族传统文化的精深，去寻找自己的寄托，增添生活的情趣。中国古代不少文人学士、书画名家，往往乘着酒兴挥毫泼墨、吟诗作画，创造出传世佳作。唐代大诗人李白就有饮酒一斗，作诗百篇之誉，而且常醉卧于长安酒肆，自称为酒中仙。唐代著名书法家张旭也嗜酒如命，"每大醉，呼叫狂走，乃下笔，或以头濡墨而书，既醒自视，以为神，不可复得也"。他清醒时，却写不出那样的"狂草"。

六、政治功能

在以国家政治权力为中心的古代社会，人们的饮食活动、饮食行为始终自觉或不自觉或多或少要受社会政治干预或改造，呈现出鲜明的政治意识形态化特征。这主要表现在：把饮食行为与国家治乱相联系；从饮食烹饪理论中寻求施政治国的统治经验；把社会饮食活动纳入"礼"的政治伦理秩序；通过赐饮、赐食或献食、贿食把饮食作为笼络人心的政治手段或作为官场钻营的政治工具；以及社会成员在饮食消费、饮食资源占有方面的悬殊导致尖锐的社会矛盾等。中国历史上最突出的事例莫过于宋太祖赵匡胤"杯酒释兵权"的故事（图 2-7）。赵匡胤做了皇帝后，惧怕拥戴他的功臣、将领篡夺帝位，于是在酒宴上策略性地说明其心迹，并指出诸功臣将领自保之道。诸功臣了解皇帝的深意后，纷纷称病，请求解除兵权。此举避免了藩镇割据之祸，加强了中央集权。这样的军国大事就是在酒宴上获得解决的。

图 2-7　杯酒释兵权

"国以民为本，民以食为天"，饮食是人民生活中不可缺少的有机组成部分。社会生产力的发展、科学技术的进步、经济发展的提速、人们可支配收入的增加、社会交往的频繁，还将不断丰富着食品文化社会功能的内涵，使其表现出更多的社会功能。深入研究它们的特征、属性和社会功能，对于国计民生无疑有着深远的历史意义和巨大的现实意义。

第四节 娱乐功能

所谓食品文化的娱乐功能，就是人们在食品文化的活动过程中获得快乐的效用。它作为一种社会现象出现并存在，有益于社会的生存发展完善。尤其是现代人，因生活节奏加快、工作压力加大和饮食社会化程度提高，人们在注重"吃得营养、吃得健康"的同时，更加追求食品文化的娱乐性，以求获得享受。食品的娱乐功能主要表现在两个方面：审美乐趣和食俗乐趣。

一、审美乐趣

饮食品尝过程渗透着艺术因子，美的欣赏贯穿于饮食活动的全过程。无论从饮食原料、饮食器具、饮食烹饪还是饮食环境以及饮食本身也可以成为一种艺术，人们均可从中去创造美、欣赏美、品尝美，既可通过品酒去专注倾听与酒有关的美丽动人的传说，又可通过宴请联络享受纯朴浓厚的亲情，也可以月饼寄寓一份团圆的美好情愫，当然也可在宴饮中抚琴歌舞，或吟诗作画，或观月赏花，或论经对弈，或独对山水，或潜心读《易》。在其中儒生可"怡情悦性"，道士可"怡情养生"，僧人可"怡然自得"。人们就是在这种美好的饮食环境中，畅神悦情，获得美的享受。

二、食俗乐趣

中国食俗既被广大群众所创造，又被14亿多人民（第七次全国人口普查）所利用。食品食俗又常和社交、婚恋、欢聚、游乐、竞技、集市相结合，带有很强的娱乐性。尤其是欢腾的年节文化食俗、喜庆的人生仪礼食俗和情趣盎然的少数民族食俗，多以群体娱乐的形式出现，表现了本民族人民对自己优秀文化的热爱，洋溢出健康、向上的精神和情调，人们可以从中获取乐趣，享受个人的物质生活与精神生活。汉族人民的春节、回族人民的开斋节，都是这方面的生动事例。

🔍 思考题

联系实际结合食品文化的功能性谈谈如何保持身体的健康？

食品文化的安全性

食品作为人类生存的根本条件，能够满足人们的基本生理需求的前提是它必须具有安全性。"民以食为天，食以安为先"，可见食品的安全性在食品文化中具有重要地位。纵观古今，食品安全性是中国历代政府关注的问题，各朝代都尽力通过他们实际能力保障食品的安全。食品安全的概念随着时代的发展而有所改变，目前食品安全是指食品无毒、无害，符合应当有的营养要求，对人体健康不造成任何急性、亚急性或者慢性危害。下面介绍主要传统食品安全保障措施和现代食品安全保障措施，并对古今食品安全保障实施过程存在的困难展开分析。

第一节 食品安全的定义

中国对于食品安全的定义是随着社会的发展而不断变化的。古代的中国是一个传统的农业国家，农业生产力水平相对比较低下，抵御自然灾害的能力弱，所以食品供应一直显得比较紧张。因此，对于中国古代的食品安全，我们可以将其界定为：使全体人民获得满足温饱和健康所需要的食品的保障，即孟子所说的"乐岁终身饱，凶年免于死亡"。

对于食品安全的这种理解一直持续到了中华人民共和国的成立。1978 年，改革开放使人民的生活水平得到了很大的提高，食品生产加工水平快速地发展，人们对于食品安全的理解也在逐步地发生变化。

食品安全的概念是 1974 年 11 月联合国粮食与农业组织在罗马召开的世界粮食大会上正式提出的，即"保证任何人在任何地方都能得到为了生存与健康所需要的足够食品"。1983 年 4 月，联合国粮食与农业安全委员会通过了总干事爱德华提出的食品安全新概念，其内容为"食品安全的最终目标是，确保所有的人在任何时候既能买得到又能买得起所需要的任何食品"。2004 年世界卫生组织在其发表的《加强国家级食品安全性计划指南》中则把食品安全解释为"对食品按其原定用途进行制作（或）食用时不会使消费者受害的一种担保"。

在我国，国家高度重视食品安全，早在 1995 年就颁布了《中华人民共和国食品卫生法》。在此基础上，2009 年 2 月 28 日，十一届全国人大常委会第七次会议通过了《中华人民共和国食品安全法》。食品安全法是适应新形势发展的需要，为了从制度上解决现实生活中存在的食品安全问题，更好地保证食品安全而制定的，其中确立了以食品安全风险监测和评估为基础的科学管理制度，明确食品安全风险评估结果作为制定、修订食品安全标准和对食品安全实施监督管理的科学依据，进一步从法律的高度更全面、更科学地规范食品从原料到餐桌的安全性，保证广大人民群众的健康。2021 年修正版的《中华人民共和国食品安全法》对食品安全的定义是指食品无毒、无害，符合应当有的营养要求，对人体健康不造成任何急性、亚急性或者慢性危害。

我国食品生产加工水平也在快速地发展，人们对于食品的要求也不再局限于仅仅满足温饱和基本的营养，更多的人开始注重食品的安全性和保健功能。特别是近几年来不断出现的全球范围内的食品安全问题引起国际社会、各国政府议会和学术界以及民众的普遍关注。人们开始重新关注和审视食品安全问题。

第二节　食品安全的重要意义

纵观古今，中国的食品安全问题是一个影响到社会稳定的重大问题。先秦时期许多政治家、思想家就已经认识到了食品安全的重要性。箕子"食为政首"的理念和管子"仓廪实则知礼节，衣食足则知荣辱"以及墨子说的"食者，国之宝也"等言论都是在强调食品安全的重要性。

放眼当今社会，食品安全问题仍然是所有人关注的焦点。尤其是近 20 多年来在全世界范围内出现的食品安全问题引起全球民众的关注。1996 年英国暴发的疯牛病、1997 年中国香港的禽流感、1998 年东南亚的猪脑炎、1999 年比利时等国的二噁英、2001 年欧洲暴发的口蹄疫、2004 年的三聚氰胺奶粉、2005 年的"皮革奶"、"海鲜内的孔雀石绿"、2006 年的"苏丹红鸭蛋"、2011 年的"塑化剂"、2012 年"老酸奶工业明胶"、2013 年"硫黄熏制毒生姜"等事件掀起了一场对于食品安全问题的重大思考。中国经济网盘点了 2021 年影响力较大的十起食品安全事件，如河北省养羊大县添加瘦肉精的问题羊流向多地、小龙坎后厨脏乱差上热搜、迪士尼蛋糕有异物、"胖哥俩肉蟹煲"隔夜死蟹冒充活蟹、安纽希婴儿配方乳粉菌落总数超标、奈雪的茶饮菌落总数项目不合格、星巴克被曝私换配料标签使用过期食材等，所有的食品安全事件都是提醒消费者增强食品安全意识，警示食品企业要时刻注意保障食品安全，做遵章守法、讲诚信的食品人。

正如世界卫生组织食品安全局局长约尔格恩·施伦德说："食品安全已经不单纯是个商业问题，而是关系到大众健康的命题，直接影响联合国千年发展目标的实现，同时也对各国食品行业的出口起到举足轻重的作用。"

2007 年 7 月 25 日国务院常务会议召开，提出加强产品质量和食品安全工作，审议并原则通过《国务院关于加强食品等产品安全监督管理的特别规定（草案）》。会议指出，产品质量和食品安全，关系人民群众生命健康和切身利益，关系企业信誉，关系国家形象，必须高度重视。要把全面提高产品质量和食品安全水平，作为一项重要任务。

中国民间也有"民以食为天，食以安为先"的说法。实际上，食品安全不仅仅关系到个人的安全与健康问题，种种事实表明，食品安全是保障国家稳定、维持社会秩序、保持生态平衡、保持生物多样性、保护环境、实现人类可持续发展的重要保证。

第三节　食品安全的保障措施

一、传统食品安全保障措施

食品安全的重要性一直都深受中国历代政府的关注。古代中国是一个传统的农业国家，农业生产力水平相对比较低下，抵御自然灾害的能力弱，所以食品供应一直显得比较紧张。为了保证食品的安全性，我国历朝历代结合实际情况采取了一系列保障食品安全的措施，从食品生产、食品节约、食品储备和食品赈济等方面对食品安全进行保障。主要表现在以下几点：

（1）以发展农业为主，兼顾自然资源，适当发展养殖业的措施来提高粮食产量，保证国家食品安全。珍惜粮食，杜绝浪费。

（2）倡导节约粮食达到细水长流的目的。具体措施有：全社会树立崇俭意识，政府以强制手段实行酒禁、酒榷，号召人们素食和减食等。

（3）靠节约下来的储备食品度过饥荒时节。为了保证储备食品的良好风味等特性，人们发明了冷藏、腌制、密封、风干、熏制、物藏等储备食品的方法，有些方法至今仍被很多人用来贮藏食品。

（4）做好食品赈济工作。中国古代的庶民阶层在大多数情况下是在果腹线上徘徊，没有更多的储备食品或者说储备食品不足以应付灾荒，灾荒一旦发生，他们很容易就滑到了果腹线以下，死亡时时都会降临到他们头上，这时候极易发生饥民暴动，破坏社会秩序，危及政权统治。为此统治阶级和一些慈善家千方百计做好灾民的食品赈济工作。食品赈济主要包括低价粜粮、钱粮赈济、施粥等。

（一）食品生产措施

中国古代食品生产是以发展农业为主，兼顾自然资源，适当发展养殖业。一是因为中国所处的地理环境适合发展农业。中国的大部分地区处于中纬度，气候温和。中国又位于全球最大的陆地——欧亚大陆的东部和全球最大的海洋——太平洋的西岸，西南方向距印度洋也不远，季风气候发达。大部分地区雨热同季，温度和水分条件都良好，为发展农业提供了适宜的条件。二是因为农耕种植的食品生产方式在同样的生态环境中所能容纳的人口数量高。在工业时代到来之前，在一个固定的地区范围内，生态环境（假定环境质量不变）所能容纳的人口数量主要受食品生产技术条件的制约，例如，通过采集和狩猎获得食品的中石器时期，0.05 人/平方千米的人口密度，已接近当时环境容量的饱和值；在自然放牧条件下，每平方千米的人口数量也不能高于 10 人；相比之下，通过农耕而获得食品，环境容量就要高得多，即使在粗放的原始农业技术条件下，人口密度也可达到 25 人/平方千米甚至更多。随着农耕技术水平的提高，单位面积土地的承载能力即其所养活的人口（环境容量）还将大幅度提高。反过来说，从历史发展的长期趋势来看，人口密度的高低对食物生产方式的选择，也具有决定性的影响：在人口密度较低的时期和地区，相对易于获得野生食物资源和发展畜牧业，即使从事农耕种植，其生产经营也倾向于粗放；反之，随着人口密度的提高，只要条件适宜，发展农耕并不断提高生产集约程度，是最为合理的选择；而畜牧业和采捕经济则因草地、森林和野生动物的减少而逐渐受到排挤。在中国历史上，每一次北方民族入主中原建立王朝时，都有人建议，要把中国土地转变成牧地，而这个建议从来没有实行过，原因即在于此。

1. 发展农业的措施

发展农业即通过投入更多的劳动、技术、资金等来达到单位面积土地上增产增收和扩大种植面积增收。具体措施如下：

（1）推广农业生产技术，实行精耕细作、集约化生产。夏、商、周时期，土地与人口的矛盾就初露端倪。面对出现的食品安全问题，为了提高单位面积土地的承载能力即养活更多的人口，政府就开始重视先进农业技术的推广工作。那时国君本身已经脱离了生产劳动，但他仍然对生产进行监督，亲自巡视或者命令他的臣下去监督检查生产活动。这种行动，在卜辞有关的农业生产中称为"立黍"或"观黍"，并设立农官。

图 3-1　中国历史上第一个农官后稷

相传周代的远祖——后稷是尧舜时期也是中国历史上第一个农官（图 3-1）。《史记·周本纪》言："周后稷，名弃……儿时……其游戏，好种树麻、菽，麻、菽美。及为成人，遂好耕农，相地之宜，宜谷者稼穑焉。民皆法则之。帝尧闻之，举弃为农师。"从此就有了专门负责教稼的农师和主管农业的官员，开始形成行政推广体制。由于后稷教稼有方，原始农业开始走向成熟。夏、商、周时期是我国农业史由原始农业向以精耕细作为主要特征的传统农业过渡的转折时期，或者说是传统农业精耕细作技术的萌芽时期。随着农业生产水平的提高，农业推广体制也日趋完善。后稷的重农治国思想和行政教稼制度得到发展，初步形成从中央到地方较为完整的教稼体制，使以教育、督导与行政管理、诏令相结合的教稼方式渐趋定型。在教稼过程中，由于加入了行政干预，使农牧业先进地区的许多技术经验得以较快地向其周围地区呈波浪式传播。

秦汉时期，中国的农业基本定型，产量和技术获得了实质性进展。这一方面归功于相对适中的地租和对自立的小农阶级的维护（要么是自耕农，要么是相对有保障的佃户），刺激了庶民阶层的生产积极性。但更多的还应该归功于政府对农业知识的推广。汉朝政府不仅赞助为农民所编的农书，还指示官吏宣传有用的知识。西汉搜粟都尉将推广集约耕作技术作为其职责的一部分。农业专家氾胜之在政府资助下出版了农书——《氾胜之书》（图 3-2）。这本书不仅研究和总结了作物栽培的综合因素，还针对不同作物的特性和要求，提出了不同的栽培方法和措施。我们单从书中对种子的预处理的记载就可看出汉代的农业是如何的精耕细作：种子浸泡在煮过的骨头、粪便或者蚕屑制成的人造肥料里，这种肥料还要加入附子或者其他植物毒素。种子被反复覆以这一层糊状物，必须小心地将裹在薄薄表皮中的种子弄干，使它们不会腐烂。这种种子预处理的方法在西方只是在近二三十年才被发明。种子的预处理保证了出苗率和禾苗的质量，节约了种子，增加了产量。

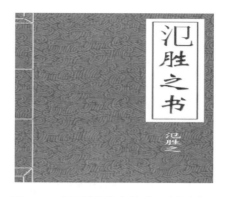

图 3-2　中国最早的农书《氾胜之书》

随着对农业推广的愈加重视，越来越多的人投入到农业知识的总结与推广当中。一批有价值的农书先后出现，重要的如唐代韩鄂的《四时纂要》、元代的《农桑辑要》和《王桢农书》、明代的《农政全书》、清代的《授时通考》等。

宋清两朝是古代中国历史上最重视农业，也是农业发展最见成效的朝代。宋代首创"农师制"，"（太平兴国七年）诸州置农师"。农师就是专管农业推广工作的官吏。为农师者，必须具备能"推练土地之宜，明树艺之法"的基本条件。为了加强对农业推广工作的领导和力量，宋真宗（图 3-3）又设置劝农使。宋朝的农作制有重大的发展，主要表现在南方稻区的复种指数空前提高。稻后复种麦、豆、油菜、麻或蔬菜的现象在南宋已很普遍。"再熟稻"的地区有所扩大，且出现了向南推移的趋势。三季稻在南宋时已有明确记载。清朝时集约化生产程度更高。清代乾隆四十一年（公元 1776 年）时，北方局部地区已出现谷类、麦类、菜类作物轮作复种间作套种技术，使用此土地利用成果技术，可使两年"十三收"，对此，《修齐直指·一岁数收之法》述道："冬月预将白地一亩上油渣二百斤，再上粪五车，治熟。春二月种大蓝，苗长四五寸，套种小蓝于其空中，挑去大蓝，再上油渣一百五

图 3-3　宋真宗

六十斤，俟小蓝苗高尺余，空中遂布粟谷一料，及割去小蓝，谷苗能长四五寸高，但只黄冗，经风一吹，用水一灌，苗即暴长叶青，收之后，犁治极熟，不用上粪，又种小麦一料。次年麦收，复栽小蓝，小蓝收，复种粟谷；粟谷收，仍复犁治，留待春月种大蓝，是一岁三收，地力并不衰乏，而获利甚多也。如人多地少，不足岁计者，又有两年收十三料之法，即如一亩地，纵横九耕，每耕上粪一车，九耕当用粪九车，间上油渣三千斤，俟立秋后种笨蒜，每相去三寸一苗，俟苗出之后，不时频锄，旱即浇灌，灌后即锄，俟天社前后，沟中生芽菠菜一料，年终即可挑卖，及起春时，种熟白萝卜一料，四月间即可卖。再用皮渣煮熟，连水与人粪盒过，每蒜一苗，可用粪一铁杓，四月间可抽蒜薹二三千斤不等，及蒜薹抽后，五月即出蒜一料，起蒜毕，即栽小蓝一料，小蓝长至尺余，空中可布谷一料，俟谷收之后，九月可种小麦一料，次年收麦后，即种大蒜，如此周而复始，两年可收十三料，乃人多地少、救贫济急之要法也。"

精耕细作和集约化生产最大限度地挖掘了土地的潜力，扩大了环境的容量，也在人口大

量增加的情况下最大限度地保护了生态环境。

（2）引进培育生长期短、产量高、适应性强的品种、物种，尽量扩大种植面积，把贫瘠的无法利用的土地利用起来也是食品生产的一项重要措施。在缺少重大技术革新的情况下，中国农民与新土地斗争的主要武器是作物。在中国古代，通过作物的传播而实现的土地利用和食品生产的重大革命主要有两次，分别是宋朝占城稻和天竺的绿豆的引进与培育和明朝玉米、甘薯、花生、马铃薯、辣椒、番茄等粮菜作物的引进和利用。宋朝的皇帝都是重农主义者，宋真宗听说占城稻耐旱、生长期短，天竺绿豆多而粒大，就遣使以珍货求其种。得占城稻种二十石，天竺绿豆种二石。占城稻被引进后很快被推广培育，据宋代浙江和苏南的方志记载，原来的占城稻移栽后的成熟期是 100 天。这正适合供水较好的山地。到 12 世纪，聪明的中国农民已培育成功不少新的品种，移栽后 60 天就能成熟。到了 16 世纪，为了对付每年的夏涝，高邮的农民又育出了 50 天的品种。占城稻的引进和早熟品种的进一步培育，影响是多方面的：首先，早熟品种大大保证了两熟制的成功，在长江流域水稻一般是夏熟作物，较短的生长期就使同一块地在水稻收割之后，可以种上小麦、油菜或其他越冬作物。其次，在越冬作物的收获和水稻的收获之间有很长的间隔，很多世纪以来，农民一直为青黄不接而担忧。早熟稻便成了很好的补缺作物，其口味和食物价值远远胜过其他杂粮。再则由于早熟稻用水比其他品种少，使只能利用泉水和雨水浇灌的高地和坡地便有可能种植。明朝玉米、甘薯、花生、马铃薯、辣椒、番茄等粮菜作物的引进和利用，极大地丰富了人们的食品原料。玉米、甘薯、花生、马铃薯等产量高、耐贫瘠、适应性强，它们对丘陵、山地、滩边沙地的利用起了关键作用，产量成倍或数倍地高于其他品种。玉米亩产最低也有二百多斤（1 斤＝0.5 千克），高产者可达三百或四百余斤，这与亩产不足百斤的北方旱田杂粮相比显然是优越的。自 18 世纪以后直至 20 世纪 70 年代，玉米成了北方及南方众多山区广大民众的主要粮食品种。除了玉米之外，甘薯、马铃薯这两种适应地域广、耐贫瘠、产量高的外来品种，也成了广大下层社会民众的最重要的辅助性食粮。其中甘薯，直到 20 世纪 70 年代末的统计仍表明，栽培面积和总产量仅次于水稻、小麦、玉米而居第四位，至于它的单位面积产量则要比其他粮食作物高得多，其经济产量系数高达 70%～80%，为一般禾谷类作物所不及。它的高产性在很大程度上缓解了由人口增多带来的食品危机。

（3）兴修水利，灌溉农田，防虫治蝗。古代的中国属于灾荒多发之国。有些灾荒如风、雪、霜、雹、地震等非人力所能控制，但有些灾害如旱灾（图 3-4）、蝗灾（图 3-5）则可以通过努力避免或减少受灾程度，保障农民的食品生产。

图 3-4　旱灾

图 3-5　蝗灾

通过兴修水利、灌溉农田来改变靠大吃饭的状况，使农产品增收是我国很早就开始采取的食品安全措施之一。据可考的史料记载，这些措施的采取最早可追溯到西周时期。《诗·公刘》："相其阴阳，观其流泉。"《白华》："滮池北流，浸彼稻田。"滮池是最早的灌溉工程，在今陕西省咸阳西南。战国时期，灌溉工程甚多，西门豹引漳水溉郑，韩国水工郑国领凿郑国渠，灌溉四万余顷。李冰建都江堰（图3-6），使成都平原成为天府之国。

图3-6 都江堰

汉朝对农田水利更加重视，修建六辅渠、白渠，扩大了郑国渠的灌溉面积。元朝时，中央设有都水监，地方上设有河渠司，以兴举水利、修理河堤为务。元文宗天历二年（公元1329年）三月，修洪口渠，引泾水入白渠，自泾阳至临潼五县，分流灌田七万余顷。明清时期灌溉工程也有许多，此处不再一一列举。灌溉工程解决了大旱之年农田的水源问题，保证了农作物的正常生长。

我国除蝗的最早记录是《诗经·小雅·大田》："去其螟螣，及其蟊贼，无害我田稚，田祖有神，秉畀炎火"，这是西周贵族丰收祭神的歌。螟、螣、蟊、贼是四种不同的田间害虫，田稚在这里指幼苗，"畀"即"付于"。蝗虫的种类很多，据调查，我国有80多种，最普通的有两属：一是土蝗属，一是飞蝗属。前者因不能飞翔，所以迁徙性不强，危害不大。且限于地域，贻害稍轻。后者则不然，生殖力强，食性也大，且飞翔能力强，故其危害甚大。凡其所经之处，千顷良田，荡然无收。所以前者如果为数不多，则无扑灭之必要，但后者必须加以扑灭。我国古代治蝗，皆设有专官。捕蝗之法一是禳祷，二是力捕。禳祷之法源于人们的有神论思想，认为一切灾祸都是因为不修德，上天震怒所以降灾人间。他们希望通过禳祷获得上天的原谅，收回灾祸。此法属于巫术、迷信，当然不会有成效。一些有识之士认识到治蝗只有捕杀。汉代时开始通过奖励来鼓励人们捕蝗。"元始二年，郡国大旱，蝗，遣使者捕蝗。民捕蝗诣吏，以石斗受钱。"唐代开始有给粟捕蝗之例。"赵莹为晋昌军节度使，天下大蝗，境内捕蝗者，获蝗一斗，给粟一斗，使饥民获济"。此法和汉代给钱捕蝗之法相同。唐代倡导力捕之者当推姚崇。姚崇亲临捕蝗一线，根据"蝗既解飞，夜必赴火"的习性，采取"夜中设火，火边掘坑，且焚且瘗（埋葬）"的办法，在他的示范和倡导下，灾区人民采用了挖坑、赶打、火烧、掩埋相结合的措施，使河南、河北的广大灾区，获得了"蝗害讫息"的效果。以后各代除了继续通过奖励来鼓励人们捕蝗外，还主动出击，防患于未然。宋代在秋耕时节，采用深翻土暴晒的方法来消灭蝗虫的遗种。明代已积累了一些昆虫学知识，治蝗更严。在春初即差人巡视，遇有蝗虫初生，即设法捕灭，务要尽绝。到了清代，治蝗之法已经完备，治蝗知识亦稍充实。政府把治蝗作为考察地方官政绩的一个指标，对治蝗不力者予以严惩。

2. 保持自然资源的可持续发展——适当发展养殖业

在相当长的时期内，人类的肉食主要来自大自然的野生动物，先民们通过采集、渔猎等

图 3-7 齐民要术

方式来获得肉食资源。但盲目攫取极易造成资源的枯竭，先秦时有识之士已认识到保护自然资源、保持可持续性发展的重要性。《孟子》中"不违农时，谷不可胜食也；数罟不入洿池，鱼鳖不可胜食也；斧斤以时入山林，林木不可胜用也；谷与鱼鳖不可胜食，林木不可胜用，是使民养生丧死无憾也"。孟子的话对理解当时及此后的食品安全政策至为重要。

随着人口的增多，可耕地面积的扩大，荒地森林面积的减少，野生动物越来越少，人们的肉食资源从单纯依靠采集、渔猎过渡到逐渐发展饲养业。为了减少能量传递过程中的能量损耗，人们一般只饲养以植物为食源的动物。饲养分为家庭饲养和政府饲养。人们在饲养过程中还积累了丰富的知识。《齐民要术》（图 3-7）中记载了大量的饲养猪、羊、鸡、鸭、鹅、鱼的知识。养猪技术有了系统的总结。猪仔初生，"宜煮谷饲之"。饲养小猪应加入谷类精饲料。小猪催肥，"埋车轮为食场，散粟豆于内，小豚足食，出入自由，则肥速"。小猪与大猪分开饲养，以免大猪抢小猪之食，保证小猪生长。大猪催肥不宜放养，宜舍养，且"圈不厌小"，圈小则活动少，活动少则消耗少，可使饲料更多地转化为脂肪和肌肉。北方寒冷，冬季出生的猪仔易冻死，应采用"索笼蒸豚法"，微火暖之，以使其顺利过冬。《齐民要术·养羊》对羊的放牧时间、方法、冬季舍饲、围栏积菱喂养都有详细的介绍和分析。《齐民要术》中还记述了当时鸡种选育和饲养肉鸡、蛋鸡的经验和方法。关于鸡种选育，书中说："桑落时生者良，春夏生者则不佳。"因为桑落时生的蛋孵出的鸡"形小，浅毛，脚细短者是也，守巢少声，善育雏子"。饲养鸡雏，要求"二十日内，无令出巢，饲以燥饭"。而饲养肉鸡则"又别作墙匡，蒸小麦饲之，三七日便肥大矣"，这是 21 天快速育肥的方法。饲养蛋鸡"惟多与谷，令竟冬肥盛，自然谷产矣，一鸡生百余卵"。关于人工养鱼方面，《齐民要术》中也介绍了关于鱼塘建设、鱼种选择、自然孵化、密集轮捕等方面的内容。当然这些肉食主要供给统治阶级享用，而为统治阶级提供肉食的广大庶民阶层，则很难享受他们的劳动成果，他们一年很少有机会享受肉食，有时连起码的维持生存的素食也很难保证。

（二）食品节约措施

食品安全的保障一方面是开源，另一重要方面便是节流，通过节约来达到细水长流的目的。具体的食品节约措施主要有：

1. 全社会树立崇俭意识

崇俭一直是中国社会舆论和政府法令褒誉的占统治地位的意识形态，而饮食生活的节俭更是全社会倾心赞扬的美德。"勤俭持家"和"不能'坐吃山空'"的俗语、古训充分表现了这一点。奢侈浪费的人被称为"败家子"而遭时人贬抑。所以一般家训中都把节俭作为重要一条。北齐颜之推的《颜氏家训》就有"人生衣趣以覆寒露，食趣以塞饥乏"。在中国历史上，一个人无论有过何等辉煌的业绩和成就，也不论他的学识和修养有怎样崇高的声誉，只要他无法克服口腹之欲，便将不可避免地为此所累，或生前被訾于当时，或辞世遭讥于身后，总要落个大节有亏的历史结论。中国历史传统的这一"春秋笔法"的道义影响和社会感化力是绝对不能低估的。西晋陈国阳夏（今河南太康）人何曾，出身门阀士族，武帝朝官至司徒、太傅，进位三公，诏旨屡次褒扬其"立德高峻，执心忠亮，博物洽闻，明识弘达"；"明朗高亮，执心弘毅，可谓旧德老成，国之宗臣者也"；时誉则谓其"性至孝，闺门整肃，自少及长，无声乐嬖幸之好"。甚至被仕伍学林推重为古圣再现、时贤楷模。然而，这样一个权重宠极、誉高名重无以复加的显赫人物，也免不了因"性奢豪，务在华侈，惟帐车服，穷极绮丽，厨膳滋味，过于王者……日食万钱，犹曰无下箸处"之过而屡遭朝臣"劾奏"。至其身后，"侈忲无度"四字便足以使其毕生光芒黯然失色。

石崇和王恺历史上也不乏文治武功之绩，然而他们给历史留下的记忆只是"石王斗富"的佚趣和贪纵口腹的耻辱（图3-8）。

北宋名相寇准，起家清贫，自太宗朝（976—997年）中期至真宗朝（998—1022年）的30年间，于朝政国事多有建树。然而他富贵后，好摆筵席，每次宴请宾客，把门关上，把客人的车卸了，晚上从不燃油灯，总是燃大蜡烛。所以遭史家批评，终成白璧有瑕，遗讥后人。与之相比较，同样于朝政国事多有建树的明代官员海瑞，居官"布袍脱粟，令老仆艺蔬

图3-8 石王斗富

自给"，逢"母寿"日始"市肉二斤"，便是青史留名的"清官"。中国历史上的完美形象是：智慧、廉洁、刚直不阿。贪婪和奢侈是最大的污点。我们的民族有以史为鉴的传统，这种在官修正史（私乘也是如此）正统文献中，把崇俭鄙奢思想鲜明体现在对人物扬善惩恶道德评价上的做法，无疑是对促进食品节约有积极意义的。

2. 政府以强制手段实行酒禁、酒榷

关于酒，我们知道最初的酒是天然的，是野果、兽乳或贮藏不当而发芽的粮食等含糖丰富的物质，在适当的条件下，由于微生物的作用而发酵成的。后来大约是在尝到天然酒的美味后，人们开始有意识地去酿造。但用野果、兽乳造酒在当时的自然环境和社会条件下是不可能形成社会性生产的，只有采用谷物酿酒才能为人类提供酒这种饮料。酿酒发展过程中的一个必备的物质条件就是农业生产发展到一定的规模，粮食有了一定的节余。也就是说，酿酒要消耗大量的粮食。《战国策·魏策》："帝女令仪狄作酒而美，进之禹。禹饮而甘之，遂疏仪狄而绝旨酒。"认为"后世必有以酒亡国者"。事实证明大禹确实有先见之明。夏桀、商纣王都是因酒亡国的典型。周朝建立后，一个重要的措施就是实行酒禁。非祭祀、父母节庆日、和君主老人一起用餐等场合不能饮酒。后世人读到这些资料，总解读为酒的特性使人容易沉迷、耽误正事，而没有从粮食节约的角度来解读。试想在当时生产力还不发达，粮食产量还不高，许多百姓还在贫困线上挣扎的情况下，再消耗大量粮食造酒会更加重庶民阶层的困窘，激发他们心中的不满，从而动摇政权的基础。周王朝鉴于夏商因酒亡国的教训，实行酒禁。以后各朝代基本上都或松或紧地实行酒禁。由于酒在祭祀、节庆日、人际交往中负有特殊的社会功能，完全禁酒是不可能的。一般在各朝建立之初和灾荒年，酒禁非常严格。因为各朝建立多通过战争，生产力遭到极大破坏，粮食生产不能保证，和灾荒年一样，食品供给困难。所以通过禁酒来节约粮食，渡过难关。汉初萧何造律，三人以上无故群饮，罚金四两。景帝中元三年夏，旱，禁酤酒。武帝三年，开始榷酒酤，即以专卖的形式使卖酒合法

化，卖酒者需要向政府交纳一定的钱。榷酒在一定程度上限制了酒的消耗，节约了粮食。以后各朝基本是或禁或榷。但无论是禁还是榷，都不同程度上达到了节约粮食的目的。

3. 素食和减食

人类是杂食动物，正如我们的营养需求、行为模式和人类文化学中普遍记载的生活方式所证实的那样。与动物王国的大多数成员相比，人类具有相当奇怪的饮食要求。与大多数动物不同，我们不能制造维生素 C，但必须消耗它。我们需要大量蛋白质，且不能像有些哺乳动物那样合成许多氨基酸。我们是大动物，因此有大脑袋要支撑，于是我们需要食用大量的能量。在维生素丸问世以前，人类可以确保健康的唯一方法是吞吃各种各样的食物，包括谷物、水果、蔬菜和肉食，也是《黄帝内经》中提出的合理的食品结构。但肉食对中国古代的庶民阶层来说属于奢侈品。人们能量的获得主要是通过谷物。因为从生态学上讲，生态系统中的食物能量传递受热力学第二定律所支配，当能量以食物的形式在生物之间传递时，食物中相当一部分能量被降解为热而消散掉，其余则用于合成新的组织作为潜能储存下来。只把一小部分转化为新的潜能。因此，能量在生物之间每传递一次，只把一小部分转化为新的潜能就被降解为热而损失掉，在生态系统能量流程中，能量从一个营养级到另一个营养级的转化效率大致在 5%~30%。平均来说，从植物到植食动物的转化率大约是 10%，从植食动物到肉食动物（食肉动物）的转化率大约是 15%。美国生态学家史密斯更具体地指出："当能量通过生态系统向比植物层次更高的层次传递时，能量大量减少，只有 1/10 的能量从一个营养层次传递到另一个（更高）的营养层次。"这些观点的依据就是生态学中著名的"林德曼效率"理论。人作为生态系统食物链中的一员，其食物能量的生产与消费同样受到上述规律的支配。许倬云先生在《古代中国文化的特质》中提到，他曾做过一个计算，一头牛吃的草所用掉的土地单位面积，来除这头牛所供应的食品，包括乳、肉等，折合成热量，与农耕得来食品的热量相比为 1：9。因此，如果农地转换成牧地，就有 8/9 的热量不见了，这也就是说，同样的土地，如以农耕种植和素食为主，就可以多养活 8/9 的人口，当然这种单一的食品结构是要以有损健康为代价，但对中国古代的庶民阶层而言，健康的概念是模糊的，他们的最大愿望是吃饱。

根据"林德曼效率"理论，吃素是减少能量损失、节约食品的最好方法。但对于已经是常年依靠素食勉强维持生存的古代中国广大处于果腹层的庶民而言，素食早已是他们不得不采取的措施了。肉食在西周就被认为是珍食，庶民阶层很少有机会吃到。《礼记·王制》中就说："诸侯无故不杀牛，大夫无故不杀羊，士无故不杀犬豕，庶人无故不食珍。"那么，什么时候可以吃上肉呢？一般而言，主要是在一些大的节庆活动之中，人们才可以宰杀牲畜，所以，孟子的理想是："鸡、豚、狗、彘之畜，无失其时，七十者可以食肉矣。"人到老年才有资格经常享受一下肉味，但对穷苦百姓而言，真正实行起来，也是十分困难的。所以食品节约主要靠以富贵阶层为主的全社会的努力来完成。

皇室、官员是社会上最大的粮食浪费群。他们"厚作敛于百姓，以为美食刍豢，蒸炙鱼鳖。大国累百器，小国累十器；前方丈，目不能遍视，手不能遍操，口不能遍味，冬则冻冰，夏则饰馐"。以致造成极大的浪费，因为人的实际消费能力有限，"食前方丈"只是摆谱。战国时墨子就指出：由于沉重的剥削，使得"民财不足，冻饿死者，不可胜数也"。因此墨子主张"去无用之费"，节制过度奢侈的饮食。但后代人君真正节俭的很少，他们的减膳食措施一般也只用于灾荒时节，往往由国君下诏以示节俭。汉宣帝本始四年，诏曰："盖闻农者兴德之本也，今岁不登，已遣使者振贷困乏。其令太官损膳省宰，乐府减乐人，使归就农业。"晋武帝咸宁五年，以百姓饥馑，减御膳之半。北齐武成帝河清四年，以谷不登，减百官食。后魏正光后，四方多事，加以水旱，断百官常用之酒，计一岁所省米 53054 斛 9 升，蘖谷 6956 斛，面 300599 斛。唐太宗贞观元年，以旱灾减膳。减膳食其实对他们的生活质量影响不大，所省食物也有限，但对在死亡线上挣扎的饥民来说，用这些粮食来施粥，就能救活许多生命，有些生命因此得以存活下来。

当然食品节约的方法还有许多，如食粥、节食。食粥、节食对能终日饱食的人来说是养生之道，但对广大贫苦人民而言，却是他们为了尽可能免于饿死不得不采取的措施。

（三）食品储备

中国是多荒之国，饥荒时节的食品就得靠以前节约下来的储备食品。为了保证储备食品的质量安全，人们在实践中积累了宝贵经验，许多方法还沿用至今。食品储备包括果蔬储备、肉制品储备和粮食储备。

1. 果蔬和肉制品储备

果蔬储备和肉制品储备很大程度上不是为了防备灾荒年景所造成的食荒，更多的是为了延长对这些食品的享受期和防止浪费（当然有些果蔬如榛子、板栗和马铃薯等在很多时候储备起来是为了对付饥荒）。肉类是最容易腐败的食物，人们田猎的兽类或屠宰的牲畜都是难以一餐吃完的。特别是田猎一次的猎获量和渔捞一次的渔获量都可能很大，更是难以在一两日之内吃尽。如何将兽肉和鱼类保藏不坏，即短期不腐败，这可能是原始社会时期已向人们提出的问题。还有蔬菜、果品，也是有季节性的，如何延长这些东西的保质期，使人们单调、粗糙的饭食更容易下咽，我国古代的劳动人民也想出了许多办法。

储备果蔬的方法很多，主要有冷藏（图 3-9）、密封、腌制、风干、熏制、物藏等。

（1）冷藏　　当温度低于 10℃ 时，大多数细菌生长缓慢，且随着温度下降生长速率减慢。冷藏法对食品进行贮藏就是利用微生物活动会随着温度的下降而减慢的原理，以延缓或防止食品变质败坏。从周代以来，人们已从实践中积累了一定的经验。主要是借助冰在融化时的吸热特性来给食品降温，以延长它的安全期。《诗经·豳风·七月》："二之日凿冰冲冲，三之日纳于凌阴。"这句诗大意是："十二月凿冰冲冲响，正月冰块满窖藏。"但这些冰窖里贮藏冰，做什么用？《诗经》却无说明。汉代以后"凌室"的贮冰，

图 3-9　冷藏水果

认为是供夏天天气炎热时取出饮用，有明确的记载。周室的官职中有"凌人"的设置，《天官·凌人》的职文说："凌人，掌冰。正岁十有二月，令斩冰，三其凌。春始治鉴，凡外内之膳羞鉴焉。凡酒醋亦如之，祭祀共冰鉴，宾客共冰，大丧共夷盘冰，夏颁冰掌事，秋刷。"这段职文的意思是："凌人掌管有关冰的政令。每年的十二月命令属下去砍冰块，把需用冰的三倍藏入冰窖。春天到来的时候，要检查盛冰的鉴。凡内外饔的肴馔，都要放入鉴中冷藏。凡三酒、五齐、六饮等酒浆也是这样办。祭祀时则供应冰鉴，待宾客时供应冰块。王或后丧，应供给夷盘所用的冰块，夏季天气暑热，周王颁冰赐群臣，也要掌管其事。秋天要刷

冰窖，以待冬天再藏冰。"以上所述说明，周代用天然冰和修建冰窖作为冷藏食品之用，当是确切无疑的了。文中的"鉴"是一种青铜容器，形似大盆，周代用以盛水和盛冰，盛水用以照影，盛冰用以贮藏食品。冰在周代是供王室享用的一种分配物资。《左传·昭公四年》云："食肉之禄，冰皆与焉。"其意思是说："凡是吃肉的官吏，都是有资格用冰的。"后代专门有卖冰之家，还把地方官孝敬朝廷大员的钱称为"冰敬"。

（2）密封保藏　此法是将食品放入贮藏器中密封，通过降低氧的含量来达到保藏食品的目的。所用的贮藏器有缸、瓶、罐、盆、碗及活竹等，密封材料则主要是纸、泥及薯叶等。用活竹密封藏物始见于宋代，到明代人们用此法保藏易变质的鲜荔枝，即将鲜荔枝从活毛竹的孔内放入装满后将孔封固，可藏至冬春，色香不变。此法非常巧妙，是中国保藏技术的一大创造。纸封法极为普遍，元代《居家必用事类全集》记载了直接用纸和罐密封保藏鲜果的方法，如："选拣大石榴，连枝摘下。用新瓦罐一枚，安排在内。使纸十余重密封，可留多日不坏。"明代则使用了先烘后纸封以保藏鲜果的方法，《宋氏养生部》载："荔枝、龙眼火焙，纸封竹器中，悬近火处。"泥封法也由来已久，只是此时更加讲究，《二如亭群芳谱》记载了用菜瓜等加工制作十香菜的方法：将菜瓜与其他辅料、调料腌拌后，"以净坛盛满，箬扎泥封，外写东西南北四字，每日晒一面，三七后可用"。《饮撰服食笺》还记载了用纸、箬叶、泥混合密封的方法，将鲤鱼"用炒盐四两擦过，腌一宿，洗净，晾干。再用盐二两、糟一斤拌匀入瓮，纸箬泥封涂"。这种混合密封的方法效果更佳。密封保藏法也用于储存少量

图 3-10　腌制的雪里蕻

图 3-11　豆酱

的粮食、种子等，既可防潮、防火，又可防鼠、防雀和防虫害。

（3）腌制　腌制法是在肉类食品或果蔬食品中加入盐或（和）醋以延长食品的保存期（图 3-10）。腌制又具体包括菹齑和做酱。《周礼·天官·醢人》："王举，则共醢六十瓮，以五齐、七醢、七菹、三臡实之。"郑玄在《周礼·天官·凌人》注文中说："凡醯酱所和，细切为齑，食品若牒为菹。"可见，菹和齑都是用醯酱来浸渍调和以使蔬菜保藏的方法。两者不同的是，齑法是细清腌，菹是粗切或整棵清腌。酱的种类很多，包括肉酱、豆酱（图 3-11）和其他原料做成的酱。《诗经·大雅·行苇》："醓醢以荐。"醓，有汁的肉酱；醢，肉酱。我们在《周记》《礼记》里见到醢的品种很多，几乎为人们所食的绝大部分动物的肉都可以作为醢。《楚辞·招魂》："大苦咸酸，辛甘行些。"大苦即豆豉，豆做的酱。《论语·乡党》中有："不得其酱，不食。"

在中国古代，腌制加工酱菜的调料主要有酒糟、盐、酱和酱油、糖、醋、糜、虾油、鱼露等。在酱腌菜食品的加工技术方面，明代有巨大进步，清代上升到更高水平，且在酱腌菜的品类上，较前也大为扩充。譬如，北方的酱菜工艺、南方（四川）的泡菜技艺均十分精

湛。腌菜时使用倒缸、砖石压菜的方法。倒缸是为了便于热气、酸臭气的挥发，压砖石则有利于有益微生物的正常发酵，防止有害霉菌的破坏。南方（四川）的泡菜，在制作时所用的原料甚多，有白菜、萝卜、甘蓝、胡萝卜、芹菜、刀豆、莴苣、嫩姜、食盐、黄酒、烧酒、花椒、辣椒、草果等，经过各种加工制作，使各种单一的滋味巧妙地融为一体，产生出"正宗"性很强的川味泡菜。

（4）风干　处于正常生长状态的微生物体内含有80%以上的水分，这些水分主要是微生物从它们生长所依附的食品中获取的。所以当食品干燥时，微生物细胞也会因失水而停止生长和繁殖。尽管是部分干燥，但对大多数细菌来说，部分干燥就足以抑制其生长和繁殖。先秦时期人们已经想到用风干法来保藏食品。

《周易·噬嗑》："噬腊肉，遇毒。"这句中的腊肉和干肉，可能是用弓矢射杀的野兽所制的腊肉和干肉。这当是我国文献中最早的记载。周王朝官职中有"腊人"的设置，《周礼·天官·腊人》的职文规定说："腊人，掌干肉。凡田兽之脯腊膴胖之事。凡祭祀，共豆脯，荐脯，膴胖。凡腊物，宾客丧纪，共其脯腊，凡干肉之事。"文中的"掌干肉"即是掌管猎兽类的肉干制和保藏。因为"兽人"的职文中也有"凡兽，入于腊人"的规定，即是佃猎的兽类交给腊人去干制保藏。文中的"脯"也是指干肉。郑玄注说："小物全干"，即整个干制的小动物肉。"膴胖"是指"夹脊肉"，当是适宜做干肉的大块肉。西周以后，肉类的干制可能已成为人们的一种普遍应用的保藏方法（图3-12）。在《周礼》《礼记》中已有许多干制肉品名称。例如《周礼·天官·膳夫》："凡束脩之颁赐皆掌

图3-12　风干的肉干

之。""脩"即脯，也即干肉，《仪礼·有司》："（主妇）兴于房，取糗与服脩。""服脩"为捶捣而加姜桂的干肉。又《周礼·天官·厄人》："夏行脯、蜩"，"脯"可解为马类的干肉。而郑司农注解："脯，干雉（干制的野鸡）鲔、干鱼。"可见当时已有禽和鱼类干制品。见于《礼记·内则》的，还有"牛修、鹿脯、田东脯、麋腊"等。干制的肉品名称就多了。干肉最初是保藏方法，和其他一些加工食品一样，后来就发展成为一种独具风味的日常普通食品。

（5）熏制　这种方法主要用来贮藏肉类和鱼类等食品（图3-13）。熏烟中含有多种具贮藏作用的化合物，如甲醛和木柴燃烧产生的其他多种产物。另外，在烟熏过程中还伴随着加热和脱水，从而更有助于贮藏。《礼记·内则》："雉，芗无蓼。"郑玄注："芗，苏荏之属也，烧烟于火中也。"这里说的是烤野鸡时，用芗的烟火熏灼。除了可以改变风味外，也可起到防腐作用。

图3-13　熏鱼

（6）物藏　它是在食物中加入某些原料，利用原料间的相生作用，在不改变食物风味的情况下，保藏食物的方法。随着知识的积累，人们越来越多地认识到原料间的相生相克作用，因

而利用这种作用来保藏食物。元代《居家必用事类全集》记载了用灰藏瓜茄与萝卜藏梨的方法："用染坊淋退灰晒干，埋藏黄瓜茄子，冬月食用，""拣不损大梨，取不空心大萝卜，插梨枝柯在萝卜内，纸裹暖处，候至春深不坏。"明代《饮撰服食笺》载，用松毛、绿豆藏橘及用麦面糊藏桃的方法："以麦面煮成粥糊，入盐少许，候冷，倾入瓮中，收新鲜红色未熟桃纳满瓮中，封口，至冬月如生。"《宋氏养生部》则记载了菱叶藏银鱼、茄子以及稻秆藏大豆的方法："银鱼干晒，菱叶蕴藻苴之，不黄""大豆肥满时，连科本晒至叶干，积于稻秆中。至春时欲用，先以水浸，煮如新摘"。清代《食宪鸿秘》还记载了以小麦藏醋之法："头醋滤清，煎滚入坛，烧红火炭一块投入，加炒小麦一撮，封固，永不败"。此外，当时还用一些化学防腐原料如明矾等保藏食物，明代《便民图纂》载："枇杷林檎杨梅等果，用腊水同薄荷一把、明矾少许入瓮内，投果于中，颜色不变，味更凉爽。"也有用青铜末作防腐剂的，《居家必用事类全集》记载了保藏鲜果的方法："遇时果出，用青铜末与果同入腊水收贮，颜色不变如鲜。"

2. 粮食储备

对于中国古代的庶民阶层而言，真正重要的倒不是果蔬的储备。民以食为天，食以粮为源，食品的危机主要还是来自粮食。中国是自然灾害的多发国，粮食生产具有波动性，加上农业本身的季节性，这些都决定了粮食储备在食品安全上的重要性。先秦时期人们就认识到了这一点，《礼记·王制》云："国无九年之蓄曰不足，无六年之蓄曰急，无三年之蓄曰国非其国也"。西周时期，已经初步建立了储粮备荒的仓储制度，设置"仓人"负责粮谷仓库的具体事宜，主要是从事粮食储备和粮食赈济。以后各朝代基本如此。

储备粮的主要来源第一是国家征收的地租，第二是国家通过平准之法买的。政府在粮食丰收的年份以高于市场的价格买进，目的在于在灾荒之年再以低于市场的价格卖给百姓。第三是富家大户捐的和百姓在正租之外劝课出的粮食。另外还有军队屯田收获的粮食。

粮食的储备主要靠挖窖建仓以延长粮食的保质期。我国黄河流域的广大地区，由于黄土层很厚，地下水位低，土质干燥，宜于开筑窖穴，从而一开始，人们就采用窖穴来贮藏谷物。根据近年考古工作的开展，已在河北省武安县磁山（《河北磁山新石器遗址试掘》，见《考古》1977年第6期。《河北武安磁山遗址》，见《考古学报》1981年第3期），河南新郑裴李岗等（《河南新郑裴李岗新石器时代遗址》，见《考古》1978年第2期。《裴李岗遗址1978年发掘简报》，见《考古》1979年第3期）文化遗址发现了我国早期贮存谷物的窖穴60余处（图3-14）。那些窖穴是最原始的，没有任何防潮措施。到了仰韶文化时期，考古工作者在河南陕县庙底沟、西安半坡、临潼姜寨等遗址发现了800余座窖穴，这时的窖穴，窖容量增大，制作已有改进。

进入奴隶制时代，农业生产比前有所发展，传说中的夏代路台、商代钜桥都是当时贮藏粮食的要地。从殷墟发现的殷商时期用以贮藏谷物的窖穴、窖底和窖壁都用草拌泥涂抹过，长方形的窖壁多为直壁。有长1~8m、宽1~9m、深1~7m的。窖壁整齐、窖底平坦，装进谷物后，再加顶盖。说明窖穴的建筑已进一步改进，窖容量更加扩大，在殷墟

图3-14　出土的储粮窖穴

发现的窖穴中还有贮存的已变成绿灰色的谷物。

西周以后，由于农业生产的继续发展，谷物也丰富了。贮藏量自然有很大的增加。近年来在张家坡西周遗址和河北磁县下潘旺西周遗址发现的窖穴，主要有椭圆形袋状窖和长方形窖两种。当时不同的窖穴，已开始出现各自的专有名称。椭圆形袋状称窨，长方形称窖。《礼记·月令》："仲秋之月……是月也，可以建城郭，建都邑，穿目窖，修囷仓。"郑玄注："穿窨窖者入地，椭曰窨，方曰窖。"春秋战国以后，由于建筑材料和建筑工程的进步，开始在地上建筑仓、廪，粮谷在地上贮存的数量也就相应地增加。后世建立的名目繁多的仓如正仓、太仓、常平仓（图3-15）、义仓、社仓、惠民仓、广惠仓、农储仓、平籴仓等，都是用于贮存粮食的。

图3-15　常平仓遗址

（四）食品赈济

施放粥饭是救济饥饿灾民、平民的最普遍、最迫切的一项方法（图3-16）。它有一些明显的功能，如能救急，对于饥肠辘辘的灾民，颇能缓解燃眉之急；耗费少而救济面广等，简便易行。这种方法可追溯到战国时期。《礼记·檀弓》记载了两件个人施粥的事例："齐大饥，黔敖为食于路，以待饿者而食之""卫献公之孙'公叔文子卒，其子戍请谥于君曰：日月有时，将葬矣。请所以易其名者。君曰：昔者卫国凶饥，夫子为粥与国之饿者，是不亦惠乎？'"汉代施粥赈济已经

图3-16　施粥

成为救荒的普遍方法。《后汉书·献帝本纪》载："兴平元年秋七月，三辅大旱，……人相食啖，白骨委积。帝使侍御史侯汶出太仓米豆，为饥人作糜粥……"以后累代施行，未尝稍衰，既有政府行为，也有个人行为。

赈济钱粮也是灾后急赈中流行的形式。通过赈济粮食或钱款帮助饥民渡过难关。这种方法也很早出现。《礼记·月令》："天子布德行惠，命有司发仓廪，赐贫穷，振乏绝，开府库，出币帛，周天下"，就是讲国家发放粮食、钱款、衣物对贫民进行救济。《晏子春秋》也记载了晏子使齐景公赈济灾民谷物的事。赈济粮食有不便于流通之弊，有时就以赈银来代替，让灾民自行买粮，赈银有时与移粟就民措施配合使用，目的是平抑粮价。还有一种隐性的赈济，即招募饥民兴修水利等工程，又称工赈，此法既赈济了灾民又减轻了国家的负担。

低价粜粮是和粮食储备相关联的，为了防荒，中央和地方建立了许多粮仓，灾荒之年打开仓库低价粜给灾民。《册府元龟》记唐玄宗时事说："开元十二年（公元724年）八月诏曰：蒲、同等州，自春偏旱，虑来岁贫下少粮。宜令太仓出十万石米付蒲州，永丰仓出十五万付同州，减时价十钱，粜与百姓。"《旧唐书·玄宗本纪》记载天宝十二年（公元753年），"八月，京城霖雨，米贵。令出太仓米十万石，减价集与贫人"；天宝十三年（公元

754年），"是秋霖雨积六十余日，京城垣屋颓坏殆尽，物价暴贵，人多乏食，令出太仓米一百万石，开十场贱粜，以济贫民"。

以上介绍的食品安全方法主要是着眼于全局，是站在全社会的角度针对占社会总人口90%的庶民阶层的食品安全来做宏观介绍的。历代政府都采取了一些积极措施，庶民阶层为了高效生产也竭尽心智。

二、现代食品安全保障措施

保障食品安全一直以来都是中国政府和食品行业力图突破的重大课题。近年来，保障中国食品安全的方法和措施不断完善。尤其是加入世界贸易组织（WTO）后，食品行业所遭受的贸易壁垒使中国政府更加关注食品安全所面临的严峻挑战。

近十年，我国食品安全卫生状况有了明显改善，食品安全指标抽检合格率不断提高。食品安全监管体系、法规标准体系逐步健全。食品安全事件，尤其是恶性事件得到了有效控制，但风险依然存在。党中央和国家高度重视食品安全，2013年12月23日至24日，习近平总书记在中央农村工作会议上的讲话中作出四个最严指示，食品安全源头在农产品，基础在农业，必须正本清源，首先把农产品质量抓好。要把农产品质量安全作为转变农业发展方式、加快现代农业建设的关键环节，用最严谨的标准、最严格的监管、最严厉的处罚、最严肃的问责，确保广大人民群众"舌尖上的安全"。为了防止食品污染，保护消费者的利益，我国相关部门正着手从以下几个方面改善我国的食品安全状况。

（一）建立健全食品安全法律法规

我国有句俗话叫"没有规矩不成方圆"，用在食品安全方面十分贴切。没有食品安全方面的法律法规，食品的安全性就无从保证。2007年4月，中共中央政治局专门安排了集体学习我国农业标准化和对食品安全问题进行研究。会议强调，保障食品安全，必须树立全程监管理念，坚持预防为主、源头治理的工作思路。要切实抓好食品安全专项整治，做好"三绿工程"、食品药品放心工程，提高整治成效；要切实履行《中华人民共和国产品质量法》，加强食品安全制度建设，努力建立健全保障食品安全的长效机制，严格实施食品质量市场准入制度，全面落实食品质量市场检验检测制度；要切实加强食品安全法治建设，完善食品安全法律法规，严格执法监督，把食品安全法律法规落到实处。

我国产品安全存在各种问题的主要原因是现行法律、行政法规执行不够好，对生产经营者的违法行为处罚不到位，监督管理部门的监管不得力。从20世纪80年代开始，我国政府制定了一系列与食品安全有关的法律法规和管理条例，陆续制定了必要标准。我国的食品卫生监督管理从最初的单项条例、办法，到1982年制定颁布《中华人民共和国食品卫生法（试行）》，1995年实施《中华人民共和国食品卫生法》等，已经具有比较健全的食品法律保证体系和标准体系。2009年2月28日，十一届全国人大常委会第七次会议通过了《中华人民共和国食品安全法》，同年6月正式实施，出台了统一食品国家安全标准、取消食品"免检"制度、对问题食品实行召回、权益受损消费者可要求十倍赔偿等一系列新措施，通过法制化的手段，进一步保证食品安全，保障公众身体健康和生命安全。之后分别在2015年4月24日、2018年12月29日和2021年4月29日对《中华人民共和国食品安全法》进行三次修订，建立了食品安全全程追溯制度。

《中华人民共和国食品卫生法》《中华人民共和国产品质量法》《中华人民共和国农业

法》《中华人民共和国农产品质量安全法》《中华人民共和国标准化法》和《中华人民共和国食品安全法》等一系列法律法规分别从不同的角度对食品安全进行了保障，但其系统性、可操作性、科学性以及时效性仍需不断完善。

（二）加大食品安全控制技术的研究与开发力度

发展先进的食品安全控制技术是食品安全性的重要保障。一方面，需要投入专项经费加强国家之间的合作研究，包括改进检测方法，研究微生物的抗性，病原的控制等预防技术，食品的现代加工技术、贮藏技术等。另一方面要加强对国内研究项目的投入。国内对食品安全标准的研究一直在进行，在食品安全标准对出口影响的领域，大部分学者的研究基本集中在果蔬、茶叶等初级农产品，并且集中在某个标准的内在指标差异。重点研究应放在我国食品生产、加工和流通过程中影响食品安全的关键控制技术，食品安全检测技术与相关设备，多部门配合和共享的检测网络体系上面，大力发展快速灵敏的食品安全检测技术并推广使用，提高食品生产单位的食品卫生保证能力和消费者的自我防范水平。

（三）在高等学校建立食品安全专业以培养出相关的高级专业技术人才

近年来国家从宏观的角度加强了对食品安全的监督管理，但相应的食品安全控制体系、食品安全检测技术还有待进一步完善，相关研究工作的开展还有待进一步加强。此外，严峻的食品安全形势又急需要加强对食品有关化学、微生物及与新资源食品相关的潜在危险因素评价，建立预防和降低食源性疾病暴发的新方法，改进或创建新的有效食品安全控制体系。要解决这些问题首先必须发展相关专业的高等教育，培养出一批食品安全控制的高级专门技术人才。为此，部分高校向教育部申报开设了食品安全专业。现在面临的任务就是进一步完善该专业的教学计划，规范新开类似专业的审批方法和程序，培养相关的师资队伍，促进该专业的健康发展。

（四）加大食品安全监督管理力度

目前，我国正不断地完善食品安全的监督管理机制并试图加大执法力度。据调查，近年来出现的一系列食品安全事件中，有很大一部分是生产者为了牟取更多的利益而向食品中添加了禁止使用或超标的物质，或者在生产过程中违反相关的规定。为了切实杜绝这些不法现象，相关部门正在不断地加大执法力度。但是，这是一项长期而且艰难的工作。

（五）加强对消费者和食品加工人员以及执法人员的培训或教育

随着时代的变化，食品本身也在变化，检测技术和水平也在变化，人们对食品安全性的认识也在变化。而本质上，食品安全只能是相对的，是以国家标准来界定的。凡是符合国家标准的食品，即为合格产品。然而，由于我国食品安全相关知识的普及力度不够，人们对于食品安全并不能够真正理解，这就造成了对一些食品安全事件盲目的恐慌。

食品的生产、加工是一个极其复杂的过程，并且每一个环节都有可能对食品的安全性造成危害。但是，就目前的形势来看，我国许多从事食品生产、加工和检测的工作人员并不具备丰富的专业知识，尤其是在经济相对落后的农村地区，个体作坊生产的现象还依然存在。

科技的发展和经济的不断全球化在给社会带来许多利益与机会的同时也带来了许多食品安全问题。保障食品安全的最终目的是预防与控制食源性疾病的发生和传播，避免人类的健康受到食源性疾病的威胁。食物可在食物链的不同环境中受到污染，因此不可能靠单一的预防措施来确保所有食品的安全。新的加工工艺和设备、新的包装材料、新的贮藏和运输方式等都会给食品带来新的不安全因素。因此，保障食品安全将是一项长期的、艰巨的任务，它是全社会的共同责任，需要整个社会的共同努力。

第四节　原因及启示

一、中国古代食品安全保障困难的原因及启示

在古代中国，农业文明创造了当时世界上最为完善和先进的农业耕作技术，创造了同时代世界农业史上最高单位面积产量。但为什么食品安全保障依然困难呢？原因有以下几点。

1. 人口多

在古代中国，人们重视祖先崇拜，强调人脉延续、传宗接代，多子多福的生育观深深烙入了我们的民族性格中。历代统治者出于战争和农耕的需要也都采取鼓励生育的政策，致使人口数量从历史纵向发展上一直呈上升趋势，并在历史上不同的朝代形成了多次突变式高峰。汉朝时，中国就已经属于多人口国家。《汉书·地理志》载，公元 2 年在汉朝设置政区的范围内有近 6000 万人口，未列入统计的少数民族和此范围之外的中国人，估计还有数百万。合计超过当时世界人口约 1.7 亿的 1/3。到了 12 世纪初的北宋末年，境内的人口已经超过 1 亿，加上辽、西夏境内和其他少数民族地区就更多，而当时世界人口约有 3.2 亿，也占 1/3 以上。1850 年，世界人口达到 12 亿，而中国人口已突破 4.3 亿，所占比例并没有减少。当然这中间由于大规模的天灾人祸，人口在某些阶段会有一定幅度的下降，但即使在人口低谷，在世界人口中的比例一般也在 1/5 以上。而可耕地在世界所占的比例最多不会超过 10%，相对于可耕地面积来说，人口密度相当高，使土地与环境承载压力非常大，这是古代中国食品安全产生问题的最根本原因。

2. 灾荒多

中国是一个灾荒多发国家。由于地处地球北半部，属温带大陆性气候，太平洋的湿润水汽不能够四季均匀地进入内陆，所以无论是从上古时期先民生活的黄河流域，还是到东晋时期经济生活中心扩展后的长江中下游地区，水、旱、蝗、风、雪、霜、雹、地震等灾荒几乎年年都有，有些年份还一年多次。据邓云特的《中国救荒史》统计：从公元前 18 世纪到清末，中国的各类灾荒数共计 5187 次，其中公元前 18 世纪至公元前 1 世纪，灾荒数是 235 次，公元 1 世纪到清朝灾荒数是 4952 次。造成灾荒的原因一方面是天灾，更多的应归于较多的人口与自然地理环境的矛盾方面。从上面的统计数字看，公元前后的统计时间大致相当，但公元后发生的灾荒数是公元前的 20 多倍。造成这种状况的原因主要就是人口增加所导致的人地之间矛盾的加剧。人们被迫毁林开荒、围湖填海，致使水土流失、江河湖泊淤积、生态失衡、对大自然水旱灾害调节能力减弱，使水灾、旱灾、风灾等的发生加剧。以黄河为例，黄河流域本是中华文明的发源地、我们的母亲河，但是由于长期水土流失、泥沙沉积，母亲河成了灾难河。2000 年来，有记载的黄河决溢，据统计就有 1500 次之多，平均不到两年就泛滥一次，下游多次改道，黄泛区成了重灾区。另外还有战争引起的灾荒，战争一方面造成割据局面，使食品不能流通，从而造成局部食荒，另一方面是许多劳动力因被迫服兵役或逃亡他乡而导致农业生产中断。更有在战争中把洪水当作武器，掘堤以抗敌军，使农业生产和人

民的生命、财产受到重大损害。

3. 对食品占有的不平等

在中国古代，农业生产水平长期处于领先地位，人均粮食占有量最低时也有 614 市斤，宋元时竟达到 1457 市斤。应该说食品安全不应成为问题，但是为什么历史上又出现食荒呢？这就必须从制度层面来分析，从社会阶层和食品分配方面着手研究。

在古代中国，众多的人口由占人口总数 10% 的富贵阶层和 90% 的庶民阶层组成。富贵阶层掌握着大量的土地，依靠对庶民阶层的剥削掌握着国家的绝大部分生活资料。而无地和少地的庶民阶层则需要向封建国家和地主缴纳相当重的租税、钱粮，他们平常年景也只能解决温饱，没有更多的食品储备来面对饥荒。富贵阶层凭借着占有的丰富的食品，生活上穷奢极欲，造成了食品的极大浪费，夏朝末代君主桀和商朝末代君主纣都是奢侈浪费的典型。桀尽日与宠妃妹喜饮酒，"无有休时，为酒池可以运舟，一鼓而牛饮者三千人，鞼其头而饮之于酒池，醉而溺死者，妹喜笑之，以为乐"。纣王在宫中"以酒为池，悬肉为林，使男女裸相逐其间，为长夜之饮"。周朝宫廷中，专为王室吃喝服务的就有 2332 个工作人员，汉朝时达到 6000 人。

到了封建社会中后期，王侯贵胄饮宴的奢侈，越来越令人瞠目。唐代大官僚韦巨源宴请唐王的"烧尾宴"，菜目 58 种，其中 37 种是菜肴，21 种是各式点心。南宋初年，佞臣张俊宴请宋高宗的一次宴席，菜肴共 102 种，另有点心、水果、干果、雕花蜜饯、香药、咸酸等共 120 碟，筵宴从早到晚，分六个回合才摆完。清光绪年间，孔丘七十六代孙孔令贻的母亲彭氏和妻子陶氏向慈禧贺寿进献两席酒菜，包括大菜美点 44 种，共用银 240 两，这顿饭菜，足够 100 多户农民一年的伙食。据溥仪回忆，慈禧和隆裕太后每餐的菜肴有 100 种左右，要用六张饭桌陈放。

上面举的几个例子只能算是冰山一角，上行下效，整个贵族阶层形成了奢靡之风。"日食万钱，犹曰无下箸处"的唯西晋的何曾和明朝的张居正。他们的奢靡浪费了大量的食品，加重了庶民阶层生活的困窘。贵族阶层钟鸣鼎食，庶民阶层数米而炊甚至无米下锅。所以对食品占有的不平等也是古代中国食品安全难以保障的重要原因。

现在，中国人口的几何级增长仍然对环境造成压力。前车之鉴，不容忽视，提高中华民族的人口素质、保护生态环境的国策必须继续贯彻执行。

二、当今中国食品安全问题存在的原因及启示

我国政府高度重视和关心食品安全质量问题，始终坚持"以人为本"的原则，加强食品安全监管力度，不断健全和完善食品质量安全相关法律、法规及标准，积极改善我国食品安全现状。近年来，我国在食品安全社会共治方面取得了明显的成效，但要真正实现食品安全社会共治仍然面临着诸多困境。

1. 生态平衡问题

过去几十年来，人们片面追求经济上的利益，导致生态环境遭到破坏。一方面，人类对资源的过度开发和利用导致了生态平衡的失调，从而使病原菌生长繁殖波及食品原料和生产的各个环节，导致某些疾病更容易通过食品暴发流行；另一方面，农业生产者在巨额经济利益的诱惑下，非法或不当地施用含有有害物质或激素的化学药剂，还有对农业生产管理的无知或失误，过多地施用农药和化肥。

图 3-17　工厂排放的废气

2. 污染问题

一些工厂为了最大限度地减少生产成本而在生产工程中采取不正当的操作或偷工减料，尤其是在对有毒有害物质处理环节上，一些工厂将"三废"排放到自然环境中，使自然环境遭受到污染，进而污染到农产品（图 3-17）。另外，食品生产过程中的不法操作也导致了食品生产过程中的污染，引发食品安全问题。

3. 食品流通环节经营秩序不规范

一是许多小食品经营企业混乱，追踪溯源管理困难。二是一些企业在食品收购、储存和运输过程中使用过多的防腐剂和保鲜剂。三是部分经营者销售假冒伪劣食品、变质食品。没有工厂名称和工厂地址，没有工厂合格证，没有保质期的三无食品，假冒伪劣食品严重危害人体健康。

4. 新技术新资源应用带来新的食品安全隐患

随着食品工业的快速发展，大量食品新资源、添加剂新品种、现代生物技术、酶制剂等新技术不断出现，直接间接与食品接触的化学物质增加，成为需要重视和研究的问题。

5. 食物贮藏和制造过程方法不当

因方法失当而造成食品变质，食品加工企业不适当或非法使用各种添加剂都能造成食品安全问题。对于食品，最重要的要求是无毒害。因此生产食品的工厂须经省、自治区、直辖市产品主管部门、卫生部门及有关部门共同批准，指定生产。生产必须符合质量标准，并接受有关部门验收、监督和检查。

6. 检测技术相对落后

食品的安全检测与监督技术相对落后，不能满足对食品进行快速检测和监督的需要。在食品中不明有毒有害物质的鉴定技术、违禁物品、激素、农药残留、兽药残留的检测、转基因食品安全评价等方面，我国监督检验能力与国际水平仍有差距，从某种层面上制约了食品卫生监督水平的提高。

7. 食品安全标准体系滞后

中国有国家、地方等不同食品行业标准等，数量超过千项，国家标准分为卫生标准和产品质量标准，基本形成了由基础标准、产品标准、行为标准和检验方法标准构成的国家食品标准体系。但是，中国的食品标准与食品安全形势的实际需求和国际食品安全基本标准相比仍有差距。

8. 国民食品安全常识教育不够

一方面，农村剩余劳动力缺乏从事食品生产的必要技术和专业知识，在不具备合格场地和设备的情况下，利用简陋的工具和缺乏卫生保证的原料，给食品卫生安全带来重大隐患，给食品卫生监督工作带来严峻挑战。另一方面，农村贫困人口及城市中的一些弱势人群，由于收入水平较低，食品购买力较差，往往为了满足温饱等基本需要，而忽视了食品的卫生安全，使一些生产经营条件差、食品卫生不能得到保障的食品摊贩、街头食品具有了一定的市场空间，这也是假冒伪劣食品仍然存在的重要原因之一。

要彻底解决食品安全问题，首先必须对食品安全要有一个科学全面的理解，因为无论是消费者还是食品生产者，对食品安全的理解或多或少都有一些盲点或误区。解决食品安全问题的关键在于管理和法制，根本在于科技和教育。国家政府非常重视食品安全，党的十九大报告明确提出实施食品安全战略，要让人民吃得放心。2019 年 5 月 9 日，在《中共中央国务院关于深化改革加强食品安全工作的意见》中进一步提出坚持共治共享的具体要求，包括生产经营者自觉履行主体责任，政府部门依法加强监管，公众积极参与社会监督，形成各方各尽其责、齐抓共管、合力共治的工作格局。2019 年 10 月 11 日，第 721 号国务院令全文发布《中华人民共和国食品安全法实施条例》。随着食品安全相关法律、标准和监管体系的进一步完善，食品从农田到餐桌的每一个过程的控制和风险分析的意识的提高，高效种植、健康养殖的推广，产地环境污染治理逐渐好转，食源性疾病就能实现主动预防和控制，再配合优化产销环境，强化企业主体责任，建立诚信体系和契约机制等一系列措施的实施，一定会确保食品安全，最终推动社会和经济的发展。

🔍 **思考题**

谈谈对中国存在的食品安全问题的看法并提出相应的建议。

食品文化的阶层性

　　自人类进入文明社会后，食品即成为人类活动的一个重要组成部分，在人们的社会交往中，以其独有的物质特性和文化内涵，成为一位几乎无所不有、无处不在的社会"角色"。费尔巴哈说："心中有情，脑中有思，必先腹中有物。"可见，食品的意义和价值是任何其他满足人类需要的物质形态的东西（如衣、住、行等）所无法比拟的。食品文化就是以食品为物质基础所反映出来的人类精神文明，是人们通过食品来寄托自己的感情，表达自己的思想，是人类智慧和技巧的凝聚。

　　食品文化的阶层性是指不同阶级、不同阶层的人们所食用的肴馔不同，贯注于饮食生活中的文化精神需求也有着显著的差异，所以以每个阶层对应的饮食文化也有所不同。下面从宫廷、贵族、文人士大夫、市井百姓、宗教等不同阶层对食品文化的阶层性做一些简单的描述。

第一节　宫廷饮食文化

一、历代宫廷饮食文化

　　宫廷饮食文化层是中国饮食史上的最高文化层次，是以御膳为重心和代表的一个饮食文化层面，包括整个皇家禁苑（图 4-1、图 4-2）中数以万计的庞大食者群的饮食生活，以及由国家膳食机构或以国家名义进行的饮食生活。

　　根据《周礼》《仪礼》《礼记》《诗经》等文献记载，周朝宫廷御膳的规模已远远超过夏商时期，达到了很高的水平，出现了许多著名的肴馔。如为后人所熟知的"三羹五齑七菹八珍"。但这些其实并不是珍异的食品。汉代皇帝"烹羊宰肥牛"，食料较丰富，进餐时且有音乐伴奏，但烹饪水平并不高。到了唐代，宫廷肴馔有了较详细的记载。

图 4-1　巍峨的皇宫

图 4-2　周朝宫廷

隋唐时期的宫廷膳食花色纷呈，美味翻新。为皇帝提供膳食的尚食局，集中了全国的一流厨师，其手艺之精之美，天下无人能比。尤其是唐代，国家富足，食物种类繁多，又有周边大量进贡，因此，大唐的皇帝可谓享尽了口福，吃遍了至精至美的美味珍馐。

图 4-3　唐代牙盘

唐代的御食是用装饰华丽的牙盘盛装的（图 4-3）。到唐代，宫廷已经开始使用金食器，认为这样更能显示皇家气派。唐代御膳中的许多食物取名怪异，和今天的称法大不相同。如早膳有一种称为玉尖面，是用消熊栈鹿为肉馅，就是今天的包子。熊之极肥者称为"消"，鹿之倍料精养者称为"栈"。这种玉尖面包子馅用的熊肉和鹿肉，是以肥肉为主。古人尚肥肉为美味，在宫廷也不例外，所谓肥白为上乘肉，是指熊背部的肥肉部分。唐玄宗曾自己设计了一种食样，名为热洛河。热洛河是用刚刚射倒的鲜鹿（幼鹿），取血、剖肠，以鹿血加热煎熬洗净的鹿肠，然后趁热时进食，极为鲜美。唐敬宗李湛在位时，宫中御膳中出了一种供暑时食的清风饭。清风饭是用水晶饭、龙睛粉、龙脑末、牛酪浆调和而成，调好后放入金提缸中，垂下水池，等到完全冷却，取出供呈御用。

唐代的帝王为了广揽美食，定了一项规定，凡是新升任的公卿大臣，都要向皇帝献食，称为烧尾。烧尾的意思，取自新羊入群，往往不大愿意，便以火烧其尾，新羊才蹿入群中。"烧尾宴"本来是士人新登第或者升迁时的贺宴，被皇帝借用过来，可见唐代的皇帝为饕餮之徒。据史料记载，韦巨源拜尚书令后，曾大献烧尾，并留下了一本食账，可供后人一睹当时饮食之盛。其中包括：单笼金乳酥（独隔通笼）、曼陀样夹饼（公开炉）、巨胜奴（酥蜜寒具）、婆罗门轻高面（笼蒸）、贵妃红（加味红酥）、七返膏（糕子）、金铃炙（酥揽印脂取真）、御黄王母饭（脂盖饭面，装杂味）、通花软牛汤（胎用羊膏髓）、光明虾炙（生虾）、生进二十四气馄饨（馅料形各异，二十四种）、同心生结脯（先结后风干）、见风消（油浴饼）、金银夹花平截（剔蟹细碎卷）、冷蟾儿羹、水晶龙凤糕、玉露团、汉宫棋、长生粥等，凡五十八种。唐代宫廷肴馔尽管十分华贵，但也明显地保留着古风和胡味。菜肴以脯、醢、炙、羹为主，烹饪方法以蒸、煮、烤、熬为主。唐代宫廷礼制远没有清朝那么严格，皇帝后妃可与皇亲国戚、文武大臣共食，唐玄宗甚至曾为李白调羹，这在清代是不可想象的。

图4-4　河豚

宋代宫廷一改唐代宫廷饮食"紫驼之峰出翠釜，水精之盘行素鳞"这种夸张杜撰大于现实的作风，不仅留下了确切的御宴宫廷菜品明细，甚至还有着流传至今的原料及做法。那些充满浓浓生活气息的记录上，流传着一个有趣的习俗，两宋皇宫"御膳止用羊肉"，原则上"不登彘（猪）肉"。据记载，宋太祖宴请吴越国君主钱俶的第一道菜是"旋鲊"，即用羊肉制成，而仁宗禁止宫廷为半夜饥饿时进贡上"烧羊"，所以羊肉是宋代的宫廷食材用量上的至尊。当时陕西冯翊县出产的羊肉，时称"膏嫩第一"。宋真宗时，"御厨岁费羊数万口"，就是买于陕西。而且当时很多人喜欢吃河豚（图4-4），但河豚很贵，所以只能是上层人士才能吃得到。而随着王朝的传续，宋代宫廷这种嗜吃羊肉为主要肉类的习俗，有增无减。大致在宋仁宗、英宗时，朝廷从"河北榷场买契丹羊数万"。而神宗时代御厨账本上更"吓煞人"般记录一年中"羊肉四十三万四千四百六十三斤四两，常支羊羔儿一十九口，猪肉四千一百三十一"，这里尽管记载着有少量的猪肉支出，但绝大部分的猪肉是上了"看碟"和配菜之列。

宋代宫廷饮食还有一个显著特点，就是传统礼制的控制并不十分严格。所以宋代皇帝能经常在宫外酒店、饮食店取食。阮阅《诗话总龟》记载，宋真宗派人到酒店沽酒大宴群臣。《邵氏闻见后录》记宋仁宗赐宴群臣也是从汴京饮食店买来肴馔。宋高宗经常从临安饮食店中买肴馔自食。《枫窗小牍》说他曾派人到苏堤附近的鱼店买鱼羹，还常买"李婆婆杂菜羹、贺四酪面脏、三猪胡饼、戈家甜食"等。这与当时都城饮食业的繁荣发达分不开，但也反映出宋代宫廷饮食制度不像清代那么严格。

元朝是蒙古人建立的，蒙古军队的铁骑曾远征到欧洲、中近东及南亚一带，使这些地区的文化与蒙古文化得到交流。因此，元宫廷饮食肴馔十分庞杂，以蒙古肴馔为主，兼容了汉族、女真族以及西域、印度、阿拉伯、土耳其、欧洲等一些民族和地区的食品与肴馔。忽思慧的《饮膳正要》比较全面地反映了元代宫廷饮食。书中收藏有"聚珍异馔""诸般煎汤""神仙服饵""食疗诸病"二百三十方，主要是考虑到食物的药性，使皇帝、贵族的进食有益于健康。

有关明代御膳的内容，目前所能见到的已不太多，在《宝日堂杂钞》所录的这份膳单中，记载了宫膳的各式食品名称，以神宗御膳为例来做分析："御膳：猪肉一百廿六斤，驴肉十斤，鹅五只，鸡三十三只，鹌鹑六十个，鸽子十个，熏肉五斤，鸡子五十五个，奶子廿斤，面廿三斤，香油廿斤，白糖八斤，黑糖八两，豆粉八斤，芝麻三升，青绿豆三升，盐笋一斤，核桃十六斤，绿笋三斤八两，面觔廿个，豆腐六连，腐衣二斤，木耳四两，蘑菇八两，香蕈四两，豆菜十二斤，茴香四两，杏仁三两，砂仁一两五钱，花椒二两，胡椒二两，土碱三斤。"由这段文字，可知神宗所用膳食，畜品有猪肉、驴肉、熏肉、鹅、鸡、鹌鹑、鸽子及鸡子。饭菜用料包含：面、面觔、豆腐、腐衣、木耳、蘑菇、香蕈、豆菜、绿笋等。点心所用有豆粉、芝麻、核桃、绿豆、杏仁等。烹饪所用调味料有香油、白糖、黑糖、砂仁、茴香、花椒、胡椒、土碱之类。

明代宫膳的用料，与当事人的身份是相匹配的。其中，牛乳是对人体极为滋补之物，故在明代宫中，皇帝、太后与后妃的膳食中均有此品。王世贞《弘治宫词》中即有："雪乳冰糖巧簇新，坤宁尚食奉慈纶"之句。至于用牛乳制的乳饼，也只有诸王及公主才能吃到。不过，在明初，太祖对于牛乳并不轻用。据明末徐复祚《花当阁丛谈》记载：明初太祖时，"膳羞甚约，亲王、妃既日支羊肉一斤，牛肉即免，或免支牛乳，膳亦甚俭"。由此除了可见太祖的节俭之外，也可以看出牛乳可能得来不易。一般来说，明代宫膳所用的食品菜色，常因季节而有所不同。明末，刘若愚在《酌中志》一书中，曾记及明代宫中各月的饮食好尚，从中可见膳食之梗概。其中，正月所尚为：冬笋、银鱼、鸽蛋、麻辣活兔、塞外黄鼠、半翅鹘鸡、江南之密罗柑、凤尾橘、漳州橘、橄榄、小金橘、风菱、脆藕、西山苹果、软子石榴之属，及"水下活虾之类，不可胜计"。

上面我们只就各代（除了清代）宫廷饮食生活中的较为显著的特点做了蜻蜓点水式的叙述，但从中已可看出奢侈靡费是历代宫廷饮食的共同点，饮食中的礼数制度随着朝代的更替而慢慢严格起来，其中尤以清代最为严格。以下着重介绍清代的宫廷饮食文化。

二、清代宫廷饮食文化

清朝是中国历史上最后一个封建王朝，它继承并推进了中国古代高度发展的封建经济，总结并汲取了中国饮食文化的光辉成就，尤其宫廷筵宴规模不断扩大，烹调技艺水平不断提高，把中国古代皇室宫廷饮食发展到了登峰造极、叹为观止的地步。

在宫廷中，吃饭不仅为了填饱肚子，更重要的是为了体现皇帝至高无上的地位。清代宫廷饮食奢侈到何种程度，是现代人很难理解的。就说乾隆皇帝（图4-5）的一顿早餐就有如下鲜味可口的奇珍：酒炖鸭子、酒炖肘子、清蒸鸭子、托汤鸭子、燕窝肥鸡丝、烧狗肉攒盘、糊猪肉攒盘、燕窝扁豆锅烧鸭丝，再加上蔬菜、巧果、奶子、孙泥额芬白糕、竹节卷小馒首等，这之中的每一味，都有讲究，都是一个鲜，一个酥。日常所食已令人咋舌，若逢年过节喜庆之日，其挥霍浪费又非平日可比。据清宫内务府档案《御茶膳房簿册》（中国第一档案馆藏）记载，乾隆五十年的"千叟宴"，一等饭菜和次等饭菜共 800 桌，连同御宴，共消耗主副食品如下：白面 750 斤 12 两，白糖 36 斤 2 两，澄沙 30 斤五两，香油 10 斤 2 两，鸡蛋 100 斤，甜酱 10 斤，白盐 5 斤，绿豆粉 3 斤 2 两，江米 4 斗 2

图4-5 清朝皇帝乾隆画像

合，山药 25 斤，核桃仁 6 斤 12 两，晒干枣 10 斤 2 两，香蕈 5 两，猪肉 1700 斤，菜鸭 850 只，菜鸡 850 只，肘子 1700 个，共用玉泉酒 400 斤（1 斤＝0.5 千克，1 两＝50 克）。其奢侈靡费程度为其他国家的君主所望尘莫及。所以，铺张浪费、奢侈靡费是清宫廷饮食的第一个特点，虽是各代宫廷饮食的共同点，但较清朝的程度，其他朝代根本是无法比拟的。

　　第二个特点：等级森严，礼节繁缛。在各朝代中清代的饮食礼数制度最为严格。在森严的礼仪制度下，饮宴进餐过程十分严格有序。就位进茶，音乐起奏，展揭宴幕，举爵进酒，进馔赏赐等，都是在固定的程式中进行的。分明的封建礼仪程序，显得十分烦琐。根据文献记载，宫中大宴所用宴桌，式样，桌面摆设，点心，果盒，群膳，冷膳，热膳等数量，所用餐具形状名称，均有严格的规制和区别。皇帝用金龙大宴桌，皇帝座位两边，分摆头桌、二桌、三桌等，左尊右卑，皇后、妃嫔或王子、贝勒等，均按地位和身份依次入座。皇帝入座、出座、进汤膳、进酒膳，均有音乐伴奏，仪式十分隆重，庄严肃穆，礼节相当烦琐，处处体现君尊臣卑的"帝道""君道"与"官道"。在座次的安排上，皇帝的宝座和宴桌高踞于筵宴大殿迤北正中，亲王、阿哥、妃嫔、贵人、蒙古王公、额驸台吉等人，则依品级分列于筵宴大殿之东西两边。乾隆朝时，大殿东边的是裕新王、众阿哥和蒙古将军拉旺多尔济，西边的是庄亲王和众阿哥，舒妃、婉嫔、金贵人位于东宴桌，客妃、诚嫔、林贵人座于西宴桌。宴桌上的餐具和看馔也因人而异，满洲贵族入关前就与蒙古贵族有着婚缘关系，皇太极的五个后妃皆是蒙古人氏，而且同一个姓，均为蒙古贵门之闺。因而在清代宫廷宴上，蒙古王公皆蒙一等饭菜之优遇，额驸台吉等则受次等饭菜之待。一等饭菜由御膳房制作，每桌有羊西尔占（肉糜）一碗，烧羊肉一碗，鹅一碗，奶子饭一碗，盘肉三盘，蒸食一盘，炉食一盘，螺蛳盒小菜二碟，羊肉丝汤一碗。次等饭菜由外膳房制作，菜点花样比一等饭菜略少，品种上的变化是：鹅一碗换成了奶子饭一碗，奶子饭则换成了狍子肉。

　　第三个特点：用料珍贵，烹饪精细。信修明《宫廷琐记》中记录了西太后的一个菜单，其中有燕窝的菜肴六味："燕窝鸡皮鱼丸子、燕窝万字全银鸭子、燕窝寿字五柳鸡丝、燕窝无字白鸭丝、燕窝疆字口蘑鸭汤、燕窝炒炉鸡丝。"且对饮食原料产地、质地、大小、部位，都有严格的要求。如熊掌、飞龙鸟、鹿茸、虎丹、犴鼻等要东北的，鲥鱼要镇江的，银耳要四川的，鲍鱼、海参要山东的，鱼翅要南海的，哈士蟆要辽宁的，猴头菇要兴安岭的，水要京西玉泉山的，米要京西稻和南苑稻，鹿茸只取半寸以下的，鲤鱼只用一斤半重的等。宫廷饮食在烹饪上要尽量精细，而单调无聊的宫廷生活，又使历代帝王多数都比较体弱，这就又要求其在饮食的加工制作上更加精细。如清宫中的"清汤虎丹"一个菜，原料要求选用小兴安岭雄虎的睾丸，其状有小碗口大小，制作时先在微开不沸的鸡汤中煮三个小时，然后小心地剥皮去膜，将其放入调有作料的汁水中腌渍透彻，再用专门特制的钢刀、银刀平片成纸一样的薄片，在盘中摆成牡丹花的形状，佐以蒜泥、香菜末而食。

　　第四个特点：注重菜肴的图案和命名。清代宫廷御膳对菜肴的造型艺术十分讲究，图案要做到像盆景一样美观悦目。在造型手段上主要是运用"围、配、镶、酿"等工艺方法。这几种方法往往是混用于同一款菜的烹制加工过程中，所以它们又常常互相包容，兼而有之。围中有配，配中有镶，镶中有酿，酿中有围。只有十分注重配合使用，才能达到宫廷御膳在造型上与众不同的特殊要求。宫中的达官贵人、司膳太监，为了迎合宫廷御膳菜享用者的特殊心理，赢得他们的欢心，宫廷御膳菜的每一样菜肴和宴席都冠以一个吉祥富丽的名称，如"龙凤柔情""龙凤呈祥""金凤卧雪莲""宫门献鱼""鹤鹿同春""百鸟朝凤""嫦娥知情""麒麟送子""雪月桃花""全家福"等菜肴名，"万寿无疆席""江山万代席""福禄寿禧席"等宴席名，都含有吉祥富贵、美好祝愿的寓意。许多菜肴的名称中还夹带着一个美妙动人的故事传说。

三、宫廷美食的代表——满汉全席

满汉全席起兴于清代（图4-6），是集满族与汉族菜点之精华而形成的历史上最著名的中华大宴。乾隆年间李斗所著《扬州书舫录》中记有一份满汉全席食单，是关于满汉全席的最早记载。它由满点和汉菜两部分组成。"满点"即满洲饽饽，"汉菜"则是指以汉族传统风味为主的宫中菜肴。因席中主、副食兼备，满、汉风味齐全，菜点种类之多超过以往任何宴席，故称"满汉全席"。满汉全席是清代满室贵族、官府才能并举的宴席，一般民间少见。规模盛大高贵，程式复杂，满汉食珍，南北风味兼有，菜肴达300多种，有中国古代宴席之最的美誉，它汇集满汉众多名馔，择取时鲜海味，搜寻山珍异兽。

图4-6　满汉全席部分菜肴

满汉全席仅菜肴就要分五次品尝：第一份以海鲜为主，有头号五簋碗10件，如燕窝鸡丝汤、海参烩猪筋、鲜蛏萝卜丝羹、海带猪肚丝羹、鲍鱼烩珍珠菜、淡菜虾子汤、鱼翅螃蟹羹、鱼肚煨火腿、鲨鱼皮鸡汁羹、血粉汤等；第二份以水陆八珍为主，有二号簋碗10件，如煎鹿排（图4-7）、鲫鱼舌烩熊掌、糟猩唇猪脑、假豹胎、蒸驼峰、梨片伴蒸果子狸、野鸡片汤、风猪片子、风羊片子、兔脯奶房签等；第三份是时鲜菜，有细白羹碗10件，如假江瑶鸭舌羹、猪脑羹、鸡笋粥、假斑鱼肝、芙蓉蛋、鹅肫掌羹、糟蒸鲥鱼、甲鱼肉、肉片子汤、茧儿羹等；第四份为蒸烤类，有毛鱼盘20件，如油炸猪羊肉，挂炉走油鸡、鹅、鸭、鸽臛（音霍，肉羹），白煮猪羊肉，白蒸小猪子、小羊子、鸡、鸭、鹅等；第五份是下酒菜，有洋碟20件、热吃劝酒20味、小碟20件、枯果10撤桌、鲜果10撤桌等。全席计有冷荤热肴一百九十六品，点心茶食一百二十四品，计肴馔三百二十品。合用全套粉彩万寿餐具，配以银器，富贵华

图4-7　煎鹿排

丽，用餐环境古雅庄隆。席间专请名师奏古乐伴宴，沿典雅遗风，礼仪严谨庄重，承传统美德，侍膳奉敬校宫廷之周，令客人流连忘返。全席食毕，可领略中华烹饪之博精，饮食文化之渊源，尽享万物之灵。

第二节　贵族饮食文化

贵族层往往是权倾朝野的权贵，雄镇一方的封疆大吏或名闻遐迩拥资巨万的社会成员。一批趋附行走在贵胄达官之门的幕僚，也附属于该层次。中国历史上贵族层这种独特的社会政治地位，决定了它在整个社会饮食文化结构中导向风俗的特殊作用。官府贵族饮食，虽没有宫廷饮食的铺张、刻板和奢侈，但也是竞相斗富，多有讲究"芳饪标奇""庖膳穷水陆之珍"的特点。贵族饮食以孔府菜和谭家菜最为著名。

一、独树一帜的孔府菜

孔府是指孔子后裔所建立的府第。孔子生前是困厄不得志，自汉代确立了儒家和孔子在意识形态中的指导地位后，孔氏后世子孙成了历代皇朝"恩渥倍加"的对象，其嫡系子孙的地位和门第也随之越来越高。从奉祀、封君、大夫一直到伯侯公爵，"代增降重"。宋、元以往，世袭衍圣公，他的家成了显赫的"尊荣府第"。孔府历代都设有专门的内厨和外厨。在长期的发展过程中，形成了饮食精美、注重营养、风味独特的饮食菜肴。这无疑是孔老夫子"食不厌精，脍不厌细"祖训的影响。

孔府肴馔与宫廷饮食有一致之处，如重礼仪、讲排场，豪华奢侈，虚耗糜费。但孔府在充分展示其富贵气象的同时还带有文化气息。无论菜名，还是食器，都具有浓郁的文化味。如"玉带虾仁"，表明了孔府地位的尊荣。在食器上，除了特意制作了一些富于艺术造型的食具外，还镌刻了与器形相应的古诗句，如在琵琶形碗上镌有"碧纱待月春调珍，红袖添香夜读书"。所有这些，都传达了天下第一食府饮食的文化品位。

"孔府菜"是孔府饮馔中历代相传的独有名菜，有一二百种（图4-8），且不说用料名贵的红扒熊掌、御笔猴头、扒白玉脊翅、菊花鱼翅之类，自然烹调精致，用料考究，显示出了孔府既富且贵的地位；就是许多用料极为平常，但由于烹饪手法独特，粗菜细做，也令人大开眼界。如丁香豆腐，其主料是豆芽、豆腐。制作时把豆芽豆瓣去掉，只留嫩芽，豆腐焯后切成三丁形，一根豆芽和一个豆腐三丁配在一起，恰似一朵丁香花形，非常好看。孔府肴馔中有不少掌故："孔府一品锅"，衍圣公为当朝一品官而得名；"带子上朝"和"怀抱鲤"，都是一大一小放在同一个餐具中，寓言辈辈为官、代代上朝。这些菜造型完整，不能伤皮折骨，所以在掌握火候调味、成型等方面，难度很大。"神仙鸭子"是大件菜，神仙鸭子为保持原味，将鸭子装进砂锅后，上面糊一张纸，隔水蒸制。为了精确地掌握时间，在蒸制时烧香，共三炷香的时间即成，故名"神仙"。相传这是被逼出来的，衍圣公要求此菜做成立即趁热上桌，不得延误，要熟烂，又要准时，厨师想出点香计时的方法，成为烹饪中的美谈。孔府有一种与火不接触的独特自烤菜。如烤花篮鳜鱼：把洗干净的鳜鱼调味、造型后，用网油包，再包面饼，把鱼包封严密，放在铁钩上，下用木炭火两面烤熟，其鲜味不失，色白而嫩。食者知其味，不知其法，曾是孔府秘不外传的名菜制法。

图4-8 孔府菜

二、"榜眼菜"——谭家菜

另一久负盛名、保存完整的贵族饮食，当数谭家菜。谭家菜由清末官僚谭宗浚的家人所创。1874年（同治十三年），广东南海区人谭宗浚，殿试中一甲二名进士（榜眼），入京师翰林院为官，故谭家菜又称"榜眼菜"。谭家居北京西四羊肉胡同，后督学四川，后又充任江南副考官。谭宗浚一生酷爱珍馐美味，亦好客酬友，常于家中作西园雅集，亲自督点，炮龙蒸凤，中国历史上唯一由翰林创造的"菜"自此发祥。他与儿子刻意饮食并以重金礼聘京师名厨，得其烹饪技艺，将广东菜与北京菜相结合而自成一派，在清末民初的北京享有很高声誉，有"戏界无腔不学谭（指谭鑫培），食界无口不夸谭（谭家菜）"之说。谭家菜的主要特点是选材用料范围广泛，制作技艺奇异巧妙，而尤擅长烹饪各种海味。谭家菜的主要制作要领是调味。讲究原料的原汁原味，以甜提鲜，以咸引香；讲究下料狠，火候足，故菜肴烹时易于软烂，入口口感好，易于消化；选料加工比较精细，烹饪方法上常用烧、烩、焖、蒸、扒、煎、烤等法。贵族饮食在长期的发展中形成了各自独特的风格和极具个性化的制作方法。

谭家菜以燕窝和鱼翅的烹制最为有名。其保留翰林府家庭制作方法，鱼翅全凭温水泡透、发透，绝不用火碱急发，以免破坏营养成分。凡传统中国菜，都需用厨师精心"吊"制的高汤来烹制，尤其是鱼翅类山珍海味（图4-9、图4-10）。谭家菜吊汤是用整鸡（农家养的母鸡）、整鸭、干贝、火腿按比例下锅，用火工二日，将鸡、鸭完全熬化，溶于汤中，过细罗，出醇汤，将鱼翅放入汤中，用文火煨上一日，整个鱼翅烹制过程需三日火工。这样焖出来的鱼翅，汁浓、味厚，吃着柔软濡滑，极为鲜美。在谭家菜中，鱼翅的烹制方法即有十几种之多，如"三丝鱼翅""蟹黄鱼翅""砂锅鱼翅""清炖鱼翅""浓汤鱼翅""海烩鱼翅"等。鱼翅全凭冷、热水泡透发透，毫无腥味，制成后，翅肉软烂，味极醇美。而在所有鱼翅菜中，又以"黄焖鱼翅"最为上乘。这道菜选用珍贵的黄肉翅（即吕宋黄）来做，讲究吃整翅，一只鱼翅要在火上焖几个小时。谭府鱼翅菜金黄发亮，浓鲜绵润，味厚不腻，口感醇美，余味悠长。

图 4-9　极品鲍鱼　　　　　　　　　　图 4-10　蟹黄鱼翅

谭家菜讲究美食美器，而且大部分菜品都用精致的器具分盛，顾客一人一份，这样的分餐办法很讲究卫生。品尝谭家菜也非常注重环境，尤其要布置得室雅花香，让顾客身处古朴典雅的氛围。正因为谭家菜与众不同，曾有人发出"人类饮食文明，到此为一顶峰"的赞叹。

第三节　文人士大夫饮食文化

自宋代士大夫开始关注饮食之风气后，元明清三代承袭宋人成果并不断发展。到清代，一些士大夫把饮食生活搞得十分艺术化，超过了以往任何时代文人——饮食文化的主要传播者。

在清初众多有关饮食的著作中，能够全面体现士大夫饮食文化意识的是安徽桐城人张英的《饭有十二合说》，就是说进餐的美满常要有十二个条件搭配才合适，归纳起来有："稻"，讲主食米饭的原料。优质稻米应甘香、滑溜、晶莹、温润。"炊"，好饭还须烹饪得法，以朝鲜族的煮法为例：将淘过的米放在少量水中，大火煮开，盖好锅盖，再用小火把米汤烧干，即成。这样既保持了原汤原味，又使米的营养没有浪费。"肴"（荤菜）、"疏"（蔬菜）、"修"（肉干）、"菹"（咸菜）、"羹"（汤菜）都是讲副食。张英注重实惠，反对浮华，认为通常所吃的猪、鸡、鱼、虾都有至味，不必遍求山珍海味。"茗"，饮茶是进餐中不可缺少的环节。吃饭时荤腥并进，惟赖一杯清茶涤齿漱口，利胃通肠。"时"，指进餐时间。针对名利场中之人吃了又吃的风气提出饥则食，饱则不食。还主张"思食而食"，包含有追求放浪生活之意，把他对生活的态度也渗入饮食生活中。"器"，指餐具。张氏认为食器以精洁瓷器为主，这种主张简便易行，既不奢侈，又考虑到器物与肴馔的统一，能突出食物之美。"地"，指进餐地点与环境。"冬则温密之室，焚名香，燃兽炭；春则柳堂花榭；夏则或临水，或依竹，或荫乔木之阴，或坐片石之上；秋则晴窗亮阁。皆所以顺四时之序，又必远尘埃，避风日。帘幕当施，则围坐斗室；轩窗当启，则远见林壑"。"侣"，指进餐的人。"独酌太寂，群餐太嚣。虽然非其人则移床远客，不如寂也。或良友同餐，或妻子共食，但取三四人，毋多而嚣"。

世界上只有中国有文人菜，这是一种独特的饮食文化现象。中国人把饮食烹饪当作一种艺术，而中国的文人，又对文学艺术有广泛的兴趣爱好。有些文人难免自觉不自觉地涉足饮食烹饪这个艺术领域。另外，中国文人的那种传统士大夫趣味、那种自得其乐的生活方式，也使一些文人把下厨做菜作为一种娱乐消遣方式，当作一种积极的休息。如饕餮本为人所不齿的不才之子，而苏轼却以之自居，并在《老饕赋》中宣称："盖聚物之夭美，以养吾之老饕。""老饕"遂成为追逐饮食而又不失其雅的文士的代称，著名的"东坡肉"相传就是他所创制的（图4-11）。与苏轼齐名的黄庭坚写有《士大夫食时五观》，把士大夫对饮食生活的理解系统化。

图 4-11 东坡肉

所谓"五观"是指："计功多少，量彼来处"是说田家耕作劳苦，一粥一饭来之不易。"忖己德行，全缺应供"，是说只有"事亲""事君""立身"之人才可"尽味"，否则不应追求美味。"防心离过，贪等为宗"，从修身养性出发，防止"三过"："美食则贪"，"恶食则嗔"，"终日食而不知食之所以来"。"正是良药，为疗形苦"，主张"举箸常如服药"。"五谷""五蔬"养人，鱼肉养老，饮食只有得其正道才有益，否则有害。"为成道业，故受此食"。中国文人士大夫，是中华美食的享受者，也是中国饮食文化的主要传播者。受中国饮食文化的熏陶，中国历代诗人骚客以饮食为诗、为词、为曲、为文、为赋、为小说戏剧，使悠远绵长的中国文学艺术与中国饮食生活结下不解之缘，并成为中国饮食文化的主要载体与传播媒介。中国历代文人士大夫，大多餍于美食，但堪称美食家者，本论主张，唯有杜甫、苏轼、袁枚三大家。在三大家的诗笔、文笔之下，饮食是人类生活中的绿色原野，是四季常青的生命之树，是戈壁沙漠中的一片绿洲与一泓清泉，是文学艺术中的美味佳肴。

袁枚（图4-12），身为乾隆才子、诗坛盟主，一生著述颇丰。作为一位美食家，《随园食单》是其40年美食实践的产物，以文言随笔的形式，细腻地描摹了乾隆年间江浙地区的饮食状况与烹饪技术，用大量的篇幅详细记述了我国14世纪至18世纪流行的326种南北菜肴饭点，也介绍了当时的美酒名茶，是我国清代一部非常重要的饮食名著。《随园食单》卷首先叙述了下厨的知识两章。"须知"共19条，对配制菜肴的作料、洗刷、调剂、配搭、独用（如螃蟹、羊肉腥膻之类）、火候、洁净等，提出了全面严格的要求。如"洁净"就说："切葱之刀不可以切笋；捣椒（花椒）之臼不可以捣粉。闻菜有抹布之气者，由其布之不洁也；闻菜有砧板之气者，由其板之不净也。"火候方面，谈到武（急）火、文火、先武火而后用文火等，还提醒人们"屡开锅盖则多沫而少香；火熄再烧则走油而味失。"在"戒条"下，告诫人们下厨时外加油、同锅熟

图 4-12 袁枚画像

（"一锅熟"）、耳餐（听说的）、目食（眼观而未品尝）以及苟且（制作马虎）等14种做法，都是不可取的。难能可贵的，其中绝大部分都是我们日常生活中所必须具有的常识之"操作规程"，具有鲜明的科学性、实用性。

第四节　市井百姓饮食文化

市井饮食是随城市贸易的发展而发展起来的，所以其首先是在大、中、小城市、州府、商埠以及各水陆交通要道发展起来，这些地方发达的经济、便利的交通、云集的商贾、众多的市民（图4-13），以及南来北往的食物原料、四通八达的信息交流，都为市井饮食的发展提供了充分的条件。如唐代的洛阳和长安，两宋的汴京、临安，清代的北京，都汇集了当时的饮食精品。

市井饮食具有技法各样、品种繁多的特点。如《梦粱录》中记有南宋临安当时的各种熟食839种。而烹饪方法上，仅《梦粱录》所录就有蒸、煮、熬、酿、煎、炸、焙、炒、燠、炙、鲊、腩、腊、烧、冻、灼、酱、焐、烤19类，而每一类下又有若干种。当时饮食不仅满足不同阶层人士的饮食需要，还考虑到不同时间的饮食需要。

图4-13　市井小吃

宋朝市井饮食文化的发展达到了前所未有的高峰，主要表现在饮食店铺众多，分类细，服务面广，饮食行业增添了文化色彩。饮食行业肴馔代表了当时烹调的最高水平。北宋汴京著名的酒楼有七十二座，号称"七十二正店"，主要为豪富贵官服务。而一些中型店铺，却是以价格较廉和具有特色的肴馔招徕顾客，如曹婆肉饼、薛家羊饭、梅家鹅鸭、曹家肉食、徐家瓠羹、郑家油饼、王家乳酪、段家熬物。还有以腌制菜蔬而名者，如"州桥炭张家""乳酪张家"即以"腌藏菜蔬"质量佳闻名。还有一些小店"专卖家常"，如虾鱼、粉羹、鱼面之类。这种小店"欲求粗饱者可往，惟不宜尊贵人"（《都城纪胜》），其服务对象大概只是不起火做饭的市井之人。另外，还有只卖酒及下酒物的"脚店（官、私经营的酒务、酒库、酒坊、酒户等开设的零售分店）"和只卖一两味食物的小吃店，如瓠羹店、油饼店、胡饼店及各种包子铺，其突出特点是价廉，如"煎鱼、鸭子、炒鸡兔、煎燠肉、梅汁、血羹、粉羹之类。每份不过十五钱（《东京梦华录》）"，又很方便可以"即时供应"。至于肩挑手提，走街串巷；或罗列于市，市开而到，市散而去，皆唤做"杂嚼"，是更为大众化的经营方法了。上述经营规模，如果以风味分类，便有南味食品、北味食品等不同风味的店铺。《东京梦华录》写道："北食则矾楼前李四家、段家熬物、石逢巴子，南食则寺桥金家、九曲子周家，最为屈指。"南方食物精美，欧阳修《送慧勤归余杭诗》云："南方精饮食，菌笋鄙羔羊。饭以玉粒粳，调以甘露浆。一馔千金费，百品罗成行。"汴京开设的南食店，不仅为来往江南的官僚、地主、客商服务，也促进了南北饮食的交流，提高了北方厨师的烹饪技术。

中国老百姓日常家居所烹饪的肴馔，即民间菜是中国饮食文化的渊源，多少豪宴盛馔，如追本溯源，当初皆源于民间菜肴（图4-14）。民间饮食首先是取材方便随意，或入山林采鲜菇嫩叶、捕飞禽走兽，或就河湖网鱼鳖蟹虾、捞莲子菱藕，或居家烹宰牛羊猪狗鸡鹅鸭，或下地择禾黍麦粱野菜地瓜，随见随取、随食随用。选材的方便随意，必然带来制作方法的简单易行，一般是因材施烹、煎炒蒸煮、

图4-14　老百姓寻常菜

烧烩拌泡、脯腊渍炖，皆因时因地。如北方常见的玉米，成熟后可以磨成面粉、烙成饼、蒸成馍、压成面、熬成粥、掺成饭，也可以用整颗粒的炒食，也可以连棒煮食、烤食。清代郑板桥在其家书中描绘了自己对日常饮食的感悟："天寒冰冻时，穷亲戚朋友到门，先泡一大碗炒米送手中，佐以酱姜一小碟，最是暖老温贫之具。暇日咽碎米饼，煮糊涂粥，双手捧碗，缩颈而啜之，霜晨雪早，得此周身俱暖。嗟乎！嗟呼！吾其长为农夫以没世乎！"

如此寒酸清苦的饮食，竟如此美妙，就是因为它能够满足人的基本需求。民间菜的日常食用性和各地口味的差异性，决定了民间菜的味道以适口实惠、朴实无华为特点，任何菜肴，只要首先能够满足人生理的需要，就成了"美味佳肴"。因而可以认为，重视老百姓的饭菜的研究，有利于在丰富餐桌宴席的同时，减少铺张消费。老百姓的饭菜并非不注意"色味形香器"的佳美，除去条件的限制，从审美观上说，老百姓是更加注重实效而不喜爱花架

子的。如果不是这样看问题，我们就会对老百姓饭菜中的珍品视而不见，听而不闻，失之交臂。白居易有著名诗句说："藏在深闺人未识。"许多老百姓的饭菜，其实就是名菜名食，不过我们尚未认识而已。

第五节　宗教饮食文化

许多民族都有自己的宗教信仰，每一种宗教在其传播的初始阶段，除了宣传其既定的教理之外，还要通过一定的建筑、服饰、仪式及饮食将人们从日常状态下标识出来。单就饮食看，通过长期的发展，逐渐形成了独具特色的宗教饮食风格。中国的宗教饮食主要包括道教、佛教和伊斯兰教饮食。

图 4-15　"道家四绝"之一的"白果炖鸡"

道教起源于原始巫术和道家学说，所以道教饮食深受道家学说的影响。道家认为人是禀天地之气而生，所以应"先除欲以养精、后禁食以存命"，在日常饮食中禁食鱼羊荤腥及辛辣刺激之食物，以素食为主，并尽量地少食粮食等，以免使人的先天元气变得混浊污秽，而应多食水果，因为"日啖百果能成仙"。道家饮食烹饪上的特点就是尽量保持食物原料的本色本性，如被称之为"道家四绝"之一的青城山的"白果炖鸡"，不仅清淡新鲜，且很少放作料，保持了其原色原味（图 4-15）。

佛教在印度本土并不食素，传入中国后与中国的民情风俗、饮食传统相结合，形成了其独特的风格。其特点首先是提倡素食，这是与佛教提倡慈善、反对杀生的教义相一致的。需要注意的是佛教将植物中的蒜、葱、兴渠、韭、薤称为"五辛"，归集于荤食。虽然是植物，也被禁食。其次，茶在佛教饮食中占有重要地位。由于佛教寺院多在名山大川，这些地方一般适于种茶、饮茶，而茶本性又清淡淳雅，具有镇静清心及醒脑宁神的功效，于是，种茶不仅成为僧人们体力劳动、调节日常单调生活的重要内容，也成为培育其对自然、生命热爱之情的重要手段，而饮茶，也就成为历代僧侣漫漫青灯下面壁参禅、悟心见性的重要方式。再次，佛教饮食的特点是就地取材，佛寺的菜肴也称为"斋菜"，善于运用各种蔬菜、瓜果、笋干、菌菇及豆制品为原料。

伊斯兰教教义中强调"清静无染""真乃独一"，所以其饮食形成了自成一格的格局，称之为"清真菜"。穆斯林严格禁食猪肉、自死物、血，以及十七类鸟兽及马、骡、驴等平蹄类动物。所以清真菜以对牛、羊肉丰富多彩的烹饪而著名，如羊肉，就有烧羊肉、烤羊肉、涮羊肉、焖羊肉、腊羊肉、手抓羊肉、爆炒羊肉、烤羊肉串、汤爆肚仁、炸羊尾、烤全羊等（图 4-16），清真系列中还有一些小吃也颇具特色，如北京的锅贴、羊肉水饺，西安的羊肉泡馍，兰州的牛肉面、酿皮，新疆的烤馕、烤包子。

图 4-16　清真菜

🔍 **思考题**

结合食品文化的各个阶层的特点谈谈食品文化阶层性产生的原因。

食品文化的民族性

5

中国是个地大物博的国家，在这片广阔而富饶的土地上聚居着 56 个民族。为了生存，为了提高生活的质量，全国各族人民不断地与大自然斗争，以获取维系种族生存和发展的各种食物。经过漫长的饮食历史实践，人们的饮食活动逐渐有了明显的主动性、选择性和创造性，中国的饮食活动得到了迅速的发展，于是人们开始不断地创造和累积财富，这些财富有物质方面的，也有精神方面的，如今这两方面的财富已共同汇聚成了中国几千年来光辉璀璨的食品文化，而 56 个民族独具特色的饮食习惯和文化共同体现了食品文化的民族性。

饮食文化的民族性主要体现在主要食物的摄取、食物原料的烹制技法、食品的风味特色以及由不同原因形成的不同的饮食习惯、饮食礼仪和饮食禁忌等几个方面。中国人的传统饮食习俗是以植物性食料为主。主食是五谷，辅食是蔬菜，外加少量肉食。形成这一习俗的主要原因是中原地区以农业生产为主要的经济生产方式，但在不同阶层中，食物的配置比例不尽相同。以热食、熟食为主，也是中国人饮食习俗的一大特点。这和中国文明开化较早和烹调技术的发达有关。然而，由于各个民族的地域性和气候性的差别，我国各族人民在长期的实践中都有自己的一套规范化的饮食礼仪，作为每个社会成员的行为准则。中国的少数民族在生产实践活动中，随着与汉族的接触，受到汉族饮食文化的影响，结合本民族的风俗习惯，逐渐形成了各具特色的民族食俗，极大地体现出了我国食品文化的民族性。现将其中颇有影响并具代表性的民族饮食风俗及其文化简介如下。

第一节　蒙古族食俗

一、民族简介

蒙古族是我国东北的主要民族之一，主要聚居于内蒙古自治区，也是蒙古国的主体民族。蒙古族发祥于额尔古纳河流域，史称"蒙兀室韦""萌古"等。"蒙古"这一名称较早记载于《旧唐书》和《契丹国志》，其意为"永恒之火"。

二、特色饮食习惯及其文化

法国人类学家列维·斯特劳斯有一个著名的公式：生/熟＝自然/文化。从这里可以看出，日常的饮食活动是体现游牧文化特点的一个侧面。蒙古族饮食品种丰富多彩，且富有营养。自古以来，善良、好客、勤劳、勇敢的蒙古族同胞就过着"逐水草而居"的游牧生活，因此牧民的饮食习惯与草原畜牧业的关系极为密切。蒙古族的传统饮食大致有四类，即面食、肉食、奶食、茶食。通常，蒙古族称肉食为"红食"，蒙语称"乌兰伊德"；称奶食为"白食"，蒙语称"查干伊德"（纯洁、吉祥、崇高之意）。而农区多以谷物蔬菜为主食，以肉食为辅。

我们先说说红食，即肉食。它是蒙古民族非常喜欢的食品。在肉食中含有丰富的蛋白质，蛋白质又是由多种氨基酸组成，并且有较多的维生素。其中常见的"术斯""手扒肉""全羊席""蒙古八珍""成吉思汗火锅"等，这些具有浓郁的游牧民族特点的名贵佳肴，在历史上都曾是宫廷御用食品。在浓郁的民族习俗气氛中进餐，可体察蒙古民族神圣的待客礼仪和炽热如焰的待客情感和精深的饮食文化。

饮食宴席上的"手扒肉"，是蒙古族传统红食——术斯的一种（图5-1）。蒙古人忌讳说"杀羊""吃肉"之类的词语，故不将吃羊肉称为"手扒肉""手抓肉""吃羊肉""吃煮肉"等，而一般称"喝羊汤"或"摆术斯"。术斯，是蒙古族传统肉食的精华，也是宴席上最讲究的一道菜。它是瑰丽多彩的草原饮食文化的结晶，向人们展示着游牧文化重礼仪、重气氛、重张扬和重美感的闪光点。过去除了祭敖包、供奉成吉思汗圣灵、那达慕大会、庙会、婚宴等重大活动时摆放全羊术斯之外，即使

图5-1　手扒肉

是蒙古烤全羊，普通人也很少享受到这种待遇。如今，成了待客的最高礼节，广泛流行在内蒙古地区。根据做法、摆法和原料的不同，可分多种术斯。诸如，珠玛术斯和火烤术斯、站式术斯等。也有些地方只分全羊术斯和普通术斯两种。

蒙古族招待客人最隆重的是全羊宴，将全羊各部位一起入锅煮熟，开宴时将羊肉块盛入大盘，尾巴朝外。主人请客人切羊荐骨，或由长者动刀，宾主同餐。据史料记载，烤全羊是成吉思汗最喜爱的一道宫廷名菜，也是元朝宫廷御宴中最为隆重的一种美食。全国各地的蒙古王公府第也都用烤全羊招待贵宾，是高规格的礼遇。延至清代，颇受满族皇帝的青睐，称为"诈马宴"，并以此招待蒙古王公，以示尊崇。

蒙古人以白为尊，视乳为高贵吉祥之物。蒙古民族的食品之首便是奶食（图5-2）。奶食也被本民族视为珍品，每逢拜年、祝寿、招待宾客、喜庆宴会等首先以品尝奶食、敬献奶

酒为最美好的祝愿，这是一种神圣的礼节。客人即使七八十岁，大过主人几倍，也要跪接盛满乳汁的银碗，不是给主人跪，是给乳汁跪。另外，如迎送远征的亲朋也要予以尝奶、敬献奶食，以示祝愿。每逢祭奠衮山神、敖包、苏丽德的时候，也要用新挤的鲜奶向上天和圣主祭酒。可见奶食在蒙古民族的生活当中是多么的重要。蒙古族制造的奶食可谓多种多样，有黄油、奶皮子、奶酪、奶豆腐、奶油、酸奶、奶渣、奶糕等。奶食中含有大量的氨基酸、蛋白质、油脂、微量元素，对人体机能有着不可缺少的营养、增强免疫力、强壮、保健作用。奶食加工集中凝结着蒙古民族辛勤劳动之汗水和高超的智慧、技艺。

图 5-2   奶食全套

三、蒙古族的特色酒文化

蒙古族自古就是一个豪放勇敢的民族，他们喜欢饮酒。饮酒、骑马正体现了这个民族粗犷豪放的性格。他们喝酒讲究礼俗，认为"无酒不成席""无酒不成礼""无酒不成俗"，酒给宾主带来了隆重的气氛，带来了欢乐，深深表达着蒙古人对宾客的尊敬和深情厚谊。因此，蒙古族人向客人献上醇香的马奶酒或白酒，被当作是增进友谊的一种方式。每年七八月份牛肥马壮时，是酿制马奶酒的季节。勤劳的蒙古族妇女将马奶收贮于皮囊中，加以搅拌，数日后便乳脂分离，发酵成酒。马奶酒性温，有驱寒、舒筋、活血、健胃等功效，被称为紫玉浆、元玉浆，是"蒙古八珍"之一，曾为元朝宫廷和蒙古贵族府第的主要饮料。忽必烈还常把它盛在珍贵的金碗里，犒赏有功之臣。随着科学的发达，蒙古族人酿制马奶酒的工艺日益精湛完善，不仅有简单的发酵法，还出现了酿制烈性奶酒的蒸馏法，六蒸六酿后的奶酒为上品。

四、蒙古族的特色茶文化

茶叶在蒙古族人民生活中占据了重要的位置，被蒙古族人民称为"仙草灵丹"。蒙古民族特别喜欢喝青砖茶和花砖茶，视砖茶为饮料之上品。传说，成吉思汗时期，蒙古兵出征无须带更多的粮草，有了砖茶，便等于有了粮草。蒙古族人一日三餐均不能没有茶。若要有客人至家中，热情好客的主人首先斟上香喷喷的奶茶，表示对客人的真诚欢迎。

第二节 白族食俗

一、民族简介

白族历史悠久，文化丰富多彩，是我国西南边疆的一个少数民族。白族是能歌善舞的民族，文化比较发达，大理的意思有"文献名邦"之意，是国家级历史文化名城，在常年的发展中形成了自己的饮食和服装文化，经济也得到了发展。

二、特色饮食习惯及其文化

白族饮食一般为一日三餐，农忙或节庆时则增加一次早点或午点。大理自治州粮食作物有水稻、小麦、玉米、薯类、荞麦等，经济作物有甘蔗、烤烟和茶叶。河湖盛产鱼类，山区有丰富的植物和动物资源。平坝地区多以大米、小麦为主食，山区常吃玉米、马铃薯和荞麦。主食一般蒸干饭，便于下地时携带。此外也喜爱粑粑、饵块、汤圆、米线、稀粥、糖饭等。三餐都配新鲜蔬菜，也制成咸菜、腌菜、豆瓣酱。肉食以猪为主，兼有牛、羊、鸡、鸭、飞禽和鱼鲜，善于腌制火腿、腊肉、香肠、弓鱼、油鸡枞、吹肝和饭肠等食品，妇女们多有制作蜜饯、雕梅、苍山雪婉甜拇的手艺。腌年猪和乳扇是当地"一绝"。烹调方法多样，口味嗜酸、辣、甜、微麻，大理白族创造出大理砂锅鱼、乳扇、生皮、大理饵块、喜洲粑粑等一批名食。

砂锅鱼是大理的著名佳肴（图5-3）。洱海盛产鲤鱼、弓鱼和鲫鱼，尤以弓鱼最有名。将洱海的肥美鲤鱼，剖腹洗净，抹上少许精盐，腌上十来分钟，与火腿片、嫩鸡块、鲜肉片、猪肝片、冬菇、蛋卷、肉丸、海参、豆腐、玉兰片等各种适量配料，同置砂锅内，再撒入适量的胡椒、精盐、味精等调料，置炭火炉上文火煮制而成。食时，将砂锅以盘衬垫上席，既热气腾腾，又鲜美可口。

图5-3 大理砂锅鱼

洱源邓川坝，土地肥沃，水草丰美，这里的农家素有饲养乳牛的传统。当地出产的乳扇，为远近闻名的特产。制乳扇时，先将鲜牛乳发酵成酸乳水，再放入锅内加热至$60 \sim 70℃$，随即倾入鲜牛乳，并用竹筷轻轻搅动，使乳中的蛋白质和脂肪等渐渐凝结成絮状，再用竹筷将其摊成薄片，晾在竹架上风干而成。黄中带白、纯洁光亮、薄似纸张的乳扇，富含蛋白质、脂肪等，营养丰富。它可以生吃，也可煎、蒸、烤吃。但最好是用香油煎成淡黄色，取出置凉，又脆又香，尤为可口。

大理喜洲粑粑又名破酥（图5-4），是一种色、香、味均佳的麦面烤饼，是大理城乡的一种风味小吃，以喜洲白族传统粑粑最为有名。小麦粉是喜洲粑粑的主要原料，发面相当讲

图5-4　喜洲粑粑

究，要加适量碱，揉透，再用油分层，撒上葱花、花椒、食盐，或加火腿、肉丁、油渣、红糖包心为甜味。做成圆形小饼后，一次6个，咸甜各半，整齐地摆在一块圆形砧板上，再用油刷在饼子朝上的一面刷上一层香油，然后放入油锅中烘烤。大约10分钟后，一锅黄灿灿、香喷喷、又酥又脆的"破酥"出锅了。喜洲粑粑不仅色美味香，而且价廉实惠，向来一直作为日常生活中的方便食品，备受人们的欢迎，同时，也是外出劳动或旅游的绝好便携食品。

三、白族的特色茶文化

图5-5　白族"三道茶"

烤茶是白族敬客食俗之一，茶水色浓味醇、别具一格。烤茶一般斟三道，俗称"三道茶"（图5-5）。"三道茶"顾名思义，茶分三道：第一道是用沱茶冲泡的苦茶；第二道是加红糖和牛乳的甜茶；第三道是放入核桃、蜂蜜、米花的回味茶。"一苦、二甜、三回味"的"三道茶"不仅是白族同胞待客的佳茗，还蕴含了丰富的人生哲理。

白族烤茶所用的茶叶，多为下关沱茶。下关为制茶中心，所出产的散茶，远销西藏、四川等地。因路途遥远，常遭风雨，损失甚大。后来将散茶压成碗形茶块，不但耐储易运，还不失茶味。茶叶运至地处长江、沱江汇合口的四川泸州时，茶商为广销此茶，便宣传道："沱江水，下关茶，香高味醇品质佳。"久而久之，四川人便将下关出品的茶叶称为下关沱茶。于是，这种茶味醇厚、汤色澄黄、香气馥郁、解渴提神，又有消食行气、散烟醒酒之效的下关沱茶，便声名远扬了。

烤茶的茶具也很别致。烤茶的砂罐粗糙，而茶盅却为小巧玲珑、洁白晶莹的瓷杯。按照"酒满敬客，茶满欺人"的习俗，主人斟茶要少，仅以品啜一二口为宜。当主人双手高举茶盅向客人献第一盅茶时，客人接茶后应将它转敬主人家中的最年长者和座中长辈，彼此谦让一番之后，客人方可品茗。这时，客人一边品啜，还要一边赞赏茶味的甘香，欣赏茶盅的精巧。因而，白族的烤茶习俗，堪称一门茶道艺术。

四、白族的特色酒文化

白族人民大都喜饮酒，由于所用的原料和方法不同，酒的种类很多，制酒时常用40多种草药制成酒曲，制成各种白酒，其中以窑酒和干酒为传统佳酿。另外还有一种糯米甜酒，是专为妇女和孕妇制作的，据说有滋补和催奶的作用。

五、其他特色食品文化

雕梅是白族妇女的传统食品（图5-6）。洱源白族姑娘，人人善制雕梅，是姑娘心灵手巧的标志。因为当地婚俗中，姑娘出嫁前，须依俗给婆家送上一盘姑娘制作的雕梅作为见面礼。新婚之夜，新娘要为亲友宾客摆设点心甜席，此谓"摆果酒"，案上陈列着新娘带来的蜜饯、干果、雕梅款待客人，并让大伙品评。于是，洱源姑娘皆精心雕刻，她们制出的雕梅色泽金黄，清香四溢，不但是上乘的果品，也称得上是一种工艺美术品。

图5-6 雕梅

第三节 朝鲜族食俗

一、民族简介

我国朝鲜族主要分布在黑龙江、吉林、辽宁三省。朝鲜族男子喜欢摔跤、踢足球，女子喜欢压跳板和荡秋千，并以能歌善舞著称于世。

二、特色饮食习惯及其文化

饮食文化一般最能反映一个民族的生活特性和生活质量，朝鲜族的饮食文化，不仅在中国，在全世界也有其一枝独秀的鲜明特色。朝鲜族以擅长在寒冷的北方种植水稻著称，所以朝鲜族以米饭为主，多为大米饭、二米饭，汤每餐必备，尤喜喝大酱汤。特色菜肴有狗肉火锅、辣白菜、冷面、打糕和酱汤等，其中冷面、狗肉、辣白菜，被誉为延边"三宝"。

朝鲜族的"汤文化"堪称世界一绝，几乎没有哪个民族能把"汤文化"发挥得像朝鲜族那样淋漓尽致。朝鲜族的饮食特点之一就是每餐必喝汤，无论在农村还是城市，喜庆节日还是日常生活，他们都对汤情有独钟，须臾不能离开。狗肉汤、牛肉汤、猪肉汤、河鱼汤、海菜汤、豆腐汤、饼汤、冷面汤、酱汤……仅仅是酱汤，又可以因所用酱的品种不同而分为若干种。在朝鲜族家里做客，碗里、盆里出现剩饭是很正常的事，但一般汤是不能剩的。可以毫不夸张地说，朝鲜族的生活中若没有了汤，尤其是酱汤，就像没有太阳一样难耐。

"狗肉汤"是朝鲜族"汤文化"的代表性作品，是各种汤菜之首。狗肉是朝鲜族最喜爱的肉食之一，朝鲜族医学认为，狗肉具有温中补肾、养颜美容、强身健体之功效，尤其在酷热难耐的伏天食之，可以收到更好的效果，为此朝鲜族民间流传着一句俗语"三伏天喝狗肉汤如同吃补药"。

酱是朝鲜族饮食中传统食品的主要调料之一。酱是用煮熟的大豆发酵而成，营养丰富。酱的品种有酱油、大酱、辣椒酱、小豆酱、姐妹酱、汁酱、清麦酱等多种。大酱汤是家常便饭必不可少的，有"宁无菜肴也要有汤"之说。大酱汤是以大酱、蔬菜、海菜、葱花、蒜片、豆油等为主要原料，有时也用肉类或明太鱼等各种鱼类熬成。

图 5-7　辣白菜

泡菜是朝鲜族最富特色的传统风味菜肴，几乎家家必备、每餐必食。不论粗茶淡饭，还是美酒佳肴，都离不开辣白菜（图 5-7）佐餐，没有这道味道鲜美的小泡菜，总会觉得有些缺憾。泡菜种类繁多，大体上可以分为过冬的泡菜和春、夏、秋季随腌随吃的泡菜。主要有腌白菜、腌萝卜、腌黄瓜等，其中冬季用大白菜做的辣白菜最受欢迎。冬季泡菜以白菜、盐、辣椒粉、大蒜、生姜、水果、香料、新鲜海味如虾米、干贝、牡蛎、明太鱼等为原料，于每年农历立冬前后腌渍而成。其做法因地因人而异，通常为：先将白菜去掉外层老帮，洗净后放入盐水中浸泡 2~3 天。取出后再用清水洗净，沥干。然后将白菜叶一片片地掰开，把用辣椒粉、蒜泥、姜末、盐、糖、味精等拌制成的馅状调味料涂抹其上。最后将白菜放入大缸中，盖严，藏于地窖或阴凉之处，令其慢慢发酵，约半个月即可食用了。吃时切成段，放入盘中，红白相间，既美观又好吃。其特点是酸辣香甜，爽口开胃。

朝鲜族著名的风味小吃——冷面，味道独特，甜辣爽口，清凉不腻，深受人们喜爱，是朝鲜族老幼皆喜食的大众化小吃。冷面的制作比较复杂，要按适当比例将荞麦粉、面粉、淀粉等掺和均匀，压成细细的面条，用精牛肉或鸡肉熬汤。做汤时，一定要待汤冷却后撇除浮油才能用。面条开水下锅煮熟后，盛放于大碗内，上面要放香油、泡白菜丝、辣椒面、味素等调料，浇上肉汤，再放上牛肉片、鸡肉丸子、鸡蛋丝或切成瓣的熟鸡蛋、苹果片或梨片，吃起来格外开胃、爽口。朝鲜族自古有在农历正月初四中午吃冷面的习俗，说是这一天吃上长长的冷面，就会长命百岁，故而冷面又称"长寿面"。

打糕是朝鲜族著名的传统风味食品，因为它是将蒸熟的糯米放到槽子里用木槌捶打制成，故名"打糕"。打糕一般有两种：一种是用糯米制作的白打糕，一种是用黄米制作的黄打糕。打糕的制作方法是，先把米放到水里浸泡 10 小时后，捞出来放到锅里蒸熟，将蒸熟的米放到木槽或石槽里，用木槌反复捶打。一种是两个人面对面地站在槽边，互相交替捶打，或一人捶打，一人在下面翻动糕团使之捶打均匀。于是，一份香黏细腻、筋道适口的打糕制作完成。朝鲜族人民喜食打糕的历史悠久，每逢年节、老人寿诞、小孩生日、结婚庆典等重大喜庆的日子，打糕是餐桌上必不可少的食品。因此，一旦见到哪家的妇女喜气洋洋地忙着做打糕，就知道这家肯定有大喜事。打糕不仅用来自己食用或招待客人，更是亲朋好友间相互馈赠的礼品。此外，打糕还有保健的作用，朝鲜族的一句俗语"夏天吃打糕，像吃小人参"，就说明了这一点。

三、朝鲜族的特色酒文化

朝鲜族非常讲究礼节。晚辈不得在长辈面前饮酒，如果长辈坚持让晚辈喝酒，晚辈要双手接过酒杯来，转身饮下，并向长辈表示谢意。朝鲜族大年初一要喝屠苏酒，又称"长生酒"。元宵节清晨要空腹喝点酒，认为可使人耳聪目明，一年不得耳病，常能听到喜讯，故称为"聪耳酒"。在老人节的"花甲宴席"上，从长子夫妇到孙辈，都要依次斟酒向老人跪拜祝寿。朝鲜族还有家庭性节日"回婚节"，为双双健在的老人举行结婚六十周年庆典。当日，一对老人重新穿上当年结婚的礼服，接受大家的敬酒祝福，并轻歌曼舞，与晚辈同乐。朝鲜族民间舞蹈"瓶舞"是祝寿时的专门舞蹈。在老人祝寿酒宴上，女子头顶酒瓶，即兴曼舞。当寿星酒兴浓时，由其女儿、儿媳或孙女头顶一瓶最好的酒，在席间翩翩起舞，宾客唱歌击杯碟为之伴奏，舞至精彩处，众人欢呼，舞者捧下头上的酒瓶向"寿星"敬酒。人们狂欢畅饮，通宵达旦。

四、朝鲜族的特色茶文化

朝鲜族的"传统茶"不放茶叶，但是放多种材料；不用开水冲泡，而是将原料长时间浸泡、发酵或熬制。通常加入蜂蜜或糖，是一种强调天然和健康的甜饮。常见的有五谷茶（大麦茶、玉米茶等）、药草茶（五味子茶、葛根茶等）、水果茶（大枣茶、青梅茶、柿子茶等）。朝鲜族家庭最常喝的是大麦茶、人参茶（图5-8）、三珍茶。

大麦茶是我国朝鲜族的一种传统清凉饮料，是将大麦炒制后再经过沸煮而得，闻着有一股浓浓的麦香。其冷饮具有防暑降温之功效，热饮具有助消化、解油腻、养胃、健胃的作用。大麦茶含有人体所需的17种微量元素、19种以上氨基酸，富含多种维生素及不饱和脂肪酸、蛋白质和膳食纤维，长期饮用，能收到养颜、减肥功效。大麦茶为四季皆宜、适宜各种年龄人群的保健饮品。

图5-8　人参茶

长白山盛产人参，朝鲜族人喜欢喝人参茶。人参茶的制作方法也很简单：洗净人参并剔除须根，将人参放水煮出味后加蜂蜜调味即可。微参切条煮，味道更容易出来，将微参和大枣一起放入，煮两天喝的量最为合适。

三珍茶是用黄芪、枸杞、菊花泡出的茶，黄芪具有排毒去污功效，被称为"人体清道夫"，可以增长元气；枸杞具有滋阴补肾作用，肾生精，精是生命之本；菊花可以聪耳明目，有益于大脑保健。将三种药材放到一起，长期饮用，对人体保健效果很好。

第四节　黎族食俗

一、民族简介

黎族是中国岭南民族之一，岭南多属亚热带和热带地区，高温多雨，适于各种农作物的生长。其中水果十分丰富，主要有椰子、菠萝、荔枝、龙眼、香蕉、杧果、波罗蜜等。

二、特色饮食习惯及其文化

在热带地理环境条件下，黎族同胞的饮食方式具有独特的风格。饮食是人人每天关注的中心，随着社会生产力的发展，饮食也不断得到改善。黎族同胞的传统饮食习俗，从形式到内容都十分丰富，并形成特有的饮食文化。

图5-9 黎族竹筒饭

黎族同胞日常生活以大米为主食，辅以玉米、木薯、甘薯。一般一日三餐，均为粥。他们生活习惯是"爱稀不爱干"，这与当地天气炎热有一定关系。普遍是把饭煮熟后，用冷水冲成稀饭，平时不喝水，用饭米汤解渴。黎族所吃稻米分为粳米和糯米，平时做饭用的多为粳米。粳米的质量甚佳，"其米粒大色白，味颇香美"。糯米多用于节日或喜庆时制作糯米团或包粽子，但更多的是用于酿制糯米甜酒。

黎族的饭食种类繁多，主要有大米饭、山兰米饭、竹筒饭、红薯饭、南瓜饭、黄姜饭、玉米饭、山薯饭、山果饭、磅薯饭、包子果饭、鸡头果饭等，其中烤竹筒饭（图5-9）是黎族最富特色的传统饭食。其制法是：首先截取一节竹筒（用嫩竹，要直而粗，留底部），然后放入粳米（最佳的米是当地产的山兰香米），再加上适量的水，放在火堆上慢烧细烤，待竹筒里的水烤沸之后，在竹筒的顶端加盖（塞以木塞或芭蕉叶），继续边烤边翻，直至闻到一股清香味为止。饭熟后，稍候片刻用刀子把竹筒轻轻地破开，就可以用饭了。特点是：饭粒松软，味道特别，爽而不腻，老少皆宜，既有米香味又有竹香味，因而黎胞称其为"竹筒香饭"。烤饭时如果加点野味，如野猪肉、鹿肉之类，并拌入上等酱油、精盐，其味就更美，堪称黎家的佳肴，也是招待宾客的"高级餐"。

黎族过去多采摘山蕨、草菇、竹笋及其他野菜佐餐。近年种植蔬菜品类已日渐丰富，主要有南瓜、葫芦瓜、冬瓜、木瓜、黄瓜、豆角、西红柿、韭菜、萝卜、莲藕、小白菜、空心菜等，此外还种植花生、芝麻等油料作物。黎族男女善捕捞，家家户户养牛、养猪、养狗。牛大都在外野放，每户都有自己的木铎，挂在牛脖子上做记号。牛群是家中财富的象征，不宜宰杀，只有遇到大喜事时才宰杀，杀猪也是如此。

图5-10 黎族酸菜

此外，黎族同胞家家都有腌制食物的习惯。例如，将鱼和嫩玉米一起切细，加盐放入瓦罐中腌5~6天，就可以煮吃。罐里的咸水汁可长时间保留，再行腌制，认为此汁时间越久，腌的菜越咸香可口。腌泡成的酸菜，黎语称为"南沙"，一般多用野菜腌泡。采下能吃的野菜，剥去根须老叶，用清水洗干净，加上牛骨、猪骨或其他兽骨，放适量生盐，一起入罐中密封发酵。经过长时间腌泡的野菜，酸味浓烈（图5-10）。俗语说："一家吃'南沙'，全村都闻到。"

三、黎族的特色酒文化

黎族人热爱生活。生活习惯上，酒是人们日常生活中不可缺少的饮料。节日、婚娶、丧葬、入新屋、生育、社交和举行宗教仪式等活动，都要摆席设宴饮酒。平时迎宾会客也以饮酒为情礼。黎族热情好客，酒为俗礼，敬酒对歌常通宵达旦，形成自己的酒文化。

黎族先民所酿制的酒主要可分为两大类：一是果酒，有石榴花酒、荔枝酒、甘蔗酒、椰酒等；二是粮食酒，有山兰米酒、蒸馏白酒等。随着人口的流动，文化的渗透，黎族的酒除主要以山兰米酒为主外，还衍生出很多种酒，如玉米酒、芭蕉酒、南瓜酒、番薯酒、木薯酒、山果酒等。虽然，黎族酿制的酒种类繁多，但其中最为有名的要数黎家的山兰米酒（图5-11）。

山兰米酒以口味醇正、味道香甜、浓而不烈并富有营养而享有"海南茅台""山兰玉液""琼浆玉液"等诸多美称，更重要的是，它包含着一个民族独特的文化内涵。不单在吃法上表现了黎族人民的一种传统饮食文化，在它的制作方法（图5-12）上也同样如此，其芳名也从古流传至今。

图5-11 山兰米酒

图5-12 山兰米酒的酿制

黎族人在饮酒待客的时候，主人通常都会设杯置碗，席间宾主对坐，男客先酒后饭，女客先饭后酒。主人在斟酒时很庄重，一定要双手执壶将酒轻缓地斟入杯中，直至杯满，"酒满敬人，茶满欺人"。斟酒不满或是来宾中斟酒不均匀，都会被看成是对宾客的不敬。主人在敬酒时，首先要自己饮了才敬客人，在自己饮完后，主人要夹块肉送进客人口中，以示热情好客。酒酣之际，有些地方的黎族主客还会对唱山歌，活跃气氛。

黎族人很喜欢用酒来表达感情，消除矛盾和隔阂，沟通人际关系。其中"同心酒"和"盟誓血酒"就是一种重要的表达方式。老朋友相见，可以交臂搭脖共将一碗酒饮尽，以表示感情牢固加深；年轻男女饮下同心酒，就有确定终身的意义；要是朋友之间在生活当中产生猜忌或矛盾，喝下了一碗具有代表意义的同心酒，旧仇新怨都可以化解。"盟誓血酒"相对"同心酒"则显得更为严肃庄重，在举行盟誓时，盟誓人都要双脚站立，在酒碗里滴入鸡血，双手捧，一饮而尽，以表示郑重、坚决。

四、其他特色食品文化

槟榔是黎族的吉祥信物，特别是黎族妇女更为喜爱。黎家居住的五指山区盛产槟榔。槟榔果有生吃、晾干吃两种吃法。生吃，即把新鲜的槟榔果切成小片，果核和果肉同时嚼吃；干吃，即把果子煮熟晾干，保存起来供长期食用。吃槟榔不能直接食用它的瓤肉，要与"扶留叶"（俗称"蒌"）、灰浆（用蚌灰或石灰调制而成）一起嚼食，即所谓"一口槟榔一口灰"。具体食法是：先将槟榔果切成小片，取灰浆少许放在蒌叶里，然后裹住槟榔片放口中慢慢咀嚼。此时口沫变成红色，便把口沫吐掉而细咽其余汁，越嚼越香，津津有味，直至脸热潮红，称为"醉槟榔"。

第五节　藏族食俗

一、民族简介

中国境内的藏族大部分从事畜牧业，兼营农业。习惯吃青稞炒制的糌粑，很少食用蔬菜，副食以羊肉为主，部分地区有不食飞禽和鱼类的习惯。藏族好饮特有的酥油茶和青稞酒。

二、特色饮食习惯及其文化

藏族的传统饮食是藏餐，藏餐中有代表性的是烧羊、牛肉、酥油茶（图5-13）、糌粑（图5-14）和青稞酒。藏餐的口味讲究清淡、平和。很多菜，除了盐巴和葱蒜，不放任何辛辣的调料，体现了饮食文化返璞归真的时代潮流。

图5-13　酥油茶　　　　　　　　图5-14　酥油青稞糌粑

绝大部分藏族同胞以糌粑为主食，即把青稞炒熟磨成细粉。藏族人一日三餐都有糌粑，特别是在牧区，除糌粑外，很少食用其他粮食制品。食用糌粑时，要拌上浓茶或奶茶、酥油、奶渣、糖等一起食用。糌粑既便于贮藏又便于携带，食用时很方便，因此很适合游牧生活。在藏族地区，随时可见身上带有羊皮糌粑口袋的人，饿了随时可食用。有时，他们从怀里掏出个木碗，装些糌粑，倒点酥油茶，加点盐，搅拌几下，抓起来就吃。有时，边吃糌粑，边喝酥油茶。有时，把糌粑倒进一个称为"唐古"的皮口袋里，再加入酥油茶，一手抓住袋子的口，一手隔袋抓捏，一会儿，喷香的糌粑便可入口了。

青海藏族还常吃一种特有的水油饼。制作水油饼时将面粉揉成碗口大的面饼，放入开水锅中煮，待熟后捞出，加酥油食用。河曲地区的藏族有制作大饼之习，作为馈赠亲友和长途旅行时用。云南迪庆的藏族把蒸洋芋（马铃薯）、麦面粑粑、蒸馍作为主食。四川一些地区的藏族还经常食用足玛、炸果子等。足玛是藏语，为青藏高原野生植物蕨麻的一种，俗称人参果，形状如花生仁，当地春秋可采挖，常用作藏族名菜点的原料。炸果子即一种面食，和面加糖，捏成圆或长条状后入酥油锅油炸而成。他们还喜食用小麦、青稞去麸和牛肉、牛骨入锅熬成的粥。

在藏族的菜肴中，经常出现"酥油"这个名词，可见它在藏餐中发挥着重要的作用。酥油，藏语发音为"玛"。藏族将之称为"生命油""油脂之精华"，是高原人每日要食用的东西。它是似黄油的一种乳制品，是从牛、羊奶中提炼出的脂肪。藏区人民最喜食牦牛产的酥油。产于夏、秋两季的牦牛酥油，色泽鲜黄，味道香甜，口感极佳，冬季的则呈淡黄色。羊酥油为白色，光泽、营养价值均不及牛酥油，口感也逊牛酥油一筹。酥油滋润肠胃，和脾温中，含多种维生素，营养价值颇高。在食品结构较简单的藏区，能补充人体多方面的需要。酥油在藏区用途广、功能多，酥油是藏族食品之精华，高原人离不了它。

三、藏族的特色酒文化

藏族人民最喜欢喝的酒——青稞酒，藏语称为"羌"，是用青藏高原出产的一种主要粮食——青稞制成的。青稞酒色微黄，酸中带甜，有"藏式啤酒"之称，是藏族人民生活中不可缺少的饮料，也是欢度节日和招待客人的上品。按照藏族习俗，客人来了，豪爽热情的主人要端起青稞酒壶，斟三碗敬献客人。前两碗酒，客人按自己的酒量，可喝完，也可剩一点，但不能一点也不喝。第三碗斟满后则要一饮而尽，以示尊重主人。

唱祝酒歌也是藏族人民最有意义的习俗。藏族有一句笑话："喝酒不唱祝酒歌，便是驴子喝水。"谁来敬酒，谁就唱歌。大家常爱唱的歌词大意是："今天我们欢聚一堂，但愿我们长久相聚。团结起来的人们呀，祝愿大家消病免灾！"祝酒歌词也可由敬酒的人随兴编唱。唱完祝酒歌，喝酒的人必须一饮而尽。

四、藏族的特色茶文化

在藏族，人人离不开茶，天天离不开茶，那里的"茶文化"情调浓郁得难以化解。茶在藏族并非仅仅是饮料，它曾是乌金货币，是神话传说里的生命树，是唯一能与经书珍宝一起放入佛像体内的圣物，是吉祥美好的象征，是与俄罗斯的面包和盐一样的待客珍品。藏族嗜好酥油茶，它是用酥油和浓茶加工而成。酥油茶的喝法，德钦藏族喜欢加奶渣，中甸、维西藏族则追求纯正。有一则民间爱情故事，叙说了酥油茶的来历。传说，藏区有两个部落，曾因发生械斗，结下冤仇。辖部落土司的女儿美梅措，在劳动中与怒部落土司的儿子文顿巴相爱，但由于两个部落历史上结下的冤仇，辖部落的土司派人杀害了文顿巴，当为文顿巴举行火葬仪式时，美梅措跳进火海殉情。双方死后，美梅措到内地变成茶树上的茶叶，文顿巴到羌塘变成盐湖里的盐，每当藏族人打酥油茶时，茶和盐再次相遇。这则由茶俗引发出的故事，具有极强的艺术感染力。

千百年来，在与严酷的自然条件作斗争时，藏族人民创造了酥油茶文化。围绕茶文化，还有茶会，贯穿交友、节庆、离别、爱情等聚会中。

第六节　傣族食俗

一、民族简介

傣族主要聚居在云南西双版纳傣族自治州。傣族是一个跨境民族，与缅甸的掸族、老挝的主体民族佬族和泰国的主体民族泰族有历史和文化渊源，语言和习俗也与上述民族接近。

二、特色饮食习惯及其文化

云南的西双版纳是一个遥远而又美丽的地方，在这里生存的傣族人世世代代与竹有缘，人们种竹吃笋，又用竹子建房盖屋，还用竹子做成各种各样的生活用品，如竹桌、竹凳、竹汤匙、竹盆等，甚至做成竹锅烧茶煮饭。到了云南的西双版纳，就要尝尝傣家人特有的竹筒饭（图5-15）。傣家竹筒饭是具有深厚文化底蕴的绿色食品和生态食品，是一种珍贵的民族文化遗产，具有广阔的开发前景。

竹筒饭，又名香竹饭，傣语称为"考澜"，只能用具有特殊香味的香竹"埋考澜"煮制。香竹饭，呈圆柱形，外表裹着一层白色的竹瓤。米饭软黏，如揉搓出来的圆形面柱一般，用手握而不黏，具有竹子的清香味和烘烤食物的烘烤香味，既方便食用，又方便携带，是傣家人用以待客的主食。每年十一月到第二年二月，是西双版纳香竹成材收获的季节，也是吃香竹米饭的好时机。傣家人外出时常会携带竹筒饭，也常用它来招待贵客。

傣族人以大米为主食，菠萝紫米饭（图5-16）也是具有傣族特色的糯米食品，是云南边疆傣族一道独具特色的美味佳肴。菠萝紫米饭甜甜酸酸，香而不腻。其既是主食，也是菜肴，用新鲜菠萝、猪肉和紫米为原料制成。菠萝紫米饭的每一颗饭粒都是紫色的，嚼在嘴里又滑又黏。菠萝紫米饭的外形是一只完整的菠萝，美观大方。而壳内则是菠萝肉、猪肉与紫米饭紧密结合的柔软饭团。米饭吃起来非常爽口，并有补血润肺的功效。傣族酸菜也是傣族喜爱的菜肴，傣族人认为，食酸心爽眼亮、助消化，有消暑解热的功效，故傣味中以酸为美味之冠，每餐无酸不食。酸扒菜、酸笋鱼、酸木瓜煮牛肉、酸菜煮豆腐等，没有"酸"味，

图5-15　傣族竹筒饭

图5-16　菠萝紫米饭

傣家人是吃不香也睡不好的。傣族所有佐餐菜肴及小吃均以酸味为主，如酸笋、酸豌豆粉、酸肉及野生的酸果。傣族人还喜欢吃干的酸菜。其制法极其简单，把青菜晒干，用水煮，加入木瓜汁，让味变酸。这种菜比柠檬还酸，除了本地人吃，很少有人能吃得惯这种菜。傣族人把酸菜当成餐前必有的一种菜。除此之外，傣族人还喜欢吃苦瓜、苦笋、牛胆汁等。

图 5-17　昆虫美食

傣族人还有一个奇特的饮食习俗：吃昆虫（图 5-17）。有人认为昆虫难以下咽，可傣族人不这么认为，除了酸菜菜肴，昆虫也是傣族人菜肴不可缺少的一部分，经常吃蝉和蚂蚁蛋。傣族妇女抓到蝉后，用锅把蝉烘干制成"喃咪蝉"，这种"喃咪蝉"可以清热解毒。傣族人也很喜欢吃蚂蚁蛋，把蚂蚁蛋和鸡蛋一起炸，风味独特。

三、傣族的特色酒文化

傣族的嗜好品有酒、烟、槟榔、茶等。几乎各地傣族都有这些嗜好，嗜酒是傣族的一种古老风俗，在明代就有咂酒之俗，酒已成为宴客必备之物。近现代以来，饮酒更是普遍嗜好，男子早晚两餐多喜饮酒少许，遇有节庆宴会，必痛饮尽醉而后快，且饮酒不限于吃饭时，凡跳舞、唱歌、游乐，必皆以酒随身，边饮边歌舞。所饮之酒多为家庭自酿，傣族男子皆善酿酒，全用谷米酿制，一般度数不高，味香甜。也有度数较高的，如西双版纳迦旋寨出产的一种糯米酒，酒精含量在 60% 以上，酒味香醇，倾入杯中，能起泡沫，久久不散，称为"堆花酒"，远近驰名，被誉为"十二版纳"之佳酿。

四、傣族的特色茶文化

傣族人民早在 300 多年前就开始在勐海大面积栽培茶树。傣族人家的婚丧嫁娶，礼仪活动，都少不了茶。同时，傣族人又善于利用竹子，茶与竹的紧密联系成为傣族茶文化的一个特点。傣家盛茶用竹篮，晒茶用竹席，包茶用竹笋叶，饮茶用竹杯，著名的是竹筒茶也是傣家人的特产。竹筒茶（图 5-18），傣语称为"腊踠"，是传统茶品，其包装取材于西双版纳特有的竹种——凤尾竹，又名观音竹。竹筒茶依节取材，斩决磊落，颇有竹骨坚韧铿锵之气。

图 5-18　竹筒茶

傣族人民爱茶、敬茶、喝茶，西双版纳产茶而且产好茶，浓郁的傣家茶道、茶情别具一格，代代相传，延续至今。

第七节　苗族食俗

一、民族简介

远古时，苗族其先民居住在黄河流域以南、长江流域以北的广大地区。周秦时代的文献中称为"蛮"，汉代移居湘、黔，被称为"武陵蛮""五溪蛮""长沙蛮"。清代，部分苗民由贵州迁入云南。

二、特色饮食习惯及其文化

苗族分布区域广阔，各地自然环境差异较大，因此农作物品种和人们的饮食习惯有所差别，但总体来说，苗族以大米、小麦、苞谷等为主食。苗族特别喜爱吃酸食。相传酸食这种传统习惯的形成是由于他们世居深山峻岭之中，山高路遥、交通不便，很不容易吃上鱼肉类和蔬菜，也缺盐。为了适应日常生活上的需要，苗族便家家户户设置酸坛，制作酸鱼、酸肉、酸菜及其他食物。

图 5-19　酸鱼

图 5-20　酸肉

图 5-21　酸汤

苗家制作酸鱼（图 5-19）多用鲤鱼，鲤鱼大多放养于稻田中，待到秋收季节，鱼稻双收。收获的鱼，除少数鲜食外，大部分都用来做成酸鱼，经久吃用。酸鱼的做法是将鲜鱼用清水洗净，剖开去其内脏，置于酸坛里，撒上一些辣椒面、盐，再与生姜、大蒜、香料拌匀，过三四天后，再将坛里的鱼取出，在酸坛底放上一层糯米饭。根据鱼的多少，一层一层装入酸坛内。摊一层鱼、撒一层糯米面或玉米面，每层都得用手压实。装完以后，再压上一层拌好的糯米饭，接着密封、盖紧。这种酸坛的坛口有一个盛水凹槽，凹槽里放进适当的水，可以使坛内的空间与外界空气隔绝，防止酸鱼氧化变质。这种制作酸鱼的方法，时间越长，味道越好，而且色味形俱佳。

酸肉（图 5-20）制作方法与酸鱼类似。把猪肉切成不大不小的块，在自家设置的酸坛里，按一层肉一层盐的办法，层层压实，待盐溶化后，再把肉取出，在每块肉上，再均匀地搓上糯米饭和酒糟，另加入一些香料和辣椒面，再放进酸坛里，盖严。这样做的肉，不但味道鲜美，而且可以保存一年到两年。

酸汤（图 5-21），苗语称为"禾儿秀"，是苗族人民最爱吃的"常年菜"。酸汤的制作方法是把青菜、白菜、萝卜叶或其他蔬菜洗净煮熟，加上少许特制的酸水，放入坛子中一两天即可。吃的时候，加上一点盐煮沸，掺入辣椒粉调味。酸汤，开胃助食，在夏天喝酸汤，既能解渴，又能消暑提神。所以，酸汤菜成为苗家人餐桌上不可缺少的一道菜。苗家的酸食，除酸鱼、酸肉和独具特色的酸汤之外，还有酸鸭、酸鸡等。这些酸食不仅保证了苗家人家终年有肉、有菜吃，而且还是他们款待客人的独特风味菜点。

三、苗族的特色酒文化

苗族常以酒示敬，以酒传情，不同时间、地点，不同的对象，饮酒的礼俗也有所不同，如拦路酒、进门酒、转转酒、劝杯酒、双杯酒、交杯酒等，不一而足，体现了苗族人民丰富多彩的酒文化。

一家之客也是全寨之客，各家争相宴请，这就是苗族人民的待客之道。用牛角盛酒敬客，是隆重的待客方式。一到苗年之类的盛大节日，主寨方家家户户都做迎客准备，将酒放到芦望场或铜鼓坪上，把客人拥到寨里，由两人举牛角劝饮，鼓乐齐鸣，客人要一饮而尽。客人进家门时要饮"进门酒"，入席时要饮"转转酒""劝杯酒""双杯酒"等，还要唱祝酒歌。桂北地区苗家待客更热情，若客人赶上田头烤鱼尝鲜时，分给你的食物必须吃完，不得求助别人，吃到肚胀后才开始喝酒，敬酒必敬肉，看着客人欲咽不下、欲吐不能的狼狈样，人们会"呜依、呜依"喊叫（意思是"好啊"）。

四、苗族的特色茶文化

茶是苗族的待客饮料，而且种类很多，不同地区的苗族其方式也是不尽相同的。湘西苗家多用油茶（图5-22）待客，做法是把玉米、黄豆、蚕豆、红薯片、麦粉团、芝麻、糯米分别炒熟，用茶油炸一下，存放起来。客人到来，将各种炸品及盐、蒜、胡椒粉放入碗中，用沸茶水冲开，客人必须连喝4碗。有的地方是另一种做法，即把油、盐、姜、菜同炒，再加水煮沸，滤出渣滓，然后在碗内放玉米、黄豆、花生、米花、糯米饭、豆角、红薯丁、葱、蒜、胡椒粉等，冲入沸茶水。喝茶时，如果客

图5-22 油茶

人不想喝了，就把一根筷子架在碗上即可，否则主人会一直斟茶。湖南绥宁县一带苗家多请客人喝"万花茶"，用冬瓜、橘子、南瓜一类的瓜果雕成花、鸟、禽、鱼等形状，经过数道工序制成香、脆、甜的食物。饮用时，取几块放入杯中，冲入沸水。待客时，男女客人分开吃。长者先开杯，佳肴必先敬客。苗家不但喝茶，而且还有表示感谢的茶歌。可以说除了主食文化和酒文化外，苗族的茶文化更是一绝。

第八节　回族食俗

一、民族简介

回族人遍布全国各地，全民信奉伊斯兰教，在居住较集中的地方建有清真寺，又称礼拜寺。回族在长期的历史过程中吸收了汉族、蒙古族、维吾尔族等的生活习俗。回族主要从事农业，有的兼营牧业、手工业。回族还擅长经商，尤以经营饮食业突出。现今，在各行各业的工作岗位上都有回族人民。

二、特色饮食习惯及其文化

回族人主食以面食见长。其品种之多、花样之新、味道之香、技术之精，都是无与伦比的，显示着回族人民的聪明才智。据统计，回族饮食中，面食品种多达60%，而其他品种中，也或多或少地运用到面粉。拉面、馓子、饸饹、长面、麻食、馄饨、油茶、馄馍等，经过回族人的制作，都会成为待客的美味佳品。

图5-23　馄馍

馄馍，是宁夏回族独特的风味面食（图5-23）。相传在北宋末年至西夏建国时，馄馍就开始在回族先民当中制作，元朝民间已经盛行。关于馄馍的来源，有好几种传说，大同小异，但都与回族历史上的野外牧羊生活有关。

传说很早以前，回族牧羊人每次出去都要几天乃至十几天才回来一次。常常在野外生活，且带锅碗。背上米面，还要找水，非常辛苦，时间长了，每一次牧羊人都为此发愁。一个偶然的机会，一位回族老人在别人家发现了两个铜罐，一大一小，能套在一起，既可做饭，又能背水，就花钱买上了。在一次做完后，将剩面放到铜罐里，下午做饭时面已发，当时想做馍馍没蒸笼，也没有锅，就拾了一堆柴准备烧，火大了会烧煳，火小了又怕不熟，后来待虚火着完之后，在草木灰中烧，结果烧成功了。从此，馄馍就一直流传到今天。现在回族民间的馄馍锅有铜的，有铁的，还有铝的。形似当今饭盒，有长方形的，有圆形的。过去回族做馄馍时，将发酵的面加些适量的碱和干面粉，揉成面团，掰成张，卷成棒，然后制上花纹图案，置于抹上香油的馄锅里，放进坑洞里的草木灰里烧，并掌握好火候。馄馍烧出后看上去黄灿灿，吃起来外脆里软，香甜可口。后来馄馍的制作发展到有专门的模具，不用人工做花纹。城市里用馄馍模具在烤箱、烧炉里烤，效果更佳。有的清真饭馆也开始生产，颇受欢迎。

回族妇女擅长制作从唐代就盛行的"油香"。油香（图5-24），是回族对油饼的一种特殊称法，是回族人民嗜好的一种传统食品，凡是回族聚居的地方，都有吃油香的习俗。相传油香是从古波斯的布哈拉和亦思法罕城传入中国的。据僧慧琳在《一切经音义》中说："此油饼本是胡食,中国效之。""油香"现已成为团结、友谊、幸福的象征。

回族特别喜爱吃牛羊肉,这和伊斯兰教的饮食思想有关。伊斯兰教倡导食用牛、羊、鸡、鸭、鱼等肉,忌食猪、驴、骡及凶禽猛兽之肉。最出名的菜肴有羊肉泡馍、手抓羊肉、涮羊肉、羊杂碎(图5-25)等,颇具地方特色和民族风格。羊杂碎经过爱清洁、讲卫生、擅长饮食业的回族人民之手,别具一格,名扬四海。特别是宁夏、甘肃、陕西、青海等地的回族做羊杂碎,历史悠久,富有经验和传统。回族人对吃羊杂碎十分讲究,他们不仅自己喜欢吃,而且作为招待客人的一种名馔佳肴。

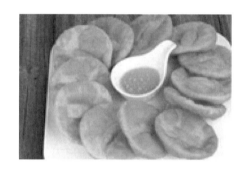

图5-24 油香

图5-25 羊杂碎

三、回族的特色茶文化

茶,是回族人民所喜爱的一种传统饮料,是回族人民生活中必不可少的必需品。回族饮茶的历史悠久,相传回族先民在唐朝贞观年间就开始饮茶。"惟回教初传,曾有一部来自海路,盖居苏杭,产茶之区,回民或此时染有嗜好,移植内地后,仍不改其风。"

盖碗茶(图5-26),是回族传统饮茶风俗。因盛水的盖碗由托盘、喇叭口茶碗和碗盖三部分组成,故称盖碗或三炮台,相传始于唐朝贞观年间。此茶因配料不同而有不同的名称,一般有红糖砖茶、白糖清茶、冰糖窝窝茶、三香茶(茶叶、冰糖、桂圆)、五香茶(冰糖、茶叶、桂圆、葡萄干、杏干)、八宝茶(红枣、枸杞、核桃仁、桂圆、芝麻、葡萄干、白糖、茶叶)等。回族讲究沏茶,认为用雪水、泉水沏茶最佳。若待客泡茶时,当着客人的面,将碗盖揭开,用开水烫一下碗,放入糖、茶及其他原料,然后注入开水加盖,双手捧递,一则表示对客人的尊敬,二则表示这盅茶不是别人喝剩的剩茶。除待客外,还用于自己保健。一般根据不同的季节和自己的身体状况配出不同的茶。夏天多喝茉莉花茶、绿茶,冬天多饮陕青茶,驱寒和胃饮红糖砖茶,消

图5-26 八宝盖碗茶

积化食饮白糖清茶，清热泻火饮冰糖窝窝茶，提神补气、明目益思、强身健胃、延年益寿饮八宝茶。喝盖碗茶时，用托盘托起茶碗，用盖子"刮"几下，使之浓酽。然后把盖子盖得有点倾斜度，用嘴吸着喝。不能拿掉上面的盖子去吹漂在上面的茶叶，不能接连吞饮，要一口一口地慢饮。当喝完一盅还想喝时，碗底要留一点水，不能喝干。实践证明，回族的"八宝盖碗茶"注重科学配方，是良好的养生食品之一。此俗在回族中代代相传，现已被越来越多的兄弟民族所认识、所吸收，为中国的茶文化做出了重要的贡献。

第九节　独龙族食俗

一、民族简介

独龙族是中国人口较少的少数民族之一。男女均散发，少女有文面的习惯。独龙族人相信万物有灵，崇拜自然物，相信有鬼。

二、特色饮食习惯及其文化

独龙族有日食两餐的习惯。早餐一般都是青稞炒面或烧烤马铃薯；晚餐则以玉米、稻米或小米做成的饭为主，也用各种野生植物的块根磨成淀粉做成糕饼或粥食用。独龙族日常菜肴有种植的马铃薯、豆荚、瓜类，也有采集的竹笋、竹叶菜及各种菌类，食用时通常都是配上辣椒、野蒜、食盐后一锅煮熟而食。冬季是独龙族地区狩猎的旺季，猎获的野牛肉是冬季主要肉食，一般先把牛肉风干，然后微火烘烤，再捣成丝状，做成肉松或切成小块，密封在竹筒内保存或随身携带。独龙江盛产各种鱼类，以鳞细皮厚的鱼居多。独龙族食用鱼时喜用明火烤制或煎焙后蘸调料吃，并常把烤制的鱼作为下酒的小菜。

独龙族的饮食方法由以前的石烹进入到现在使用锅具，水煮、烧烤食物而食，菜肴的特色是麻、辣、酥、脆。独龙人独具风味的特色菜肴主要有石板粑粑、烧酒焖鸡、烤岩羊、烧大肠、烩吉咪、河麻芋头等，其中最具特色的佳肴当属石板粑粑。石板粑粑是贡山县独龙族的古老食品，其古就古在仍然保留古朴的烹调方法，以当地特制的一种石板当锅，摊入荞面浆烙制而成。烙制石板粑粑时，用淀粉、鸟蛋和成糊状，然后倒在烧热的石板锅上，随烙随食，香甜适口，别具风味。此外，蜂蛹是独龙族民间最讲究的菜肴之一，有说独龙族百岁老人较多，与常食蜂蛹有关。

三、独龙族的特色酒文化

酒在独龙人的传统交往中具有特殊的重要位置，人们普遍认为宁可饿着肚子，也不能在亲友互访、生产协作、婚丧嫁娶、宗教仪式和节庆过年时无酒。

云南怒江贡山一带的独龙族男女老少都喜好饮酒，每当收获季节，家家户户都酿酒。独龙族人酿酒不用土坛而用竹筒。酿制时他们选用最好的竹，将竹子做成酒筒，然后将煮熟的玉米、小米、鸡脚稗、苦荞和青稞等杂粮，拌上药酒装进竹筒里，用厚实的芭蕉叶将竹筒的周围上下捂住。7天后，将竹筒盖打开，即可喝到醇香的竹筒酒（图5-27）了。

独龙族中饮酒风气比较盛行，每年收成的农作物约近一半耗之于煮酒豪饮。在饮酒时，要由家庭主妇来分配，男女老幼平均每人分一份，如有客人来，也有客人一份。竹筒酒还被用作订婚的礼酒和年节喜庆的喜酒。每年农历腊月，独龙族人要过"卡秋哇"年节，日期由家族首领择日举行。届时，要用木刻或结绳作为请柬，邀请其他各家族的成员来参加。接到请柬的家庭准备好礼物前往祝贺。客人们一进寨门，主人们就热情迎上去。主客先共饮一竹筒交杯酒，表示友谊长存，并要

图 5-27 独龙族竹筒酒

互相对歌。然后跳起他们的民族舞蹈。歌舞结束后，全寨的各家各户把准备好的佳肴端到舞场，人们围坐在一起，共饮他们特色的竹筒酒。

四、独龙族的特色茶文化

独龙族人有"打茶"的习惯，这个习惯可能是从藏族地区传入的。独龙族不种茶，多购买砖茶，煮沸后就饭食而饮，打茶常用来招待客人。打茶的竹制茶筒长 60~70cm，口径约 10cm，内置一个能够上下抽动的竹柄木塞，其直径比茶筒的口径稍小，竹柄长度高出竹筒约 20cm。打茶时先将煮好的茶水倒入茶筒，放入熟的动植物油脂（酥油、核桃油、鸡油、猪油、肥肉丁等皆可）、食盐和一种有香味的苏麻子，手操竹柄木塞上下反复抽动，将搅拌均匀的茶水倒出饮用。其色浅褐、味咸香，具有提神解乏的功效，是一种很好的滋补饮品。

第十节 维吾尔族食俗

一、民族简介

"维吾尔"是维吾尔族的自称，意为"联合"。维吾尔族主要聚居在新疆维吾尔自治区天山以南的喀什、和田一带和阿克苏、库尔勒地区。维吾尔族的饮食从原来的以肉、乳为主转变为现在以谷物为主、以肉为辅。

二、特色饮食习惯及其文化

馕，是维吾尔族饮食文化中别具特色的一种食品，已有 2000 多年的历史。馕的品种很多（图 5-28），常见的有肉馕、油馕、窝窝馕、芝麻馕、片馕、希尔曼馕等。据考证，"馕"字源于波斯语，流行在阿拉伯半岛、土耳其、中亚细亚各国。维吾尔族原先把馕称为"艾买克"，直到伊斯兰教传入新疆后，才改称"馕"。烤馕是吐鲁番维吾尔族最主要的面食品。"可以一日无菜，但绝不可以一日无馕"足以证明馕在维吾尔族人民生活中

图 5-28 大馕

的重要地位。做馕的技术在维吾尔族人中几乎是普及的，无论男女都会做，特别是在招待客人时，他们会拿出各种各样的馕。

维吾尔族除馕以外，还喜食牛、羊肉。新疆盛产绵羊，由此维吾尔族便有了烤羊肉串（图5-29）的习俗。烤羊肉串维吾尔语为"喀瓦甫"。烤羊肉串在吐鲁番是最有名的民族风味小吃。开胃健力的羊肉是新疆人的主要肉食。

图5-29 烤羊肉串

图5-30 手抓饭

与羊肉串相媲美的手抓饭（图5-30），也是维吾尔族的传统风味食品。在新疆维吾尔、乌孜别克等民族地区，逢年过节、婚丧娶嫁的日子里，都必备抓饭待客。他们的传统习惯是请客人围坐在桌子旁，上面铺上一块干净的餐巾。随后主人一手端盘，一手执壶，逐个让客人净手，并递给干净毛巾擦干。然后主人端来几盘抓饭，置餐巾上（习惯是二三人一盘），请客人直接用手从盘中抓吃，故取名为"抓饭"。

三、维吾尔族的特色茶文化

新疆的维吾尔族是一个喜欢喝茶的民族，一年四季都离不开茶，同时茶水也是维吾尔族人用来招待客人的一种饮料。维吾尔族人之所以爱喝茶，这大概和新疆的地理环境和生活习惯有关。新疆气候干燥，蔬菜少，肉食多，喝茶既可以满足和补充蔬菜中的一些营养，也可助消化，所以茶水显得尤为重要，有"宁可一日无食，不可一日无茶""无茶则病"之说。饮茶发展到现在已成为维吾尔文化中独具特色的一部分。

第十一节 羌族食俗

一、民族简介

羌族，自称尔玛，是中国西南的一个古老民族。今天的羌族正是古代羌支中保留羌族族称以及最传统文化的一支，羌族地区至今仍保留原始宗教，盛行万物有灵、多种信仰的灵物崇拜。

二、特色饮食习惯及其文化

羌族人民的主要食物有玉米、小麦、青稞、胡豆、黄豆、豌豆、荞麦等,还有从川西平原运来的大米、面粉等。羌族民间大都一日两餐,即吃早饭后出去劳动,要带上馍馍(玉米面馍)(图5-31),中午就在地里吃,称为"打尖",下午收工回家吃晚餐。羌族制作饮食、烹调较简,常见方法是玉米粥内加蔬菜,称"麦拉子";还有玉米面或麦面做的馍馍或玉米蒸蒸,称为"面蒸蒸";用大米煮到半生拌玉米面蒸熟,此饭如以玉米面为主,称为"金裹银",以大米为主称作"银裹金";用麦面片加肉片煮熟称为"烩面";沸水加玉米粉煮成糊状,称为"面汤",继续加玉米粉搅稠,以筷子可拈起为度,称为"搅团";把玉米、青稞或小麦制成炒面用以放牧或外出时食用,这些都是常吃的主食。此外,用小麦粉和玉米粉混合做成馍放入火塘上烤熟,也是羌族日常主要食品之一。

图5-31 羌族妇女做的玉米面馍

图5-32 烟熏猪膘

羌族人民食用的蔬菜有圆根萝卜、白菜、辣椒、莲花白等,由于吃鲜菜的时间只有几个月,羌族人民常吃自己泡制的酸菜,以及青菜做成的腌菜。

羌族人民的肉食以牛、羊、猪、鸡肉为主,兼食鱼和狩猎兽肉。散居在山区的羌族平时很少吃新鲜猪肉,一般在冬至后杀猪,猪肉切成长条挂在灶房房梁上,以烟熏成"猪膘"(图5-32),颜色熏黄为好,传统的观念是,这种"猪膘"存放得越久越好。烟熏后的"猪膘"主要有两种食用方法,一是与蔬菜同煮,熟后捞起猪膘,切成长方形大片盛入碗中即可食用;二是将猪膘切成小块同菜一起炒,作用是以猪膘代油,还要加些花椒和辣椒提味。除了做成烟熏"猪膘"外,宰杀年猪时,羌族喜欢把新鲜瘦肉洗净后灌进小肠做成香肠,把猪血灌进猪大肠做成血肠,这两种食物一般都在年节食用,是宴客吃酒时的一种上肴。

此外,羌族特别讲究药膳,较为典型的药膳菜有:羊肉附片汤、羊归汤、猪肉炖杜仲。以上三种都能补肾。黄芪炖鸡或黄芪(当归、党参也可)加上几两炖猪肉也能补血益气。虫草炖鸭,能滋阴补肺益肾。

三、羌族的特色酒文化

羌族酿酒的历史非常悠久,原因之一是古羌人的一支首先从事农业。原因之二是,"禹兴于西羌"，而我国酿酒先圣仪狄是禹之臣。羌族男人皆有海量，所以虽喜豪饮，却很少烂醉滋事。独特的饮酒方式是喝咂酒。羌族无论男女老少，均喜饮用青稞、大麦自家酿制的咂酒。咂酒的制法是用青稞煮熟拌上酒曲，封入坛内，发酵7~8天后即可，饮时启封，注入开水，插上竹管，众人轮流吸吮，因而称为喝"咂酒"。饮时先由在场的最年长者讲四言八句合辙押韵的吉利话，作为"祝酒词"，然后按年龄长幼依次轮咂。平辈们在一起饮咂酒，可以每人插一长竹管于坛中，同时饮用。有诗为证："万颗明珠一坛收，王侯将相尽低头。双手抱定朝天柱，吸得黄河水倒流。"

羌族民间还有"重阳酒""玉麦蒸蒸酒"。每逢节日、婚丧、祭祀、聚会、待客或换工劳动，除饭菜丰盛外，还必备美酒。重阳节酿制的酒称为重阳酒，需贮存一年以上方可饮用，重阳酒因贮存时间较长，呈紫红色，酒醇味香，是重阳节期间必不可少的美酒。

第十二节　满族食俗

一、民族简介

满族，原称满洲族，是中国最古老的民族之一。满族的先民最早可追溯到公元前 11 世纪的肃慎。战国之后，肃慎的后裔称"挹娄"。在南北朝时期，挹娄后代被称为"勿吉"，隋唐时，又被称为"靺鞨"。满族散居中国各地，主要居住在东北三省、河北省和内蒙古自治区。

二、特色饮食习惯及其文化

满族，这个勤劳而智慧的民族善于依据自己生活的地理环境、物产特点、宗教信仰和风俗习惯等，创制出具有自己民族特色的丰富而典型的传统饮食，形成了独具风味的满族饮食文化。

一说到满族的饮食，人们肯定会想到四个字——满汉全席。满汉全席是满、汉族合宴的名称，它是我国一种具有浓郁民族色彩的巨型筵宴，是中华民族饮食文化的重要组成部分。

图 5-33　白肉血肠

满族以稻米、面粉为主食，同时满族人民也爱吃猪肉，尤喜食"白煮"菜。典型的食品是白肉血肠（图 5-33）、什锦火锅。白肉血肠是满族风味名菜，原是祭祀中的供品。白肉满语称作"阿木孙"肉，也称"努尔哈赤黄金肉"。此菜是用新鲜猪血灌制，文火煮熟，将其切成薄片，放在肉汤或鸡汤中，加酸菜丝、精盐等调料制成。在满族的故乡至今仍有专做白肉血肠的饭馆，一些从外地来的人往往把品尝这独具风味的白肉血肠同游览白山黑水的美好风光，共加赞贺。

萨其玛（图5-34）是满族人的一种传统糕点，老一辈的人称它满洲饽饽，还有人给它起了汉语翻译，称为糖缠或金丝糕，不过大部分的人还是喜欢称它萨其玛。这是一个大家从小吃到大的点心。

图 5-34　萨其玛

关于这道点心的由来，流传着一个有趣的说法：据说清朝在广州任职的一位满族将军，姓萨，喜爱骑马打猎，而且每次打猎后都一定要吃点心，还不能重复。有一次萨将军出门打猎前，特别吩咐厨师要"来点新鲜的玩意儿"，若是不能令他满意，就准备回家吃自己。负责点心的厨师一听，自然万分紧张，一个失神就将蘸上蛋液的点心炸碎了，偏偏这时将军又催着要点心，厨师一火大骂了一句"杀那个骑马的"，才慌慌忙忙地端出点心来。想不到，萨将军吃了之后相当满意，问起这道点心的名字，厨师惊魂未定，随即回了句："杀骑马。"结果将军听成了"萨骑马"，想说自己姓萨又爱骑马，倒也挺妙的，还连声称赞，萨其玛因而得名。

三、满族的特色酒文化

酒，满语称"阿鲁克艾"。满族先氏早就有饮酒风习。酒对满族先民度过寒冷的冬天起一定的作用，同时，也对他们的性格塑造产生一定影响，它使勇敢的满族先民更加勇敢。古籍中记载：女真人嚼米酿酒，饮能至醉。女真皇帝金世宗回故里上京（今黑龙江省阿城区境内），宴宗室于皇武殿，君臣欢饮。当时，亲戚团聚，朋友幸会，战士出征，都用酒助兴，以酒壮胆。延至清太祖努尔哈赤时，饮酒之风更烈。宴会、盟誓都离不开酒。只是饮酒的方式颇为别致，不像汉族等民族，先喝酒，再吃饭，而是食罢以薄酒传杯而饮。

四、满族的特色茶文化

据《松漠纪闻》记载：女真人在婚嫁喜庆之日，饮酒之后，仅留上等客人饮茶，可见茶食之贵重。满族在入关前，喜饮马奶、牛奶、羊奶。入关后，受汉族饮茶习俗的影响，城镇的满族也开始饮茶，以绿茶、花茶为主，也有饮红茶者。而且待客必有茶，其茶具多为带盖的瓷茶碗，精巧美观，琳琅满目。农村满族人也有饮茶习惯，不过他们饮的大多是自己制作的土茶，如有用春天嫩柳芽焙制的柳蕾茶，常用来待客，喝了能清火败火明目。陶弘景在《伤科补要》中记载："柳叶煎水可洗疮。"李时珍《本草纲目》中论："柳根可治黄疸、百浊。酒煮熨，可治风肿，止痛，消肿去瘀。"可见柳蕾茶是有一定健身疗效的。还有一种土茶，用野玫瑰叶（间或有少量的花）、黄芪、达子香（一种山杜鹃花）叶晒干泡饮，也十分清香。用炒煳的小米泡茶，也是一种饭后助消化的土茶。依兰、双城一带满族还喜饮一种酸茶，用黄米面加豆面发酵后，熬沸饮用，味带酸甜，十分好喝。

第十三节　鄂伦春族食俗

一、民族简介

鄂伦春族是我国人口数量较少的一个民族，他们居住分散，主要居住在内蒙古自治区呼伦贝尔市及黑龙江省的大兴安岭林区，从事狩猎和农业。"鄂伦春"一词有两种含义，为"使用驯鹿的人"和"山岭上的人"。

二、特色饮食习惯及其文化

鄂伦春族从事狩猎业、林业，部分兼营农业、采集和捕鱼。鄂伦春族过去一直以各种兽肉为主食，一般日食一两餐，用餐时间不固定。冬季在太阳未出前用餐，餐后出猎；夏天则早晨先出猎，猎归后再用早餐，有时在猎区过夜。鄂伦春族食用最多的是狍子，其次是犴（驼鹿）（图5-35），而犴鼻更是被视为美味佳肴。兽肉食用方法大都习惯于煮、烤、涮和炖，煮肉时将带骨肉块煮至半熟捞出，用刀割取蘸盐水食用。在食用带血筋的狍子时，尤其喜欢将煮过的肉及其肝脑切碎拌和，再拌上野猪油和野葱花而食。另外，猎民们还喜欢生食狍肾和狍肝，每当猎获到狍子后，便会就地开膛破肚，取出鲜嫩的肾和肝分而食之，他们认为生食动物的肾和肝对人有明目健身的作用。鄂伦春族食肉面很广，除森林里各种野兽外，还捕食飞禽和河里的鱼类。然而这些已经成为历史，现在鄂伦春族人民的饮食结构已经发生很大变化。

以前，鄂伦春族不种蔬菜，野生的柳蒿芽（图5-36）一直是他们非常喜爱也是重要的菜肴。柳蒿芽是长在河边、谷地的一种野生植物，味鲜美、清香，不仅具有很高的食用价值，据说还有奇特的药用价值，对感冒发烧、胃肠不适及高血压、糖尿病等均有一定疗效。每到春夏时节，妇女们便背包挎筐去采集。采集来的柳蒿芽可当即食用，也可晒干备用。

图5-35　犴

图5-36　柳蒿芽

如今，鄂伦春族的饮食结构不仅蔬菜品种十分丰富，主食方面也渐渐多了米面、玉米、马铃薯等食物，并赋予其独特的民族风俗，如用大米或小米煮成的苏米逊（稀饭）、老夸太

（黏粥）和干饭，用面粉制作的高鲁布达（面片）、卡布沙嫩（油饼），有时也吃"谢纳温"（饺子）。用冷水和面，不加酵素等补充物，把面提成空心圆圈，埋入木灰里做成的烧面圈（布拉玛日）。鄂伦春族的饮食习惯也有了一定的改变，他们开始习惯将肉切块炒、炸或配以蔬菜制作成菜肴。

三、鄂伦春族的特色酒文化

酒在鄂伦春族的历史上有着举足轻重的地位。由于酒具有提神、驱寒、解乏的功效，因而对于生活在寒冷地区的鄂伦春人来说是生活中的必需品，成年男女都好饮酒，他们常以饮酒的方式来驱除潮湿和风寒，舒筋活血。鄂伦春族共有两类酒：一种是白酒，鄂伦春语称"阿拉开衣"，都是外地输入的，喝酒时用茶碗或桦树皮碗盛酒；一种是马奶酒，用马奶、小米和稷子米放在一起，发酵一周多，然后用蒸酒器蒸，家家都能自酿。

四、其他特色食品文化

除了丰富多彩的饮食外，鄂伦春族的食俗更是充满特色。在婚礼、节日或款待贵宾时，鄂伦春人常举行丰盛的狍肉宴，以狍肉为主制作美味佳肴，其中婚礼狍肉宴是最为讲究的。按照鄂伦春人的传统习俗，新婚的男女双方家均须举行一次。婚礼狍肉宴须由一名德高望重的长者主刀，所用狍子必须是生擒的一对。剥下的狍子皮要放在火上烤焦，据说这是为了让烟雾带着狍皮被烤焦的特殊香味弥漫整个猎乡，让所有的人都能分享婚礼的欢乐与幸福。

鄂伦春族待人纯朴、诚恳，有客来，一定盛情招待。若遇猎归，不论是否相识，只要说想要一点肉，定会将猎刀递去，任由割取。鄂伦春人在饮食上有较多的饮食禁忌，如规定妇女在生理期或产期内不吃兽的头和心脏；在吃熊肉时要学乌鸦叫，意思是告诉山里的熊是乌鸦在吃熊肉；不准向"仙人柱"（帐房）中升起的篝火吐痰、洒水；每次饮食要先敬火神和山神；不许射击正在交配的野兽；猎获鹿、犴、熊或野猪后，开膛时心脏和舌头须连在一起，不能随便割断；丧偶之后，三年内不能吃兽头和内脏。

第十四节　高山族食俗

一、民族简介

高山族，主要居住在我国台湾省，也有少数散居在福建、浙江等沿海地区。高山族是台湾省境内少数民族的统称。高山族以稻作农耕经济为主，以渔猎生产为辅。高山族的手工工艺主要有纺织、竹编、藤编、刳木、雕刻、削竹和制陶等。

二、特色饮食及其文化

高山族的饮食文化以福建闽南饮食文化为主，同时结合了中国各地的饮食文化特点，形成丰富多彩的特色。高山族的经济属于农耕和渔耕采集型经济，以谷类和根茎类为主要饮食，山区以粟、旱稻为主粮，平原以水稻为主粮。高山族也是一日三餐。在主食的制作方法

图 5-37　烤鹿肉

上，大部分高山族都喜把稻米煮成饭，或将糯米、玉米面蒸成糕与糍粑。肉类主要是猎获的熊、鹿、兔、鸠、山猪、山羊和自养的猪、鸡以及捕捞的鱼、蟹、鳖、虾等水产品。烤鹿肉（图 5-37）和酸鹿肉是高山族的风味肉类佳肴，烤鹿肉一般是将新鲜鹿肉切成小块，用竹条穿好，撒上盐、生姜等调料，然后用木炭烧烤，烤出来的鹿肉香气四溢，是高山族饮食中的上等佳品。酸鹿肉是把新鲜鹿肉切成小块，与凉米饭掺在一起加盐放入坛内密封，一个月左右发酵成熟，吃起来特别爽口，食用方便。高山族所食蔬菜比较广泛，大部分靠种植，少量依靠采集，常见的有南瓜、韭菜、萝卜、白菜、马铃薯、豆类、辣椒、姜和各种山笋野菜。高山族普遍爱食用生姜，有的直接用姜蘸盐当菜，有的用盐加辣椒腌制。他们享用的水果种类也很多，除常见的以外，还有柚子、面包果、椰子等。

图 5-38　赛夏人制作的糯米饭

由于高山族各族群居住的自然环境和进化程度不同，他们的饮食习惯又各具特色。如赛夏人喜欢用糯米或糯粟捣成米糕，或用棕叶裹糯米饭（图 5-38），与汉族的粽子相差无几，或用米与薯、芋、豆类或蔬菜混合煮成咸饭或糜粥；在高山族中只有阿美人和泰雅人能自己生产食盐，其他的部族则通过用土特产品与汉族同胞交换食盐；布衣人的副食品中有腊肉或肉干、晾晒的野菜和菜干，但是数量不多，如有猎获的野味或鱼时，则酿酒煮肉，邀来亲朋好友，欢聚一堂；雅美人日常以芋薯为主食，品种很多，他们的果林园艺很发达，但蔬菜却种植得很少，所以，妇女和儿童只好常采摘野生植物瓜果和贝类作为食物辅食；平埔人是高山族中受汉族同胞的影响较早的，16 世纪就开始以稻米为主食，但由于种植面积少，产量不高，每年所种只够他们自家一年食用。

总体来说，高山族的烹饪习惯通常为蒸、烤、煮、烧、腌、拌等，调味品习惯用葱、姜、山胡椒、辣椒、盐和蜂蜜，口味偏好酸香肥糯，饮食风俗带有热带山乡风情。特色名菜主要有三元及第、芥菜长年、香烤墨鱼、萝卜缨菜、干贝烘蛋、芋头肉羹、南瓜汤、发家鸡、蒜薹熬鱼、黄笋猪脚、金玉满堂、马铃薯烧肉等。炊煮是高山族最为普遍的烹饪方式，大米、粟、玉米或者芋薯等主食，一般都加水煮成干饭或稀粥，有时也把芋薯或蔬菜加在饭、粥之中。鱼肉也常以煮食为主。他们平时很少用蒸食法，只有在喜庆的节日或隆重的祭祀仪式上，才将糯米、黏小米蒸制成米糕，酿酒的时候也有用蒸馏法的。对于芋头、薯类和鱼肉、兽肉等，他们喜欢用烘烤的方法。阿美人在出猎或渔获回来后，就把鱼或兽肉插在竹竿上，或者悬挂在竹架上，下面烧起熊熊的柴火，一直到鱼油、肉油滴到火上"噼啪"作响，才停火食用，那香甜脆软的鱼肉、兽肉想起来就让人垂涎欲滴。

早期高山族食皆用手，后来逐渐吸收了汉民族的饮食方式，改用筷子。不过，不少高山族部落仍保留着不少传统的特色，如部分人还保留着生食和半生食肉类的习惯，兰屿的雅美人吃鱼有男女之别限制。高山族大多不食动物的头和尾，在祭仪、出猎、丧葬等特殊场合，禁忌食鱼，他们认为腥是不吉利的。孕妇夫妇禁食动物血与内脏（怕难产），禁食并生的果实（怕生双胞胎）。

高山族过去一般不喝开水，也无饮茶的习惯。泰雅人喜用生姜或辣椒泡的凉水作为饮料。据说此种饮料有治腹痛的功能。过去上山狩猎时，还有饮兽血之习。

三、高山族的特色酒文化

酒，在高山族的饮食文化中占据相当重要的地位，除了阿美人之外，其他高山族族群几乎都嗜好饮酒。对高山族来说，饮酒不只是男人的专利，高山族人不论男女都嗜酒，一般都是饮用自家酿制的米酒，并呈现出特有的饮酒文化。

高山族是个善于酿酒的民族，根据酿酒的原料不同，高山族的酒可分为米酒、粟酒、薯酒、黍酒、山药酒等几种。酿酒是高山族女子的一项主要工作，因此在高山族男子眼里，判断一个女子是否贤惠有三个标准：其一是善于织布，其二是会饲养家禽家畜，其三就是能酿造美酒。

在高山族人民眼中，水可以不喝，但酒是不能不饮的。高山族饮酒的习惯与居住的环境、劳作的需要和与大自然搏击时需要的勇气是有直接关系的。在他们日常生活和社交生活中，到处可以寻见酒的影子。不论是婚礼、分娩、节庆、建房还是狩猎、渔捞、宗教祭祀，个个离不开酒。为此，他们常事先酿好酒，到时酒宴狂欢，牵手歌舞，尽欢尽醉，以达到忘记一切烦恼的境界。

图 5-39　高山族双连杯

双连杯或三连杯，是一种用长木头挖刻并雕有花纹图案的木杯。双连杯的形状很多，一般杯子为八角形的，双连杯（图 5-39）的中间长柄上刻有蛇纹或者人头、兽形纹，杯的外部涂着红色或者黑色的油漆，使人感觉古朴典雅。除了双连杯、三连杯外，高山族的酒具中还有木酒杯。

双连杯常常作为酒杯用于部落媾和与结婚欢庆。饮酒时一人右手执杯的右柄，另一个左手执杯的左柄，各自用嘴对杯口，同时饮入。在一些节庆中，恋人们也常常使用双连杯。饮酒时恋人们两人合持双连酒杯，并肩并唇，将木杯里的酒从口中灌入，溢满嘴边、脖子，倾流在衣服上，然后双双携手同歌同舞。此外，高山族人也用双连、三连杯互相拉肩靠拢进行亲切的会饮，俗称"兄弟饮"。

🔍 思考题

除了本章介绍的民族饮食风俗外，谈谈自己所了解的中国其他民族的饮食风俗。

食品文化的地域性

6

　　"一方水土养育一方人"，地理环境是人类生存活动的客观条件，人类为了生存下去必须充分利用客观条件改变自己所处的环境，以便最大效能地获取必需的生活资料。不同地域的人们因为获取生活资料的方式、难易程度及气候因素等不同，自然产生并累积了不同的饮食习俗，最终形成悬殊多姿的饮食文化。中国地域辽阔，物产分布各异，饮食习惯与风味差异较大。《黄帝内经》记载东方之民食鱼而嗜咸，西方之民华食而脂肥，北方之民乐野处而乳食，南方之民嗜酸而食腐。可见早在远古时期，中华食俗就表现出它的地域性。中华食品文化的地域性主要以菜点为中心，下面介绍中国八大菜系与地方风味。

　　另外，食品文化的地域性并不局限于中国，世界各国的食品文化也明显展示了它们的地域性，下面也将世界中比较有代表性的国家的食品特点以及食品文化加以简介。

第一节　中华食品文化与地方风味

　　古谚云："十里不同风。"中国历史悠久、地大物博、人口众多，地域差别较大，形成了丰富的地方风味。有的学者又称其为"饮食文化圈"或"饮食文化区"，所表达和反映的均是中国饮食文化的区域属性与特征。并且认为经过漫长历史过程的发生、发展、整合的不断运动，中国域内大致形成了十二个饮食文化圈。各饮食文化圈的形成先后和演变时空均有各自的特点，他们在相互补益促进、制约影响的系统结构中，始终处于生息整合的运动状态。

　　人们从烹饪的角度曾将中国的菜分为四大菜系：鲁菜、苏菜、川菜、粤菜；或分为八大菜系：鲁菜、苏菜、川菜、粤菜、湘菜、闽菜、徽菜、浙菜；或又分成十大菜系，即在八大菜系上再加上北京菜、上海菜。菜系的前身提法是"帮口"，是中国烹饪的风味体系。其实对于世界来说，中国菜系是相对于法国菜、土耳其菜等的一个独立的、有鲜明特色、悠久历史文化的菜系。在中国菜系中，人们分为四大、八大、十大菜系，再从细里说，又不止这些，于是又有地方菜系之说，认为可按行政区来分，如此等等。不管划分是否符合实际情况与逻辑之律，但足以可见，中国饮食文化中地方风味呈现出特别的丰富性、多样性，而这些地方风味又正是中国民俗的重要内容。各地的中国人是怎样于彼土彼水，于彼生彼长，于彼烹彼调中吃的，吃什么，怎样吃，于是形成风味与风俗。这里仅概略述之。

一、鲁菜与地方风味

山东饮食文化极其深厚，在上古已积淀下丰厚的饮食文化。北魏《齐民要术》中记录山东的菜肴、面点、小吃达百种以上，烹饪制作方法众多，不少名食已形成。由唐宋至明清，山东风味已确立，今天"鲁菜"在国内外均有很大影响。

山东菜既有内陆风味的济南菜，又有沿海风味的胶东菜，还有孔府菜。济南菜烹饪技法以爆、烧、炒、炸等见长，菜肴以清、鲜、脆、嫩著称，口味浓厚鲜咸，有鲜明的济南地方特色。胶东菜因地制宜，利用丰富的海产资源为饮食原料，口味以鲜为主，偏于清淡。曲阜孔府菜又自有特色，继承了孔子"食不厌精，脍不厌细"等饮食文化观，选料严、制作精，这是中国食品文化中一朵灿烂的奇葩。

图6-1 鲁菜——焦熘肥肠

山东人喜欢生食葱蒜，这种民间习俗也随着鲁菜中的烤鸭、锅烧肘子、清炸大肠、炸脂盖、焦熘肥肠等进入了高级宴席（图6-1）。鲁菜还常用豆豉、豉汁来调味，这种习俗可以追溯到春秋、战国时期，而一直绵延至当代，这也让人惊叹食俗中所深藏的历史及其强大的生命力。

二、苏菜与地方风味

苏菜，主要由淮扬、金陵、苏锡、徐海四帮地方风味菜构成（图6-2）。

淮扬菜，以扬州、镇江为中心，还包括南通、淮阴等地区。淮扬菜，刀工精细，注重火工，善于运用炖、焖、煨等技法，注重菜肴的色泽鲜艳，造型生动，其味鲜嫩平和。淮扬风味小吃历史源远流长，乡土气息浓郁，明清时期扬州就以各种面点数十种而"美甲天下"。

金陵菜，即南京菜，能兼取四面之美，适八方之味，故有"京苏大菜"之称。南京的"三炖"，炖生敲、炖菜核、炖鸡孚；又有所谓"金陵三叉"，叉烤鸭、叉烤鱼、叉烤乳猪，均于刀工、火工特别讲究。南京菜以鸭馔最具地方特色。

苏锡菜，是以苏州、无锡为中心，包括常熟、江阴、宜兴等地的风味菜。其地善于烹制

图6-2 苏菜——清炖蟹粉狮子头

水产，以甜出头、咸收口，讲究浓油、赤酱、重糖。苏锡菜也重刀工、火工。苏州"三鸡"的西瓜鸡、早红橘络鸡、常熟叫花鸡等即是代表。苏州的碧螺虾仁、雪花蟹斗、母油船鸭，无锡的脆鳝、香松银鱼、锅巴虾仁等都让人品味到苏锡菜的色美、形美、味美。

徐海菜，源于徐州、连云港等地。徐州风味受鲁豫影响较大，连云港风味则受淮扬菜影响较大，总体上是口味平和，兼适四方，风味古朴。

苏菜风味与该地区悠久的饮食文化积淀有密切关系。从上古时期名厨太和公、专诸、彭铿一直延至今日，其中积累极其丰厚，足资借鉴开发利用，在老树上绽出一朵朵饮食新花。

三、川菜与地方风味

川菜，其饮食文化积淀也极其丰厚，如文君当垆、相如涤器等，人尽知之。两宋时"川食""川菜"进入汴京、临安市肆，为其风味奠定了基础。明清之际，辣椒传入四川，川味更具特色。今有所谓"食在中国，味在四川"之说，可见影响之大。

图6-3 川菜——鱼香肉丝

图6-4 钟水饺

四川风味由为成都（上河帮）风味、重庆（下河帮）风味、自贡（小河帮）风味组成，风味小吃则还有川东、川北地区。其川味的主要特色是：取料广泛，因天府之国物产极为丰富；调味多样，为中国地方风味菜中首屈一指；适应性强，其烹饪技法有50多种；名食繁多，如宫保鸡丁、麻婆豆腐、樟茶鸭子、鱼香肉丝（图6-3）等，美不胜收。其小吃已达到500种以上，可见其丰盛多样。

川菜有百菜百味之誉，如有家常味（咸鲜微辣）、鱼香味（咸甜酸辣辛而兼有鱼香味）、怪味（咸甜酸辣香鲜，各味谐和）、红油味、麻辣味、酸辣味、椒麻味、椒盐味、甜香味、咸甜味、姜汁味等，不少于20种。有学者这样写道：品味过川菜的人，无不对其复合调味拍案叫绝。川菜厨师在烹调用料时十分注意层次分明，恰如其分，食客在品尝川菜时，会有甜、酸、麻、辣、苦、香、咸诸味高低起伏的感觉。如同是麻辣的水煮肉片和麻婆豆腐，其口味就各具特色。辣味用料上有油辣椒、泡辣椒、干辣椒、辣椒粉之别，运用中注意浓淡相宜，烹出的菜肴辣而不燥，辣而不烈。还有荔枝味、糖醋味都以盐、糖、醋为基本调料，但风味却各异。糖醋味菜式一入口即是甜酸，咸味微弱。荔枝味却咸甜酸并重，在酸甜的感觉上则是一个先酸后甜的过程。尤有怪味，融咸、甜、麻、辣、酸、鲜、香为一体，用十余种调味品互相配合，彼此共存，在食用时感到其味反复多样，味中有味，十分和谐，被誉为"川菜中和声重叠的交响乐"。可见四川菜的神韵在于——百菜百味，一菜一格。另外四川小吃也可谓百食百味，百吃百美，著名的如赖汤圆、钟水饺（图6-4）、龙抄手、担担面、夫妻肺片、青城白果糕、三合泥、山城小汤圆、九圆包子、牦牛肉、提丝发糕、鸡丝凉面、八宝枣糕、鸳鸯叶儿粑、泸州白糕、猪儿粑、川北凉粉、灯影牛肉等。那些名称也极有意思，其他地方称馄饨，在四川称"抄手"，旧时还有用龙抄手、吴抄手、矮子抄手等命名抄手店的。

四、粤菜与地方风味

粤菜即广东菜，由广州菜、潮州菜、东江菜、海南菜组成，为较大的菜系之一。

清屈大均《广东新语》（图6-5）："天下所有之食货，粤东几近有之，粤东所有之有食之货天下未必尽有也。"从这里也许就能读出粤菜原料是非常丰富的，而且当地百姓又敢于吃、善于吃，早在唐代韩愈被贬至潮州时，就看到当地居民吃鲨、蛇、蒲鱼、青蛙、景鱼、江瑶柱等数十种异物，感到很独特。

图6-5　《广东新语》

广东属亚热带，天气炎热，这也给食俗带来很大的影响，因天气热故粤菜较重汤菜（图6-6）。粤菜又可分为四大地方风味菜。

一是广州菜肴。包括珠江三角洲和肇庆、韶关、湛江等地菜肴。其风味特色是用料广泛，选料精细，烹饪技法多而善于变化，注重火候，菜肴清、嫩、鲜，力求保持原汁原味。二是潮州菜，源于潮州、汕头、饶平、惠来等地，长于烹制涨鲜类菜肴，汤类、素菜、甜菜最具特色。三是东江菜，又称客家菜，菜肴多以禽畜为原料，主料突出，造型古朴，酥烂浓香，口味偏咸，有"无鸡不清，无鸭不香，无肉不鲜，无肘不浓"之说。四是海南菜，其名产甚众，如文昌鸡、嘉积鸭，万宁东山的东山羊、和乐蟹、港北对虾、后安鲻鱼。其烹调风格用料重新鲜，少浓口重味。有热带菜之特色。

图6-6　粤菜汤菜

粤菜食俗联系着深广的历史文化，其中历史上多次中原人向岭南移民，清末大量广东人流到海外，近代列强用坚船利炮轰开中国南大门，中外文化在这时碰撞与交融，粤东山区的客家人文化等，使粤菜食俗在中国菜中独具一格，而且越来越多的人喜欢吃粤菜，世界各地粤菜饭馆也开得越来越多。

五、湘菜与地方风味

湘菜，源于湘江流域、洞庭湖区。此地区饮食文化积淀也极其丰富，《楚辞》《吕氏春秋》、马王堆汉墓出土遗址上均有古代美食之记载，是地方风味形成的物质基础。

图6-7 湘菜——双色鱼头

湘菜可分为：一是湘江流域菜，以长沙、湘潭、衡阳为中心。其名菜如麻辣仔鸡、生熘鱼片、清蒸水鱼、红煨甲鱼裙爪、双色鱼头（图6-7）等，均表现出制作精细，或油重色浓，或汁浓软糯，或汤清如镜。二是洞庭湖菜，以常德、岳阳、益阳为中心。此地区以烹制湖鲜、野味见长，又以吉首、怀化、大庸为中心。此地长于山珍野味、熏腊腌制的烹制，口味以咸香酸辣为主。

湘菜之"香"特色尤为人称道。有论者说道：湘菜之"香"，芳馨独特，精微而细腻，恰如清代著名美食大师所言，"不必齿决之，舌尝之而后知其妙也"，大有先声夺人之势。清代湘菜更是随季节变化其香味，春有椿芽香，夏有荷叶香，秋有芹菜香，冬有熏腊香等；就原料而言，更有韭香、葱香、椒香、茄香等；再以品质而论，亦有清香、浓香、醇香、异香等。还有一些特殊的香味，令人叫绝，如"翠竹粉蒸鱼"的竹香，是仿照云南竹筒饭的制法，将洞庭湖特产的鱼置于翠竹筒中，上笼蒸熟，成品细嫩鲜美，竹香横溢四散。又如"君山鸡片"的茶香，是以君山银针茶叶为配料精制而成，食时别有一番韵味。其实各地风味之中的"香"也可作为香文化的专题加以研究一番。

六、闽菜与地方风味

图6-8 沙茶酱调料

福建菜系，源于华东南部沿海地区，又称闽菜。唐代福建已有海蛤、鲛鱼皮作为皇家贡品，宋时已成为水稻、茶叶、甘蔗、水果的著名产区，宋代《山家清供》录有蟹酿橙等名菜。《清稗类钞》已将福建菜视为"肴馔之有特色者"。闽菜在华侨和东南亚一带较有影响。

闽菜由三部分构成：一是福建菜，取料广泛，长于烹制海鲜，口味甜酸，重调汤，有"无汤不行"之说，又善用糟香、香辣。其名肴佛跳墙、淡糟炒香螺片、糟汁氽海蚌，均具有鲜明的特色。二是闽南菜，以厦门、漳州地区为中心。用沙茶酱（图6-8）、芥末、橘汁等调味，方法很独特，口味清鲜淡爽。其代表者有东壁龙珠、沙茶焖鸭块、芥辣鸡丝等名肴。三是闽西菜，讲求浓香醇厚，以烹制山珍野味为长，味偏咸重油，善用香辣，有山区风味特色。如白斩河田鸡、上杭鱼白、煨牛腩等为其代表。

闽菜与苏杭菜有较深关系，南宋时中原人的再次南迁也影响了该地区的饮食文化，因此福州菜以"苏杭雅菜"作为一大支柱。另外又深受广东菜的影响，这是因为"鸦片战争"以后福州成为通商口岸，广东菜也进入福州，此中又夹杂着部分西洋菜，如英国的烹调方法在内，因此有人认为"京广烧烤"是福州菜的又一支柱。

福建风味小吃也别具特色，如蚝煎、鱼丸、蛎饼、锅边、油葱粿、光饼、汀州豆腐干、手抓面等，均显示出制作精细，善于调味，地方特色浓厚。

七、徽菜与地方风味

徽菜起源于南宋时期的古徽州（今安徽歙县一带），原是山区的地方风味，随着徽商的经营足迹徽菜也带到了全国各地。

徽菜有良好的平地特色原料，如皖南山区和大别山区盛产石鸡、香菇、石耳等山珍野味，又如长江中的鲫鱼、淮河中的肥王鱼，巢湖的银鱼和大闸蟹（图6-9）、砀山的酥梨、萧县的葡萄、涡阳的苔干、太和的椿芽、安庆的豆腐都是有名于世的。徽菜烹饪重火工，菜品油浓色重，炖菜汤浓味厚，质地酥烂，故有"吃徽菜，要能等"的说法。

徽菜中又分为皖南菜、沿江菜、沿淮菜三大地方风味菜。皖南菜以古徽州府歙县、屯溪为中心，具有皖南乡土特色。沿江菜源于长江流域，而以合肥、芜湖、安庆风味为代表。沿淮菜源于淮河流域，以蚌埠为中心。

图6-9　巢湖大闸蟹

安徽风味小吃品种繁多，相传唐代就有了名品示灯粑粑，另有寿县的"大救驾"，传说是因赵匡胤吃过而得名。此外还有庐江小红头，芜湖虾子面、蟹黄汤包、老鸭汤，安庆江毛水饺、油酥饼，蚌埠烤山红、五仁油茶，合肥鸡血糊、银丝面，和县霸王酥，淮南八公山豆腐等，兼有南北风味特色，而又民间色彩浓厚。

八、浙菜与地方风味

浙菜，有着浓厚的饮食文化积淀，《梦粱录》《武林旧事》等古代文献已说明了当时杭州饮食文明的发达、烹饪技术的高超。

浙菜由杭州菜、宁波菜、绍兴菜三大地方风味组成。杭州菜，著名的如西湖醋鱼（图6-10）、东坡肉、龙井虾仁、油焖青笋、叫花鸡、西湖莼菜汤、蜜汁火方、虎跑素火腿、赛蟹黄等，均表现出用料精细，口味清鲜脆嫩。宁波菜长于烹制海鲜，如清蒸河鳗、冰糖甲鱼、葱烤鲫鱼、苔菜拖黄鱼等均表现出注

图6-10　西湖醋鱼

重原汁原味，咸鲜味突出。绍式虾球、清汤越鸡等均表现出江南水乡的浓厚风格。

浙江风味小吃也是品种丰富，如吴山油酥饼，即是袁枚介绍过的"蓑衣饼"，还有宁波汤团、虾爆鳝面、片儿川面、幸福双、西施舌、猫耳朵、银丝卷、三鲜烧卖、粽子等，其味型丰富，制作精细，很有地方特色，据说南宋时杭州的小吃店已有专业分工，故小吃发达是有其渊源的。

九、其他地方菜

除八大菜系外，"北京化"的外地风味菜，"外地化"的北京民间菜，以及从宫廷、官府流传到市肆的宫廷菜，组成了北京风格的京菜。又如上海"沪菜"，是以上海和苏锡水乡风味为主体，兼有各地风味的地方菜。陕西"陕菜"或称"秦菜"、河南的"豫菜"、山西的"晋菜"、湖北的"鄂菜"、河北的"冀菜"、云南的"滇菜"、贵州的"黔菜"，以及天津、吉林、辽宁、黑龙江、江西、广西、台湾、内蒙古、新疆、甘肃、宁夏、青海、西藏、港澳等地菜肴也各有其特色，各有其风味，各有其名肴，各有名小吃，伴随着百姓的历史、文化、民俗、地理、风物。地方风味之真知，在于品尝其食物时，应当"细嚼慢咽"地去寻找、领悟食物背后的民风、习俗之韵味。

图 6-11　羊肉泡馍

地方风味的亮点在各地名食名肴中尤可解读。例如，羊肉泡馍是陕西风味的美食（图 6-11），而这一地方风味的形成就有其悠久的历史文化。公元 7 世纪中叶之后，阿拉伯商人、使者来到长安，带来了阿拉伯烤饼和煮制牛羊肉的方法，还有必备的调料小茴香、八角、桂皮等。长安的穆斯林将我国的烤饼和阿拉伯的烤饼制法结合起来，小圆饼，称"图尔木"，后来称为"饦饦馍"。有了"饦饦馍"，又有了煮牛羊肉，也就产生了羊肉泡馍。大约在明代中叶，羊肉泡馍已在西安的穆斯林家庭中传开了。后来不断普及，羊肉泡馍成了西安乃至陕西民众喜爱的一种风味美食。至今西安市还有西洋市、东洋市等历史性街名，而那里的穆斯林现在还称"饦饦馍"为"图尔木"。

图 6-12　洛阳水席

清蒸武昌鱼是湖北传统名菜。这是一种团头鲂，鲂，即鳊鱼。三国时吴主孙皓一度从建邺（南京）迁都武昌（今鄂州市），陆凯上疏谏劝，用了当时民谣："宁饮建业水，不食武昌鱼。"1956 年 6 月毛泽东来到武汉视察，曾品尝清蒸武昌鱼，在所作词《水调歌头·游泳》中写下了："才饮长沙水，又食武昌鱼。"从而使这一地方风味名菜又积淀了新的文化内涵，武昌鱼名声更大了。

洛阳水席（图 6-12）被称为与龙门石窟、洛阳牡丹并列的"三绝"之一。全席共 24 道菜，先上 8 个冷拼盘的酒菜，接着上 4 大件，且每个大件带 2 个中碗，成为 8 中件，然后上主食，再上 4 个压桌菜，最后还上白菜汤或鸡蛋汤的"送客汤"。传说武则天出巡洛阳，曾以"水席"大宴群臣，她本人对"水席"也颇多称赞，从此"水席"进入宫廷宴会，唐时称"官场席"。直到今天，洛阳地区的民众还常用"水席"招待宾客。

孔府菜，其宴席菜肴的贵贱、精粗、多少以及餐具、器皿的贵贱，都有严格的区别。清代大致有满汉全席、全羊大菜、燕菜席、鱼翅席、海参席、便席、如意席（丧席）等。乾隆三十六年（公元 1771 年），皇帝到曲阜祭孔，孔府接驾宴席费用里记载有"预备随驾大人席面干菜果品需银二百两"，从这一点就可以透视宴席之奢华。又孔府主人遵其祖训，"食不厌精，脍不厌细"，菜肴制作上选料广泛、粗菜细做、细菜精做且有浓厚的乡土风味。其著名菜肴有：当朝一品锅、燕菜一品锅、红扒熊掌、扒白玉脊翅、御笔猴头、烧秦皇鱼骨、菊花鱼翅、神仙鸭子、一卵孵双凤、八宝鸭子、霸王别姬、绣球鱼肚、怀鲤、抱子上朝、烤花篮鳜鱼、干蒸莲子等。家常菜肴有：玉带虾球、松子虾仁、炒双翠、九层鸡塔、七星鸡子、鸳鸯鸡、汪肉丝、珍珠汤、什锦素鹅脖、鸡皮软烧豆腐、椿芽豆腐、炸熘茄子、油淋白菜等。我们从这些名菜的命名上，或许就可以解读出文化的意蕴，既包含孔府的内涵，还含有浓郁的地方特色。

走遍中国，则如入文化之林，食在中国，则如入美食之林，而这两片郁郁之林，又相互错综着，食之背后有风情，有民俗，有文化。这里还仅是汉族之情况，少数民族的情况另有论述。

第二节　东方食品文化与地域特色

人类生存离不开食物。基于各地区、各国度之间的文化差异、风俗习惯之不同，东方各国的饮食习惯也是千姿百态、各领风骚。

韩国饮食以自然为本：有时是原汁原味，平平淡淡；有时又是华丽无比，令人不忍食用。从豪华的宫廷宴席到简单的四季小菜，韩国饮食又有着哪些独特的风味和风韵呢？日本菜是当前世界上一个重要烹调流派，有它特有的烹调方式和格调，在不少国家和地区都有日餐菜馆和日菜烹调技术，其影响仅次于中餐和西餐。日本菜有什么特色呢？四大文明古国之一的古印度，有着其深厚神秘的文化，而流传至今的饮食现象也是别具一格，独树一帜。其饮食文化有何特点呢？

一、韩国饮食文化

韩国位于东亚朝鲜半岛南部，全国人口均为单一朝鲜民族，通用朝鲜语。历史上受我国唐代文化影响很大，尤其受我国佛学、儒学影响很深，居民多信奉佛教、基督教和儒教，首都首尔文庙每年春秋两季都要举行祭孔大典。韩国文化是东西方文化的交融体，其重视民族文化遗产的保护，尤其在饮食文化的遵循传统上，更是体现出传承和执着。

（一）饮食礼仪

自古以来，韩国极重礼仪，在语言方面，年幼者必须对长辈使用敬语，至于饮食方面，上菜或盛饭时，也要先递给长辈，甚至要特设单人桌，由女儿或媳妇恭敬地端到他们面前，等待老人举箸后，家中其他成员方可就餐。至于席上斟酒，需要按年龄大小顺序，由长至幼，当长辈举杯之后，年幼者才可饮酒。另外还有一个传统习惯，男女七岁不同席，女孩子到了七岁之后就不与任何男人（包括父亲和兄弟）在同一房间同席。不过，这种习俗在大城市已渐渐破除，偶尔在乡间仍然可见。昔日的韩国家庭，是将盛着米饭的器皿放在台中央，而菜则在碗里，并放置于周围，每个人有一把长柄圆头平匙、一双筷子、一盘凉水，用餐时就用匙把饭直接送到嘴里，筷子用来夹菜，凉水是涮匙用的。现代的韩国人用餐习惯已有很大变化，不少是使用食品盘，每人一份饭菜装在盘中，也有一些家庭已不用食品盘，而是用碗盛饭（图6-13）。

图6-13　韩国人的生活

韩国饭馆内部的结构分为两种：使用椅子和脱鞋上炕。在炕上吃饭时，男人盘腿而坐，女人右膝支立——这种坐法只限于穿韩服时使用。现在的韩国女性平时不穿韩服，所以只要把双腿收拢在一起坐下就可以了。坐好并点好菜后，饭馆的服务人员会端托盘走来，从托盘中先取出餐具，然后是饭菜。韩国人平时使用的一律是不锈钢制的平尖头儿的筷子。而且也不能用嘴接触饭碗。圆底儿带盖儿的碗"坐"在桌子上，没有供人手握的地方。再加上米饭传导给碗的热量，不碰它可以避免烫伤。至于碗盖，可以取下来随意放在桌上。

既然不端碗，左手需老实地放在桌子下面，不可在桌子上。右手要先拿起勺子，从水泡菜中盛上一口汤喝完，再用勺子吃一口米饭，然后再喝一口汤、再吃一口饭后，便可以随意地吃任何东西了。这是韩国人吃饭的顺序。勺子在韩国人的饮食生活中比筷子更重要，它负责盛汤、捞汤里的菜、装饭，不用时要架在饭碗或其他食器上。而筷子只负责夹菜。就算汤碗中的豆芽儿菜用勺子怎么也捞不上来，也不能用筷子。这首先是食礼的问题，其次是汤水有可能顺着筷子流到桌子上。筷子在不夹菜时，传统的韩国式做法是放在右手方向的桌子上，两根筷子要拢齐，三分之二在桌上，三分之一在桌外，这是为了便于拿起来再用。

（二）饮食结构

韩国是半岛国家，四季分明，因此各地出产的农产品种类繁杂。又因三面临海，海产品也极为丰富。谷物、肉食、菜食材料多样化，黄酱、酱油、辣椒酱、鱼贝酱类等发酵食品的制造技术不断发展，使韩餐的主料和辅料互相搭配，再加入辣椒、大蒜、生姜、香油等调味品，更使韩国风味进一步完善。韩国的饮食结构以谷类为主，由各种烹饪方式制作的菜肴为配菜。饮食起名的时候一般将主材料放在菜名的前面，后面加烹饪的方式，如紫菜包饭、海带汤等。韩国饮食以其食用功能分为主食、副食和甜点。

主食：主要为饭、粥、米糕片、稀饭等。一般以米饭为主，其他根据需要适当调节。

副食：副食的第一作用是增进米饭的口味，第二是补充营养。副食的种类很多，以汤为主，有以汤汁为主可泡饭吃的汤类、汤汁与菜量相当的煲类、加一点汤汁煸炒的火锅类，还有在火上直接煎烤的鱼肉串类，在平底锅中略加油煎的煎饼类，在蒸锅里反复炖成的清炖类、红烧类，以牛肉、海鲜为材料的生脍，生菜、熟菜等蔬菜类，牛肉和猪肉煮后切片的煮肉片，还有腌在辣椒酱、黄酱、酱油里的腌菜，发酵的鱼酱等。

　　甜点：吃完主食和副食后，食用的甜点主要有韩国传统的饼糕、油果、茶食、蜜饯以及什锦水果汤等。

（三）饮食习惯

　　韩国人自从从事农业就开发发酵食品，形成了独特的饮食文化，调味食品酱油、辣酱、大酱等尤为讲究。韩国人对传统的素食情有独钟，以素食为主的寺庙食品自不必说，就是泡菜、豆腐菜、山野菜等日常食品也非常发达。如今随着经济条件的改善肉类消费迅速增加，因此各种成人病大为流行，在这种情况下，素食的寺庙食品作为保健食品越来越受到人们的青睐。还有就是韩国的饮食特色在于良好的饮食习惯。米饭，无论是白米饭还是其他杂粮混合煮成的米饭，都是韩国人的主食。米饭通常佐以因地区和季节而异的各式小菜，仅次于米饭的是"金齐"（泡菜）。汤也是必不可少的一部分。其他的菜还有海鲜、肉或家禽、蔬菜、野菜和块根等。每个人都有自己的饭碗和汤碗，但所有的菜都摆在饭桌中央供大家享有。韩国人常吃甜点、糕点和面食，主要有麦芽糖、油蜜果、打糕、蒸糕、发糕、甲皮饼、油剪饼、冷面等。

　　韩国人吃饭用匙和筷子。最受欢迎的菜是"布尔高基"（烤肉）。将切好的肉片用酱油、香油、芝麻、大蒜、葱和其他调味品腌泡，然后在餐桌上的火盆上烧烤而成（图6-14）。韩国人通常喜欢吃辛辣的食物，因此红辣椒一年四季少不了。

　　饮食包括日常饮食，举行仪式时摆的食品，祈求丰年和雨顺时摆的丰年祭与丰渔祭食品，祈祷部落平安而摆的部落祭食品，还有悼念过世的人而摆的祭祀食品等。同时也随季节的不同利用当时的食物做季节美食。韩国的季节美食风俗是协调人与自然的智慧而形成的，在营养上也很科

图6-14　韩国烤肉

学。例如认为正月十五吃核桃整年不会生疮，这必定以补充所缺脂肪酸，有效防止皮肤的烂、癣、湿疹的科学说法为依据。而立春吃春天的野菜，既有迎春的感觉，又能补充因过冬而缺乏的维生素。

（四）韩国美食

　　韩国人对饮食很讲究，有"食为五福之一"的说法。韩国菜的特点是"五味五色"，即由甜、酸、苦、辣、咸五味和红、白、黑、绿、黄五色调和而成。韩国人的日常饮食是米饭、泡菜、大酱、辣椒酱、咸菜、八珍菜和大酱汤。八珍菜（图6-15）的主料是绿豆芽、黄豆芽、水豆腐、干豆腐、粉条、椿梗、藏菜、蘑菇八种。韩国人特别喜欢吃辣椒，辣椒面、辣椒酱是平时不可缺少的调味料。这与韩国气候寒冷湿润、种植水稻，需要抗寒抗湿有关。

图 6-15 韩国的八珍菜 　　　　　　　图 6-16 糯米糕

1. 糯米糕文化

糯米糕（图 6-16），在韩国传统饮食中可称得上是节日食品的台柱子，吃米糕在韩国几乎是和吃谷物的历史一样长。韩国人在生日、回家、孩子的百天和周岁、结婚、祭祀时，制造糕饼祈求平安。春节或中秋节等节日也制作节日糕饼，农历三月三要做杜鹃花饼糕，中秋的时候做松饼。韩国很多饮食文化和中国十分相似，比如正月十五吃五谷饭，端午节喝菊花酒等。

糯米和粳米都是做米糕的原料，米糕的做法和中国大同小异，有"蒸糕"和"打糕"之分。米糕多做成甜饼和各色花式的点心，甜饼和点心多数有鲜、咸、甜等味道的馅，甜饼还要在外面蘸上花瓣并放在平锅上用油煎。在过去，韩国的贵族非常重视节日吃米糕，在韩国博物馆和韩国传统饮食研究所里，就展出着考古挖掘出的数百年前贵族吃米糕用的精美瓷器和民间遗留下来的制作米糕的专用器具。韩国的年糕（糯米糕）制作，用类似中国的花色糕点木模（米糕的木模非常小，制成的米糕点心一般只有核桃大小，木模有陶制和木制两种），扣出五花八门和各种形状的小点心。节日送礼不能缺了米糕，尤其送娘家礼中不能缺，据说米糕里还含有诚心、爱心和孝心的含义。搬家的时候，还有做米糕分给邻居的习俗。

2. 水原烤排骨文化

如果有人去韩国而没有品尝水原的烤排骨（图 6-17），那他的韩国之行无疑是打了一个折扣。

图 6-17 水原烤排骨

水原排骨选用的是上等牛的牛脊部分带骨肉，用刀交错片成长 50cm、宽 10cm、厚 2～3mm 的薄肉片（肉片的尾部仅保留一根骨头，表示是排骨），然后撒上盐、香油、芝麻，折叠起来腌制 2 天以备烤制。上桌时，排骨烤至鲜嫩喷香的八成熟，然后蘸芥子酱或咸肉酱吃，也可以蘸着由香油、糖、果汁、蜂蜜调出的作料吃。吃水原烤排骨，还可根据个人的口味，再配以拌萝卜条、生菜、花菜、辣螃蟹、腌蒜、多种泡菜、酱汤等，其味道之鲜美令人垂涎。

3. 烤牛肉、烤牛排和烤牛里脊

在多种烤肉中最受欢迎的是烤牛肉（切成薄片的牛肉用作料腌制后烤熟）（图6-18）和烤牛排（用作料腌制后放在铁板上烤熟）。两者皆以生菜、芝麻叶等蘸辣椒酱或豆瓣酱食用。有时附带提供3~5样泡菜或小菜，有的餐厅则需另加点白米饭和汤。餐厅招牌常以花园为名。如梨泰院花园（花山区梨泰院洞）、三元花园（江南区新沙洞）、西门会馆（中区西小门洞）等较有名。在韩国一般的餐厅也可品尝到烤牛里脊：将适当厚度的牛里脊烤熟后，蘸少许黄酱，用洗净的生菜等新鲜蔬菜包卷后食用或蘸香油盐作料食用。

图6-18　烤牛肉

4. 包饭套餐

用新鲜蔬菜，包卷熟肉或其他蔬菜的风味食品。每家餐厅选用的主料会略有不同，但大都是用蔬菜加少许酱（黄酱、辣椒酱或混合酱）后，卷包起来食用。与以肉为主的"包肉"不同，主料是蔬菜的包饭（图6-19），不必担心胆固醇问题。蔬菜的甘苦味，有助于增进食欲。

图6-19　韩包饭

5. 拌饭

韩国式拌饭，其中"石锅拌饭"是韩国独有的食谱，值得一尝。白米饭上盖上黄豆芽等蔬菜、肉和鸡蛋等作料，盛在滚烫的石锅内，加适量的辣椒酱后，搅拌而食（图6-20）。多种材料的味道相混合形成独特的风味。锅底的锅巴更是一绝，在大部分的韩国餐厅均可品尝到。全州中央会馆等是有名的拌饭专门店。

6. 水果茶和汤茶

水果茶主要选用含有丰富维生素 C 的柚子、木瓜、橘子皮等水果，加水长时间煎熬后饮用，

图6-20　石锅拌饭

或用蜂蜜腌制后，加热水稀释饮用。冬季常饮，可预防感冒。汤茶利用生姜、桂皮、人参、五味子、大枣、决明子、葛根等中药材，长时间煎熬而成。中药可健身防病，并有治疗功效。因此，韩国人在感到疲倦时，总是饮用中药汤茶，提神防病。

7. 韩果

韩果自古以来是祭祀的供品，也是婚礼仪式或饮茶时食用的韩国传统点心。面粉加上蜂蜜、麻油后油炸的油蜜果；"茶食"与中国的样式相似，加上中药材，以糯米等炸制的姜糖、麦芽糖也与中国相似。此外还有将水果或蔬菜用蜂蜜腌制而成的蜜饯果，婚礼所用的韩果既可口又美观。

8. 其他美食

面条火锅：切成薄片的牛肉或海鲜，与各种时令蔬菜以及面条一起，放入烧开的汤锅内，煮熟后即可食用。清淡可口，余味无穷。

参鸡汤：在童子鸡内加入糯米、大枣、大蒜、人参后，长时炖煮。随个人喜好还可加放胡椒粉、盐巴等食用。由于营养丰富，是炎夏的高级补品。

锅汤、火锅类：韩国家庭经常吃的家常菜就是用豆瓣酱和蔬菜煮制的豆酱火锅，鱼和牛内脏煮成的什锦火锅等。火锅中以牛的内脏和蔬菜炖煮的牛肠火锅最为有名。此外还有用章鱼加放辣椒酱等作料煮成的章鱼火锅等，种类繁多。韩国一般的火锅多以海鲜类为原料，可享用到各种海产品的鲜美味道。

风味灌肠：灌肠是将豆腐、粉条、大米和蔬菜按一定的比例混合后，灌入猪肠内加工成的韩国式美味香肠。

韩式炸鸡：鸡翅和鸡腿洗净加入纯牛奶没过，腌后倒掉牛奶吸干水分。加入一个鸡蛋黄，适量大蒜、洋葱、黑胡椒酱、盐搅拌均匀腌制，鸡翅鸡腿均匀裹上炸鸡粉或普通面粉后锅内热油炸，锅内少许油，放入蒜末煸香后倒入调好的韩式辣椒酱汁，鸡翅鸡腿翻炒均匀即可。

（五）韩国酒文化

韩国的传统酒是米酒（图6-21）。米酒是在蒸熟的糯米、粳米、面粉等中掺进酒曲和水发酵酿制而成的，又称浊酒、农酒。据说，米酒在韩国三国时代就已存在，是一种历史十分悠久的酒。米酒的颜色像淘米水一样，是白浊色的，是一种酒精含量为6%～7%的低度酒。梨花酒是从高丽时代就广为流传的最具代表性的米酒。由于米酒用的酒曲是梨花开的时分制作的，所以称为"梨花酒"。后来，由于什么时候都可以作酒曲了，"梨花酒"的名称也就慢慢消失了。当把白浊发涩的浊酒滗出之后，就可以制成清澈透亮的清酒。用糯米酿制而不经过过滤的酒称"咚咚酒"（醪）酒。米酒甘甜可口，沁人心脾，常用作农忙时节农民解渴的饮料。米酒既是酒也是保健食品。米酒有时还成为向皇帝进贡的贡品。任何一种米酒都需要十五六种原料来酿制。目前随着人们越来越关心健康，米酒又重新受到人们的青睐。人们也很喜欢喝高丽时代从蒙古传过来的一种蒸馏酒——烧酒（是稀释过的烧酒）。此外，随着西方饮食文化的入驻，西方国家的啤酒也开始魅力四射，但浊酒才真正是老百姓的酒，并因此而源远流长。

韩国人喝酒讲究礼节。过去，每年一到阴历十月，儒生们都会择吉日，守礼数，设宴款待大家。也就是说传统社会常通过"乡饮酒礼"，来传授酒席上礼节知识。此外，在节日和祭祀上也可以学到在长辈面前恭恭敬敬地喝酒的知识。只有得到长辈的允许，才能和他们一起喝酒。但是，到了喝酒的年龄，和成人仪式一样，长辈们也会教给"酒道"。当在酒席上做出无礼的举动时，如果是在家里，父亲就会对儿子说，如果是在社会上，先生或长辈就会对其说"没学好喝酒"之类的话，也就是违背了

图6-21　韩国米酒

"酒道"的意思。时代的飞速发展，使得现在也不那么刻板地讲究礼数了。现在有一种通用的"酒道"，比如，喝酒时，通常是年纪大或职位高的人先喝，要先给长辈摆上酒杯，当长辈递过酒杯给年轻人时，年轻人一定要双手接。在长辈面前喝酒，要把脸稍向左边转过去再喝。酒和工作要区别开来。即便醉酒，在工作岗位也不能露出破绽来，必须保持负责任地做好工作的精神状态，这是酒宴礼节中一个心照不宣的惯例。

在韩国喝酒时说"干杯"，是表示心里高兴愿意相互分享愉快，碰一碰杯烘托酒宴气氛的意思。韩国人喝酒随时都可以说"干杯"。在韩国喝酒时，不习惯续酒，一定要一杯都喝完之后再添酒。据说，这种酒文化是发端于祭祀上喝一口祭祀酒之后，要把酒杯重新呈给长辈的风俗。而这种习俗之所以能流传至今，是因为把自己的酒杯呈给长辈表达了一种尊重。正因为如此，把自己的酒杯递给同伴或初次见面的人是在表达人情和亲近感。与朋友在一起喝酒的对酌文化是韩国人十分珍视酒与人际关系的价值观的表现。虽然也可能偶尔与朋友开怀畅饮，但随着社会生活节奏加快，人人都很忙，朋友们在一起喝酒也渐渐成为"速战速决"式的豪饮，所以有人也在呼吁要提高饮酒文化的质量。

二、日本饮食文化

日本从诞生时起，被称为"和之国"。直到现在，接头语"和"字常用来代表日本，一般只要是带有"和"字的东西，都与日本的文化有一定的关系。日本的饮食即"和食"，起源于日本列岛，并逐渐发展成为独具日本特色的菜肴。主食以米饭、面条为主，副食多为新鲜鱼虾等海产，现在的人一般都将"和食"称为日本料理。

（一）日本菜的特点

1. 日本料理的特色

生、冷、油脂少、种类多、注重卖相是日本料理的特色。日本料理又称"五味、五色、五法"料理。五味是甘、酸、辛、苦、咸；五色是白、黄、青、赤、黑；五法就是生、煮、烤、炸、蒸。

日本菜的基本特点是：第一，季节性强；第二，味道鲜美，保持原味清淡不腻，因此很多菜都是生吃；第三，选料以海味和蔬菜为主；第四，加工精细，色彩鲜艳。

季节性强，不同的季节有不同的菜点。可以这样来比喻，四季好比经度、节日好比纬度，互相交织在一起，形成每个时期、每个季节的菜。菜的原料要保证新鲜度，什么季节要有什么季节的蔬菜和鱼。其中蔬菜以各种芋头、小茄子、萝卜、豆角等为主。鱼类的季节性很强。日本四面环海，到处有丰富的渔场，而且日本沿海有暖流，也有寒流。人们可以在不同的季节吃到不同种类的鲜鱼，例如，春季吃鲷鱼，初夏吃松鱼，盛夏吃鳗鱼，初秋吃鲭花鱼，秋吃刀鱼，深秋吃鲑鱼，冬天吃鲥鱼和河豚。

日本菜在烹制上主要强调保持菜的新鲜度和菜的本身味道，其中很多菜以生吃为主。在做法上也多以煮、烤、蒸为主，带油的菜是极少的。煮法上火力也都以微火慢慢煮，似开不开，而且烹制的时间长。由于糖和酒不仅能起调节口味的作用，还能维护素菜里的各种营养成分，因此在调味的方法上大都先放糖、淋酒，后放酱油、盐，而味精则是尽量少放。

日本菜五颜六色的，很好看。日菜的刀法和切出的形状与中餐、西餐不同。日菜的加工多采用带棱角、直线条的刀法，尽量保持食品原有的形状和色泽。在菜的拼摆颜色上注意红、黄、绿、白、黑协调。在口味上注意酸、甜、咸、辣、苦的搭配。日菜除了在原料加工、刀法上有独特之处外，拼摆和器皿也很有讲究。拼摆多以山、川、船、岛等为图案，并以三、五、七单数摆列，品种多，数量少，自然和谐。另外，用餐器皿有花形、树叶形、水果形、长方形、方形或一些仿古制品的竹篮、小筐等。

2. 日本菜的历史

日本菜点的雏形形成于平安时代（794—1192 年），使用的餐具除青铜器、银器外，还有漆器。除烹调一般的饭菜外，已经学会了酿酒。大的发展主要经历了"室町""德川""江户"三个时代，大约有 500 年的历史。日本菜系中，最早最正统的烹调系统是"怀石料理"，距今已 450 多年的历史。

日本菜按日本人的习惯称为"日本料理"。按照字面含义来讲：就是把料配好的意思。总的分为两大地方菜，即关东料理和关西料理。其中以关西料理影响为大，关西料理比关东料理历史长。关东料理以东京料理为主，关西料理以京都料理、大阪料理（又称浪花料理）为主。它们的区别主要在于关东料理的口味浓（重），以炸天妇罗、四喜饭著称。这是因为江户前（即东京湾）产一种小鱼和虾，无论是炸天妇罗或做四喜饭都特别好吃。关东料理就用当地产的这些原料来制作。关西料理的特点是口味清淡，可以吃出鲜味。关西料理使用的原料好，濑户内海海产的味道好，同时关西的水质也比关东好，生产出的蔬菜味道也好，所以关西料理的菜点比关东料理菜点好。

随着时间的推移，日本和世界各国往来的加强，尤其是近几十年来逐步引进了一部分外国菜的做法，结合日本人的传统口味，形成了现代的日本菜。"和风料理"就是日本化了的西餐，锅类和天妇罗就是这类菜点的代表。近 30 年来，日本人民的生活水平有了很大的提高，在饮食方面也比以前讲究，日菜也越来越高级化了。

3. 日餐宴会的程序

在日餐宴会上有着严格的上菜程序和菜单编排。

日餐宴会上菜的顺序是：先付；前菜；先碗；生鱼片；煮物；烧物（烤的或炸的）；合肴（间菜）；酢物；止碗（酱汤）；御饭（米饭）；渍物；甜食。

这样编排菜单的道理是：先付，先上一个小酒菜，以免客人久等。前菜，即冷菜拼盘，一般三种或五种拼摆在一起。先付和前菜是专供客人喝酒用的酒菜。然后上先碗意思是先喝一碗清汤起清口作用，以免口内酒味浓吃不出味道。然后再上生鱼片、煮物、烧物。合肴根据菜量可有可无。然后上酢物起爽口作用。最后上酱汤、米饭、咸菜、甜食。

4. 日本料理的用餐礼仪

首先，取筷子时要以左手托住，如果是卫生筷，则应上下分开。拉开卫生筷时，首先需以前述正确的取筷方法，横拿住筷子，再双手上下逐渐拉开，动作也不可太夸张。除了极简陋的筷子外，拉开后摩擦筷尖，可说是相当不好的习惯。每次要拿碗时，要先放下手中的筷子。用餐中途要将筷子放回筷枕，一样要横摆，筷子不能正对他人。筷子如果粘有残余菜肴，可用餐巾纸，将筷子擦干净，不可用口去舔筷子，因为口舔筷子十分不雅观。如果没有筷枕，就将筷套轻轻地打个结，当作筷枕使用。用餐完毕，要将筷装入原来的纸套巾，摆回筷枕上。

上酒后，男性持酒杯的方法，是用拇指和食指轻按杯缘，其余手指自然向内侧弯曲。女性持酒杯的方法为右手拿住酒杯，左手以中指为中心，用指尖托住杯底。如果上司的酒快喝完了，女性职员或属下应适时帮对方斟酒，无论是啤酒或者清酒，斟酒时，都由右手拿起酒瓶，左手托住瓶底；接受斟酒时，要以右手持杯，左手端着酒杯底部。两人对饮时，必须先帮别人斟酒，然后再由对方帮自己斟，不能自己斟酒。

日本人喜欢吃生鱼片，吃生鱼片其实是有学问的，应该先食用油脂较少、白色的鱼片，而油脂较丰富或味道较重的，如鲑鱼、海胆、鱼卵等，则到最后食用。同时，吃生鱼片必用芥末，芥末使用的方法有两种，其一是将生鱼片盘中的芥末挖一些到酱油碟子内，与酱油搅拌均匀。其二是将芥末蘸到生鱼片上，再将生鱼片蘸酱油入食。蘸作料时应该蘸前三分之一，轻轻蘸取，不要贪多。许多日本人对外国人食用日本料理感到不可思议的，就是好像主要是在吃芥末，而不是生鱼片，其实佐料少量，才能吃出鱼片的鲜度与原味。

日本人用餐时十分讲究礼仪，用餐完毕时主人会对客人说："谢谢你今天的赏光，很荣幸与你用餐"等的礼貌用语。而客人如果是晚辈，也会回应："谢谢你的招待，用餐很愉快，餐点很美味。"隔天，再打电话回礼一次，谢谢对方昨日的招待。

5. 日本风味菜的特点

日餐菜点在中餐和西餐的影响下，结合日本人的传统口味，逐渐形成了一些著名菜点。这些菜点，有的作为主菜，送到宴席上，有的自立门户，变成一种特殊的进餐形式，如铁板烧。日本菜中最有代表性的是寿司、刺身、日式铁板烧、天妇罗、牛肉火锅和涮肉等。

（1）日本寿司　寿司（图6-22）是在饭里放醋做主材料的日本料理，味道鲜美，很受日本民众的喜爱。寿司和其他日本料理一样，色彩非常鲜明。制作时，把新鲜的海胆黄、鲍鱼、牡丹虾、扇贝、鲑鱼子、鳕鱼鱼白、金枪鱼、三文鱼等海鲜切成片放在雪白香糯的饭团上，一揉一捏之后再抹上鲜绿的芥末酱，最后放到古色古香的瓷盘中……如此的色彩组合，是真正的"秀色可餐"。其中鲫鱼寿司被看作是日本料理中最著名、最具代表性的依古法制作的寿司。

图6-22　日本寿司

日本是以"米"为主要食粮的民族。"寿司"更是日本国民饮食文化的一大骄傲。

（2）刺身　"刺身"（图6-23），即生鱼片，是日本人最佳的生食。自古以来日本就有吃生食的习惯，江户时代以前生鱼片主要以鲷鱼、鲆鱼、鲽鱼、鲈鱼等为材料，这些鱼肉都是白色的。明治以后，肉呈红色的金枪鱼、鲣鱼成了生鱼片的上等材料。现在，日本人把贝类、龙虾等切成薄片，也称生鱼片。去掉河豚毒，切成薄片的河豚，是生鱼片中的佼佼者，制作河豚刺身的厨师，必须取得专业资格，这刺身

图6-23　日本刺身

鲜嫩可口，但价格很贵。吃生鱼片要以绿色芥末和酱油作蘸料。芥末是生长在瀑布下或山泉下一种极爱干净的植物——"山葵"，一遇污染就凋萎。芥末像小萝卜，表皮黑色，肉质碧绿，磨碎捏团放酱油吃生鱼片，它有一种特殊的冲鼻辛辣味，既杀菌，又开胃。日本的生鱼片异常新鲜，厚薄均匀，长短划一。生鱼片盘中点缀着白萝卜丝、海草、紫苏花，体现出日本人亲近自然的饮食文化。

图6-24 铁板烧

图6-25 天妇罗

图6-26 牛肉火锅

（3）铁板烧 从进餐形式来讲铁板烧（图6-24）与锄烧同属于即席料理，也就是大家围坐在一块大而扁平的铁板周围，用火烧热铁板后擦油，放上原料煎熟，厨师当场操作，边吃边烧煎，客人也可自己动手各取所爱，边剥边吃，吃法新鲜，气氛热烈，很受欢迎。铁板烧的原料包括肉类、家禽、水产、野味和果实类蔬菜。如牛肉、猪肉、鸡肉，马哈鱼、鲥鱼、墨鱼，大虾、扇贝、蛤蜊，葱头、柿子椒、大葱、茄子、蘑菇、苹果、嫩玉米等都是铁板烧的理想原料。对这些原料，需事先精选切成块或片，或预先腌制，以便随时烧烤。

（4）天妇罗 在日式菜点中，用面糊炸的菜统称天妇罗（图6-25）。是便餐、宴会时都可以上的菜。天妇罗的名字来自葡萄牙，已有350多年的历史，最早在1669年刊印的《食道记》上出现。天妇罗的烹制方法中最为关键的是面糊的制作。天妇罗以鸡蛋面糊为最多，调好的面糊叫天妇罗衣，做面衣用的面粉，日语叫薄力粉，就是面筋少的面粉。这种面糊做出来的天妇罗挂面薄而脆。夏季调面糊的水最好是冰水。是四大日本料理之一。

（5）牛肉火锅 牛肉火锅（图6-26）是日本几乎人人都喜欢吃的菜，也是一个比较著名的体现日本风味的典型菜点，主要是以牛肉、蔬菜（大白菜、菠菜、豆腐、粉丝、大葱、蒿子秆等）为主。用酱油和糖等调料，口味甜咸，肉煮嫩一点蘸生鸡蛋吃。此菜分关东、关西两种，关东的是把汁兑好，关西的是将调料放在桌子上，食者自己来调味。牛肉火锅是江户末期、明治初期在古代"锄烧"菜的基础上受欧美影响而产生的，至今大约有120年的历史。"锄烧"源于古代人们把锄在火上烧热用来烤野猪肉片，逐步发展到现在以牛肉为主的火锅。"锄烧"的种类不仅限于牛肉，凡是薄切的肉类，包括鸡、野味、猪肉配上作料用平底锅的烹调吃法都统称为"锄烧"。不过日本人称牛肉火锅为"锄烧"已为习惯叫法，前面不加牛肉二字，人们也能理解为牛肉火锅。但其他火锅必须加上原料名字，才能区别于牛肉火锅。

（6）涮肉　此菜是以牛肉、蔬菜为主的一种涮锅，类似北京的涮羊肉。菜名模拟涮牛肉水的哗啦声而来，直译成中国话叫"哗啦哗啦锅"。此菜吃法以牛肉蘸麻辣酱混合的汁，蔬菜蘸醋酸汁放辣萝卜泥、葱花，因此配两种汁。锅里的汤，一种是鸡汤，一种是海带水。一般多采用海带水，可保持菜的原味。此菜有40年左右的历史，据说是"二战"前后由中国传入日本，适宜冬季食用，可以增加进餐的热烈气氛。

（二）日本酒文化

说到日本食文化，自然离不开沁人心脾的日本清酒。坐在日本料理店里，听着挂帘瀑布落入水中的清脆响声，吃着刺身，再来一壶清酒，惬意尽在不言中。

1. 日本清酒

清酒又称日本酒（图6-27），是借鉴中国黄酒的酿造法而发展起来的日本国酒，但却有别于中国的黄酒，该酒色泽呈淡黄色或无色，清亮透明，芳香宜人，口味纯正，绵柔爽口，其酸、甜、苦、涩、辣诸味协调，酒精含量在15%以上，含多种氨基酸、维生素，是营养丰富的饮料酒。正宗清酒的制作工艺十分考究，精选的大米要经过磨皮，使大米精白，浸渍时吸收水分快，而且容易蒸熟；发酵时又分成前、后两个发酵阶段；杀菌处理在装瓶前、后各进行一次，以确保酒的保质期；勾兑酒液时注重规格和标准。目前日本市场上出现的新型清酒，有用葡萄酒酵母酿制的美味清酒，用稞麦酿制的高香型

图6-27　日本清酒

清酒，用膨化精米酿制的优质清酒，用紫色甘薯生产的红色清酒，利用米胚芽酿的清酒、低醇清酒、发泡型清酒、低糖清酒等。

日本清酒是典型的日本文化，每年成人节（元月15日），日本年满20周岁的男男女女都穿上华丽庄重的服饰，所谓男着吴服，女穿和服，与三五同龄好友共赴神社祭拜，然后饮上一杯淡淡的清酒（日本法律规定不到成年不能饮酒），在神社前合照一张饮酒的照片。此节日的程序一直延至今日不改，由此可见清酒在日本人心目中的地位。

2. 清酒的品种

日本清酒品牌众多，上善如水、赤磐雄町、久保田万寿、千寿等是成功人士的首选，因而价格也较高；玉乃光、醉心吟酿、朝香大吟酿、万寿纯米吟酿、菊源氏等价格适中，很受中级白领的青睐；菊正宗、美少年、日本盛、朝香等走平民化路线，被一般家庭所推崇。

日本法律规定酒的酒精含量只能在15%～16%，醇香入口，略饮有益身心，舒筋活络。清酒有档次之分，由低至高的顺序是清酒—上撰—特撰—吟酿—大吟酿酒，无论哪一样清

图 6-28　日本米

酒，都是日本菜肴的最佳搭配，酒味可口甜美。冷藏 5℃ 的酒味更佳，特别是大吟酿、吟酿的清酒，经过用精选的日本米（图 6-28）以及矿泉水酿制而成。如上善如水、男山大吟酿、菊源氏大吟酿、久保田（万寿、千寿）等。

3. 酒浴之说

酒浴是一个日本人在一次偶然机会中有所感悟而发明的。一天，斋藤外出回来准备洗澡，他妻子不慎打翻置于浴室的一瓶酒，酒在注满浴水的浴槽内。其妻要换水，斋藤说无妨，入浴槽浸泡 20 分钟，觉得有酒的沐浴比平常洗浴更舒适、温暖，以后每次都加入一些酒，之后竟然关节炎改善，而且皮肤变得光滑柔软。后经医学专家研究，酒对皮肤有良性刺激，能加速血液循环，对身体大有裨益。此后，日本流行酒浴。

4. 饮酒习俗

日本没有酗酒的习惯，一般把整瓶整桶的酒供奉神灵、祖先，比较讲究实用，把供奉用的酒取下来神人共饮，既满足尊敬神灵、祖先的心愿，也营造了聚集一堂的团结气氛，而且日本人认为饮用供奉神的酒，可以获得神灵的保佑。

日本没有酒令，但在盛宴时有余兴。一般由陪酒妇女们弹三味线，唱歌或跳日本古典舞。也有擂当地日本大鼓或表演具有地方特色的歌舞技艺的习俗。

图 6-29　日本的居酒屋

日本的酒肆名为"酒屋"或"居酒屋"（图 6-29），与中国的酒店有所不同。日本的酒店何时问世，没有统一的说法。不过在中国人撰写的《魏志·倭人传》中已谈到日本有了集市，日本酿酒史研究家加藤百一认为，其集市是中世纪日本酒店的萌芽。《日本书纪》载："在饵香（现今大阪）集市，有标着价钱但人们买不起的美酒。"樱田胜德认为，日本的酒店名为"居酒屋"，它既不是造酒的作坊，也并非卖酒的店头，而是供人饮酒的地方。大概于江户时代初期，首先出现在大阪、江户的城外，那里有借宿住宅、渔场，供卖苦力或手艺人居住，因经济上无条件，便去居酒屋饮酒，自斟自饮。后来发展到备有酒菜和用餐的肴馔。因在酒店入口处外侧，有从上挂到半腰中似绳子一样的门帘，酒店又称"绳暖帘"，其绳多为麻制品。也有一种说法，认为酿酒和贩卖酒的经营者为酒屋，卖酒量大大增加而变为批发商。由批发酒的商人分化出零售业者，在店头供人饮酒，被称为"居酒屋"，即酒店，而销售酒类者称"酒屋"。

（三）日本茶道

茶也是日本饮食不可缺少的一部分。茶道，尤其是绿茶，是日本除了喝酒以外，最具特色的消遣。茶在 8 世纪的时候就从中国传到了日本，而茶道却是在 12 世纪末才被少数人所接受，在 14 世纪时，茶道才频繁出现在只有上层人士出席的茶会上。

日本茶道讲究典雅、礼仪，使用的工具也是精挑细选，品茶时更配以甜品。茶道已超脱了品茶的范围，日本人视之为一种培养情操的方式。

三、印度饮食文化

印度饮食文化的特征是：食性杂，忌讳多，差异大，不同的食风并存而且互不干扰。北方是面食为主，南方是米食为主；中上层习用西餐，平民保持东方饮食风貌。

印度饮食具有"一辣四多"的共通性。一辣，就是普遍爱用咖喱和辣椒佐味，菜品重在生鲜、清火、香辣、柔糯或润滑。所谓四多，一是乳品多，印度人不吃牛肉但喝牛乳，并善于调制乳制品，这有利于营养平衡；二是豆品多，经常充当主食，可弥补动物蛋白摄取不足；三是蔬菜多，能充分利用热带和亚热带的地利，广辟食源；四是香料多，喜食花卉，金色郁金香入馔是其一绝。一辣四多的实质便是素食为主，嗜好香辣，俭朴务实，有着浓郁的南亚原住民生活风情。

（一）印度菜的特征

1. 精致

印度菜非常注重选料的精致，比如羊肉里不能有肥肉，不吃下水，羊必须是阿訇（伊斯兰教主持教仪、讲授经典的人）宰杀的，否则不吃。

2. 纯天然

印度菜不追求现代化的香料，比如味精、化学色素等，几乎不使用。追求一切入菜的原料均是纯天然的。

3. 注重营养

印度菜中有一些菜类似于中国的药膳，是历代流传下来的，非常注重菜品本身的营养以及对人体的调理。

4. 专一

有些印度人特别固守自己的菜系和味道，远离家乡时很少吃外乡的菜。他们宁可吃自己带来的干粮，如果连干粮都没有了，他们宁愿吃水果过活也不背叛自己的家乡菜。

（二）印度菜系的主题——咖喱

印度是世界公认的香料王国，出产许多绝无仅有的名贵香料。很长时间里，印度人民尝试用各种香料配合烹制食物，不仅每一种食物有特定的香料，连咖啡和茶也有特定的香料，而且通常称为 Masala Coffee 或 Masala Tea，直译过来就是咖喱咖啡、咖喱茶，而后确立了印度菜系的主题——咖喱。

咖喱是"许多香料混在一起烹煮"的意思，这个名字源自印度高原的坦米尔语。咖喱由多种香料混合，熬制成无辣、小辣、中辣乃至劲辣的膏状。在很多人的概念里咖喱是辣的，事实上，大部分咖喱是不辣的，其突出点是"香、鲜"。辣口而不辣胃，这是它与辣椒在味觉上的最大区别。印度人对食用香料特别着迷，以咖喱为例，里面的配料包括印度豆、印度麦豆、小茴香、大茴香、香菜籽、百里香、辣椒粉、月桂叶、丁香、青椒、黄姜、桂皮、八角等，由 40 多种天然香料调配制成。因此咖喱被称为"世界之香"。

1. 咖喱口味

咖喱具有醒胃提神和增进食欲的作用。咖喱的种类很多，以国家来分，有印度、斯里兰卡、泰国、新加坡、马来西亚咖喱等；以颜色来分，有红、青、黄、白之别。

新加坡的咖喱清香：新加坡接近马来西亚，所以其咖喱口味与马来西亚咖喱十分相似，特别是味道较淡和清香。此外，新加坡咖喱用的椰汁和辣味更少，味道颇为大众化。泰国咖喱鲜香无比：泰国咖喱是较受广州人欢迎的咖喱，由于当中加入了椰浆来减低辣味和增强香味，而额外所加入的香茅、鱼露、月桂叶等香料，也令泰国咖喱独具一格。红咖喱是泰国人爱用的咖喱，由于加入了红咖喱酱，颜色带红，味道也较辣。马来西亚咖喱清新平和：马来西亚的咖喱爱用椰浆以降低辛辣和提升香味，所以味道比较平和。运用了多种香料，如罗望子、月桂叶，以及香芋等，令咖喱辣中带点清润，充满南洋风味。斯里兰卡咖喱含有优质香料：斯里兰卡咖喱与印度咖喱同样有悠久的历史，由于斯里兰卡出产的香料质量较佳，做出来的咖喱就似乎更胜一筹。而这其中印度可说是使用咖喱的鼻祖，地道的印度咖喱会以丁香、小茴香子、胡荽子、芥末子、黄姜粉和辣椒等香料调配而成，由于用料重，加上不以椰浆来减轻辣味，所以印度咖喱辣度强烈兼浓郁，属于正宗的咖喱。

印度几乎每道菜都用咖喱，如咖喱鸡、咖喱鱼、咖喱马铃薯、咖喱菜花、咖喱饭、咖喱汤……而其中最突出的代表就是咖喱饭，好处有二：第一，非常容易出效果，热腾腾端上来一锅，咖喱的香味四溢，很诱人；第二，做法很简单而又不失美味。正是由于咖喱特有的美味，因此印度的僧侣阶层甘心放弃鱼肉，却无不贪啖咖喱；崇尚清淡的日本人害怕辣椒和花椒，却也热衷于咖喱；一向追求口味享受的国人，厌倦于味精，平淡于酱油，对辣椒、花椒、茴香、肉桂、丁香、孜然、芥末等浓味调料习以为常，一旦遇到咖喱，却也会眼前一亮。

2. 咖喱功效

印度的咖喱不但美味，而且还有许多的功效。比如可以帮助降低餐后胰岛素反应，还能促进能量代谢，使人消耗更多的热量，促进脂肪氧化，从而有利于预防肥胖。研究人员发现，咖喱中含有一种姜黄色素的化学物质，对预防癌症，特别是白血病有一定效果。另外，姜黄色素还有助于消除吸烟和加工食品对身体产生的有害作用。研究还发现，咖喱中含的其他成分如孜然芹和胡荽等物质对心脏有益。

（三）印度人的饮食习惯

印度虔诚的佛教徒和印度教徒都是素食主义者，耆那教徒更是严格吃素，吃素的人占印度人口一半以上，因此，素食文化是印度饮食文化中最基本的特色之一。由于印度多数人喜欢吃素，印度开有不少只为素食主义者服务的饭店。西方国家的流行食品不得不适当地印度化。印度有专门为素食主义者开设的比萨饼店，麦当劳供应的夹层食品，相当一部分不是鸡鸭鱼肉，而是蔬菜。由于素食主义者人数众多，有的蔬菜价格反而很高。印度虽然吃素的人很多，但并不等于这些人缺乏营养，因为印度人饮用大量的牛乳，每次喝茶，印度人都会在茶里加一些牛乳和糖。

印度人的主食是麦面饼和大米，每餐都是先吃饼，然后再吃米饭。印度人只吃羊肉、鸡肉和一些海鲜。印度的素食主义者，为了补充蛋白质，豆类就成了他们每餐必吃的东西，并永远作为他们的一道主菜呈现给宾客。虽然目前在许多正式的场合，印度人用刀叉吃饭，但私下里，他们还是习惯于用手抓饭。因为他们觉得，那样的食物没有兴致，也正因为这一习惯，使得印度菜大部分为糊状，这样便于用手抓饼或米饭拌着吃。而且，印度菜的吃法也很特别，是中西合璧的，用刀叉，却是大家一起点菜一起吃。印度的米饭用称为 basmati 的米做成。这种米形状细长，味道浓香，是由于印度的气候决定的——半年干燥，半年湿润。

印度人不怎么喝汤，且以各式饼类取代米饭为主食。但是有一种印度式炒饭（图6-30），米粒饱满纤长，咬劲松软，放多些水蒸煮也不会黏糊，呈现出润泽的金黄色。而说到其主食膳饼，则有些类似我国台湾的炒饼，但薄了许多，且仅为炸与烤两种。像以芥麦粉加入沙拉、油、糖、盐、牛乳，揉成球状后铲平，立即置入锅中炸成中空膨酥的麦饼，再蘸上酸酸甜甜的芒果酱或咖喱泥入口，当脆嫩的饼皮碰上那用芒果、水蜜桃、姜丝、苹果醋混合煮成的冰镇糊酱，口感极佳。

图 6-30　印度式炒饭

印度人吃晚饭一般在晚上 8 点以后，饭店晚上最早在 7 点半才开门。印度人喜欢夜生活，每天开始工作的时间很迟，即使在印度的大城市孟买，早上 10 点才上班。因此，他们不急于吃晚饭。

（四）印度人的饮食礼节

印度是一个很注重饮食礼节的国家。客人到家后要向主人问好，到印度人家做客，吃饭前要漱口和洗手。在传统的印度人家庭和农村，客人通常与男人、老人、小孩先吃，妇女则在客人用膳后再吃。不同性别的人同时进餐时，不能同异性谈话。

在印度的餐桌上，主人一般会殷勤地为客人布菜，客人不可以自行取菜。同时客人不能拒绝给你的食物和饮料。吃不了的盘中食物，不要分给别人，一旦接触到其他人的食品就表示它已是污染物了。许多印度人在就餐前还要弄清他们的食物是否被异教徒或非本社会等级的人碰过。作为客人，就餐后要向主人表示敬意，应当赞扬食品很好吃，表示喜欢。一般不要说"谢谢"等致谢的话，以免被认为是见外。

印度人进餐时，传统方法一般是一只盘子、一杯凉水，把米饭或饼放在盘内，菜和汤浇在上面。多数印度人进食时不用刀叉或勺子，而是用右手把菜卷在饼内，或用手把米饭和菜混在一起，抓起来送进嘴里。印度人吃饭还有一个规矩，无论大人还是孩子，一定要用右手吃饭，给别人递食物、餐具，更得用右手。这是因为人们认为右手干净，左手脏。

（五）印度菜的烹饪方式

印度菜的烹饪方式南北是有区别的。北印度食物以烘烤、油炸为主，口味比南方清淡。烹调方式受到莫卧儿宫廷影响，在伊斯兰教烹饪方式中，以鸡肉，羊肉最为有名。南印度口味较重，酸、咸辣为主。印度菜讲究烧烤，并使用被称为 tandoor 的大烤炉，而且要烤成焦黄。

（六）印度特色美食——印度飞饼

有人说："辨别印度菜正宗与否，只要试点两道菜就可以了，一道是鲜青柠汁，一道是印度飞饼。"此话很有道理。青柠檬酸甜清香，是印度菜乃至所有正宗东南亚菜系不可或缺的配料之一，用青柠檬而不是散发着浓香的黄柠檬来配菜，可以保证食物固有的香味不受破坏，更突出了食物的原味及咖喱的本性。

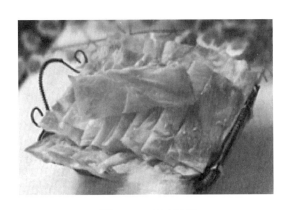

图6-31 印度飞饼

"印度飞饼"（图6-31）在印度称为"加巴地"。印度人做"加巴地"时，先利索地和面，捏成一个小圆团，再擀几下，捏紧面饼一端按顺时针方向转动，手里的面饼越转越大、越转越薄，几近透明。接着就是放馅料，放入烤盘，饼迅速鼓起，厨师会利索地把它取出，稍做切割，放入盘中，前后不过三分钟。食客们难以抵住刚出炉的"加巴地"的诱惑，没有谁能悟出"加巴地"里怎么会有那么多热气，能将薄如蝉翼的饼撑得如蒙古包般饱满。用筷子一戳，热气向外蒸腾，十分有趣。"加巴地"分为两层，外层浅黄松脆，内层绵软白皙，略带甜味，嚼起来层次丰富，一软一脆，口感对比强烈，嚼过之后，齿颊留芳。如果用"加巴地"包着羊肉或鸡肉一起吃，回味更是隽永绵长。

（七）印度其他美食

印度的甜食种类很多，有煎的、炸的、烘的、烤的等，但每一道甜食都无一例外的甜度高。多数印度人都嗜食甜食，印度人容易发胖，大概与嗜食过多的甜食有关。

印度由于长期是英国的殖民地，印度人也像英国人一样，有喝下午茶的习惯。印度的茶是奶茶，做法是把牛乳掺水煮开，再把茶叶倒进去，煮沸后用小筛子把茶叶滤出，加糖后即可饮用。

用机器压制成的黄豆泥，由于泥中添加胡椒粒和盐巴，吃时以油炸方式使薄片上部分盐分流失，口感不咸且符合健康原则。嗜辣者会撒点辛香粉和稠咖喱，别有风味。这种黄豆泥是一种开胃菜。

香酥的咖喱脆饺有"孟买蝴蝶"之称，外皮似越式春卷皮，内包两种口味，马铃薯或肉酱，且吃得出青豆仁、青辣椒丁和洋葱香，若蘸上特制的绿酱一起食之，口感丰富，绿酱是用香菜末、洋葱、盐、柠檬汁、青辣椒做成的泥状蘸料。

印度人最爱吃的除了洋葱、咖喱、膳饼之外，还有各式乳酪制品。最特别的吃法分为甜与咸两饼，润颜又助消化。如黄瓜奶露，在新鲜柠檬糊状乳酪里放入小黄瓜、洋葱及番茄，酸咸开胃。另一种液态饮品酸乳，里面可随个人喜好添加糖、盐或者甜巧克力粉。

不喝汤的印度民族，餐后饮乳酪饮料可去饱胀感。或者饮印度的大吉岭奶茶。印度茶是直接将茶配入牛乳，加上姜、糖、香料慢火细煮两分钟。或者直接加入炼乳即可。另一道"玫瑰奶油茶"，柔滑纯郁的玫瑰香味扑鼻先醉，含入舌尖，纯香微蕴，更易醉人。

第三节　西方食品文化与地域风俗

一、概述

"西方"，习惯上是指欧洲国家和地区，以及由这些国家和地区为主要移民的北美洲、南美洲和大洋洲的广大区域。本文所指的西方是指除亚洲之外的其他国家和地区，包括欧洲、南美洲、北美洲、大洋洲及非洲地区。本章西方食品文化主要是指以上区域的食品文化。

就西方各国而言，由于欧洲各国的地理位置比较近，在历史上又曾出现过多次民族大迁移，其食品文化早已相互渗透融合，彼此已有很多共同之处。南美洲、北美洲和大洋洲，其文化也是和欧洲文化一脉相承的。而非洲由于受欧洲殖民的影响，饮食上，尤其是在宴请活动中，也带有明显的欧式风格。

从饮食观念、菜肴的烹饪制作、饮食对象和饮食方式上看，它们具有以下一些共同特点。

（一）饮食观念

1. 食用主义

英美等西方国家，仅仅将饮食看作为一种生存的必要手段。美国心理学家亚伯拉罕·马斯洛在著名的需求定律中将人的需求由低级到高级划分为五个层次，饮食则被划分在第一层，即作为人类的最低级的需求。"吃"在西方人心目中主要起到一种维持生命的作用，是原始饮食食用性的延伸。

2. 个体主义

著名人类学家 Clyde Kluckhohn 认为，价值观是"个人或集体所持有的一种显性或隐性的认为什么是可取的观念；它具有一定的民族性。这一观念影响人们从现有的种种行动模式、方式和目的中做出选择"。

英、美等西方国家，提倡新颖，鼓励独特风格。西方人普遍认为某一事物的价值在于与其他事物的区别性，受这种文化观念的指导，西方人"个性"意识非常强烈，其思维模式中普遍的是要突出自我的独立与个性。

受这种思想的影响，西方人请客吃饭的习惯总是每人一份，且主客双方各自点自己的饭菜，不必考虑他人的口味和喜好，用餐时也只吃自己的盘中餐，付钱也往往采取"AA制"，各人自付各人账。

3. 高度理性

西方的饮食观念具有高度理性的特点。反映在食品文化上，努力缩小从形象到内容的距离感成为西方人在饮食要义上的追求原则。在西方人看来，距离感越小，事实性、客观性就越强。因此，他们把饮食当作一门科学，注重的是保持菜肴本身的自然属性和营养价值，而非对菜肴的色、味、形等人工技巧的追求。另一方面，西方近代科学文明，对西方理性饮食观念的产生也有很大的影响。西方发达的科学，使他们便于分析食物的成分含量，掌握具体的营养要求，更促进了他们对饮食科学和营养饮食的追求。

同时，西方人对追求现实性和客观性表现出高度热情，这也使其烹饪工作带上明显的规范性、机械性色彩。1995 年第一期《海外文摘》刊载的《吃在荷兰》一文中还描述了荷兰人家的厨房，备有天平、液体量杯、定时器、刻度锅，调料架上排着整齐大小划一的几十种调味料瓶，如化学试验室一般。

4. 简单随意

图 6-32　西餐宴席

在西方，盛大的西餐宴席（图 6-32）通常为六道菜，其中只有两道菜为主菜，其余是陪衬。平时宴请，饭菜更为简单。在美国，有时朋友聚餐会采取大家做贡献的手法，称为"potluck"，即每人都带一样菜，让大家共享。还有一种聚会，称为"party"，主人只提供饮料、酒和一些简单的食物，如乳酪、炸薯条、三明治等，并不提供饭菜。可见，他们将吃饭看成是聚会和交流的机会，是重温旧谊和结交新人的机会，也是获得信息的场所，吃的东西固然必不可少，但并不是最重要的，正是受这一观念的影响，西方的宴会并不重吃，而重宴会形式的自由化、多样化。

（二）烹饪制作

饮食观念影响烹饪制作原理。与西方饮食观念相符，西方人认为饮食之美的最佳境界是"独"，重在满足人的生理需要。因此西方烹饪强调通过对食物原料的烹饪加工，保持和突显各种原料特有而美好的个性。就菜肴的组成、制作而言，西餐的大多数品种是由主菜、配菜和酱汁构成，并分别烹制、组装而来，没有菜肴的调和过程。即使有，"烹"和"调"仍属前后分立的两道工序。在西方语言中，没有与"烹调"确切的对应词汇，英语的 cook，法语的 lacuision，都是烹熟的意思。

由于是分别烹饪成菜，所以烹制菜肴最主要、最常用的炊具是平底煎盘，最具特色、最常使用的烹饪方法之一是煎。马新的《中国"锅文化"与西方"盘文化"比较初探》一文言：西餐的原料常常制成柳叶片状或扁圆形态，"是为了便于在平底煎盘中，只进行上下两面的加热和上色。它的形状特征是，加工时是独立的，上火时从生到熟也是独立的，出锅后摆在盘中与其他蔬菜组配，仍然是独立的。"与圆底铁锅相比，平底煎盘多适用于煎，而极少或没有用于炸、煮、烧等方法，于是在西方又出现了其他相应的炊具，如炸锅、煮锅、蒸箱等，不仅如此，西方人在加工制作菜肴的过程中，还根据原料的种类、形状、质地等特点，制造和使用不同的炊事用具。如仅刀具就有菜刀、多用刀、切面包刀、削皮刀、禽类菜肴用刀等。

（三）饮食对象

西方人的食品文化是传承古希腊的食品文化而来。古希腊食品文化体现着游牧民族、航海民族的文化血统，吃穿多从动物身上获得，饮食结构以肉类、蛋白质为主。因此，西方的食品也主要是肉类，面包等粮食类食物主要是作为一种辅助进餐的食品。

（四）饮食方式

西方的饮食方式倾向于分食制。食物个体较大，经常使用较浅的器皿。分食制的好处是一定程度上保证了食物的清洁性，降低了感染传染病的概率。但是分食制在人际关系的营造上不如聚食制。

以上特点为西方国家的饮食共性，当然各国也有各国的特色。本章将具体论述各洲的食品文化根源及其特色。

二、欧洲食品文化

众所周知，古希腊是西方文明的源头。在远古时代，东地中海是西方经济、文化的中心。雅典"创造了这样一个精神与智慧的世界，以致今天我们的心灵和思维不同一般。西方世界中所有的艺术和思想意识都有它的烙印"。黑格尔《历史哲学》中说：地中海是世界历史的中心、旧世界的心脏。如果这个观点是无可争议的话，那么说古希腊烹饪是西方饮食文明之源，也就理所当然。这除了各种文明的传承性外，更直接的原因是古希腊的主要食物、烹调方法尤其是正餐格局与品种都直接影响着西方许多国家的饮食。

（一）希腊的饮食特色

古希腊人有一个规则，那就是在所有的情况下，自由的男人与家庭的其他人分开进餐，不管是在什么时间、什么地点、吃什么菜肴，都是如此。家中的奴隶、儿童不论男女都只能与家庭主妇一起进餐。由此可见，男性的社会地位较高。而男性职业厨师的社会地位就更高了，因为他们的工作常与宗教仪式联系在一起。在男性进餐和娱乐的过程中，所有服务工作都是由主人的男性奴隶或临时雇佣的男性仆人来完成。他们把饮食看作是一种至高无上的，不容玷污的行为活动。这一服务特色流传到法国，至今法国正统的餐厅里皆为男服务员，以示对饮食的重视。

1. 保命的粮食——大麦、小麦

在欧洲餐桌上主要的食物为面包（图6-33），其原料便是麦子。在古希腊人家中，人们常将麦子磨成粉后烤成面包，配上橄榄油和其他调味品制成的鱼肉菜肴，作为餐桌上的主要食品。《奥德赛》是公元前9世纪—公元前8世纪古希腊盲诗人荷马根据口头流传的史诗、短歌编成的长篇叙事

图6-33　面包

诗，它与荷马的另一部作品《伊利亚特》一起被称为"荷马史诗"。关于古希腊烹饪的情况，在公元前8世纪以前主要体现在这两部书中。其中有一段描述："其时，屋里有一个磨面的女奴说话虔诚，置身附近，民众的牧者在那里安放手磨，共计十二名女仆在里面埋头干活，碾磨小麦大麦，凡人的命根。"在这些苦干的女子看来，小麦和大麦是所有人保命的食粮。在诗人荷马的笔下，麦粮是"常规"和居家过日子的东西，是支撑人的主要"物质基础"。人是吃面粮的凡胎，只有神、半神或者神所钟爱的王者们才能经常吃到猪肉、羊肉以及牛肉。在《荷马史诗》中，绝对不会出现用诸如"吃食面粮的"一类词语来修饰神祇的现象。

可见，古希腊一般人是吃不到畜肉的，最主要的食物还是以大麦和小麦为原料的面包，并成为保命的食粮，成为以后西餐桌上的主要食物。

2. 人们把食物作为一种恩赐和依赖的媒介

在荷马史诗时代（公元前 11 世纪—公元前 9 世纪），女人、儿童和仆人等最常得到的礼物便是食物和饮料；雅典侍从、王室的臣子都由其主人供养，并因功劳而得到食物作为赏赐；民主执政机构也用食物作为军人的军饷，用美味食物招待外来使节等。可见，食物成为联系各种关系的媒介。现在，对希腊人而言，聚会而食仍是最重要的社会活动。

（二）希腊食品文化的发展及其对西方烹调的影响

由于整个国家对食物的重视，许多制作食物的烹调技术在希腊被广泛运用，并且得到高度发展。

从烹调技术上讲，当时人们最喜欢用各种辛香料。一方面可以用来调味，另一方面香料还有其药用价值，它可以帮助消化，还具有防腐作用。在雅典的喜剧里，厨师们时常列出各种想要的调味料，不仅包括葡萄干、橄榄、刺山柑、洋葱、大蒜、孜然、芝麻、杏仁以及橄榄油、醋、葡萄汁、盐，也包括百里香、牛至、茴香、莳萝、芸香、洋苏草、欧芹、无花果叶子及其他香草等。而用这些香草进行调味的方法在后来的西方各国烹饪中被广泛使用，一直延续至今。如今，希腊人仍习惯用柠檬汁和干香草。他们无论制作冷菜汁、烹制热菜，还是制汤，都习惯用柠檬汁。干香草 "oregano" 是传统调味料，几乎所有的菜肴都要加一些。如今西方各国对调味也非常重视，如法国每道菜的烹调都很讲究调味，使用的调料种类很多，包括各种香料（香草）、酒和调味汁，品种多达上百。意大利菜也擅长使用番茄酱、酒类、柠檬等调料。

图6-34　橄榄油

希腊最重要的调味品是橄榄油（图6-34），在希腊几乎人人都喜欢使用橄榄油。希腊文字中，橄榄油与慈悲是相同的字眼，所以，橄榄油的重要性在希腊就不单是一种好食材而已，它更具有文化性的含义。橄榄油最迷人的地方还在于它神秘而动人的来源——希腊神话中的雅典娜。传说她是希腊神话中众神之王——宙斯的女儿，从宙斯头颅中出生，充满了智慧。她与海王波塞冬竞争做雅典城的守护神，看谁送给人们的礼物最好。波塞冬将他的三叉戟往地上一插，出现了一群白色的骏马，在大海中奔驰，爱琴海美丽的浪花，就是那些骏马在奔跑。而雅典娜则用她的长矛刺入大地，地上立刻长出了橄榄树和无花果树。橄榄树可以给人们带来阴凉，非常漂亮。橄榄油不但美味，还可以涂抹在身上解除一天的疲劳。橄榄为雅典人民带来了财富，于是人们推选雅典娜作为雅典的守护神，并且以她的名字来命名这个城市，于是，有了雅典城，并且以橄榄枝作为城市的象征。

雅典是希腊的中心，橄榄是雅典的象征，橄榄油则是精华。人们对它的喜爱有着美丽而深厚的历史根源，并形成一个食品文化圈，散射开去，在地中海沿岸的许多国家乃至整个欧洲形成几千年的历史，因此，在西方它被誉为 "液体黄金" "植物油皇后" "地中海甘露"。

并且，有人统计，《圣经》中，"油橄榄"，即"olive"出现的频率次数超过了 200 次。通过《圣经》，橄榄油进而影响到欧洲大多数的基督教国家。

在古希腊，聚会是一种重要的社交工具，食品的种类、顺序以及格局都是精心设计的，都有特殊的含义，并且已经形成一种体系。公元前 4 世纪时，在雅典精心制作的正餐上，开始时要上一篮子烤面包，然后是一道由各种开胃食物和调料组成的菜，与面包一起供享用。第二道菜是由各种海产品和蔬菜水果组成的，仍然伴有烤面包。第三道为主菜，所用原料有鱼类、家禽家畜及其他肉类，并配以酒，酒是主菜和餐后甜点之间的最佳选择，也是餐后甜点和饭后闲谈及娱乐活动中的必备之物。希腊是酒神狄奥尼索斯的故乡，葡萄酒文化的传播也是始于希腊。最后一道是餐后甜点，多用蛋糕、乳酪和干鲜果品等制成。这种格局几乎是所有西餐风味流派的正餐与宴会格局的蓝本，到如今，西式正餐基本格局大多仍然是开胃菜、汤、主菜、甜点这样的顺序。

（三）欧洲食品文化的发展历史

公元前 1 世纪，古罗马帝国征服了希腊本土和希腊人活动地区，古希腊的历史就到此结束，然而它的文化却一直流传着，势力强大、疆域辽阔的古罗马也是在古希腊文化的基础上建立起来的，因此，古罗马的食品文化也直接受到古希腊的影响。《牛津食品指南》指出，在公元前 5 世纪或公元前 4 世纪以前，希腊的许多城邦就有了高度发展的烹饪技术，"当大部分地区都成了罗马帝国的一部分后，罗马的烹饪本身就受到希腊文化的强烈影响而产生"，而罗马的烹饪又成了"西欧大多数国家烹饪的直接渊源"。

随着古罗马帝国的建立，西方的经济和文化中心也从东地中海向西移到意大利的罗马城。意大利即由古罗马帝国演变而来，它的食品文化直接源于古希腊和古罗马，因此意大利菜有"欧洲大陆烹调之母"之称，在世界上享有很高的声誉，成为当时西餐中当之无愧的领袖。

拥有罗马教廷的意大利，通过占据着西方文化核心地位的基督教文化，把东、西罗马帝国相继灭亡之后四分五裂的西方各国众多的城邦国家、封建小王国、教会领地等联系起来。意大利成为西方的经济、文化的中心。15、16 世纪的文艺复兴时期，意大利更保持着中心地位。到 17、18 世纪，随着启蒙运动的兴起和法国大革命的成功，西方的经济、文化中心也逐渐从意大利迁移到法国。启良在《西方文化概论》中指出：18 世纪的西方是法国人的世纪，由于路易十四（图 6-35）的世纪所创下的霸业和给法国带来的繁荣，"使法国在整个 18世纪成为西方文化的中心"。因而，法国菜在这一时期快速发展壮大起来，最终形成了自己的特色，成为 17 世纪至 19 世纪西餐的绝对统治者。

图 6-35　路易十四

法国菜是西餐中历史悠久的重要风味流派之一，在罗马帝国时期就受到意大利菜的影响。法国是于公元 476 年西罗马帝国灭亡后，在其废墟上逐渐建立的国家，在此以前它是古罗马帝国的一个省，当时就有一些雅典和罗马的有名的厨师来到这里，奠定了法国菜的基础。当时，法国人的烹饪十分原始、粗犷，见罗马人的烹饪较为高超、奢华，便开始学习并逐渐脱离了原始状态，不过烹饪时仍讲究以大取胜，体现一种粗犷豪放的姿态。如在宴会上，人们常将鱼、肉、家禽烹饪、组合成一个庞大的菜肴，由身强力壮的仆人抬出来，放在宴会桌上供享用。到了中世纪，法国烹饪用料逐渐广泛，烹饪日趋精致，开始追求滋补与欣赏的双重目的。不过，这一时期，法国菜基本受意大利的影响，依葫芦画瓢，缺乏自己的创新，也缺乏吃的礼仪。

直到17世纪，法国菜才真正形成了自己独特的烹饪风格，并取代意大利菜而成为新的统治者。这取决于两大事实：一是联姻，意大利的两位公主先后嫁给了法国的两位王储。1533年，讲究美食的凯瑟林公主嫁给亨利二世，以30名私人厨师作陪嫁，随之带入了意大利先进的烹饪方法和新的原料。亨利二世即位后，凯瑟林成为宫廷宴会的核心，又为亨利三世娶了意大利公主玛利亚。在两位公主的大力推动下，法国更大量引入意大利的菜点和烹饪技艺，使法国菜有了极大的发展。二是宫廷贵族对美食的关注。法国历史上的国王和贵族大多是美食家，对饮食精益求精。路易十四用20年的时间修建了凡尔赛宫，并多次在宫中为他的300多名厨师举行烹饪大赛，优秀者由皇后授予勋章，大大提高了厨师的地位。后来的法国国王路易十五和路易十六也都崇尚美食，上行下效，皇室成员和贵族也都以品尝美酒佳肴为乐事。在这种环境下，名厨辈出，法国厨师们也常感到一种超越过去的责任，通过更新观念和采用新的味道来推进烹饪艺术，对烹饪工作极为认真。如1671年，法国贡代亲王宴请君主路易十四，他的领班厨师瓦泰尔得知送来的鲜鱼无法满足宴会的使用，将导致菜肴出现缺陷，因此拔剑结束了自己的生命。悲壮慷慨的故事更加渲染了食品的伟大意义，追求完美的厨师更是令人敬仰。法国菜在广泛吸收意大利烹饪精华的基础上出现显著的变化，逐渐形成了华贵、精美的特色，即选料精细、味美形佳、菜点豪华繁多。

1789年，法国发生了资产阶级革命，大革命迫使贵族流亡他乡，他们的私家厨师沦落于贫困中，为了谋生，只有向处于上升地位的资产阶级提供服务，开放自己的餐桌，开设贵族式的大饭店，并取代一般平民的低级小饭店。他们的烹调技艺也随之广泛流传开来。其菜肴之考究、烹调技艺之精良，在西方国家声名鹊起，法国厨师被西方各国高价聘请，各国厨师也纷纷到法国学习烹饪。20世纪法国菜成为西餐的绝对统治者。可以说，20世纪的法国菜虽然没有路易十四时的豪华，但其影响力和传播范围却超过此前的任何时代，算得上是西餐的国王。然而，当20世纪中叶时，法国菜的尊贵和权威地位遇到了挑战，那就是简约而大众化的烹饪流派——英国菜，并丧失了其绝对的统治地位。

英国菜是西餐中历史相对短暂的重要风味流派（图6-36）。罗马帝国曾占领过英国，影响了英国的早期文化，但大多数烹饪知识以后都失传了。后来英国菜在其发展过程中受到了意大利和法国菜的极大影响。早期英国先民的烹饪十分原始、粗犷，对菜点几乎没有质量要求。11世纪中叶以后，诺曼人进入英国，带来了法国、意大利的生活习惯、生活方式和食品文化，英国食品文化中落后而原始的方面才得以改善。16世纪至17世纪是英国食品文化发展的重要时期。一方面，英国王室和贵族的大部分成员热衷于法国菜，使上层社会的烹饪

图6-36　英国菜——烟熏鱼

以法国菜之精美特色为主；与之相对的另一方面是，国王亨利八世拒绝罗马教皇的控制，并接受清教徒思想，斥责肉体享受，对烹饪既没有兴趣也不支持，这样中下层尤其是下层社会的烹饪更多地沿袭和推崇英国追求简单、实惠的古老传统，形成简约的特色，即简单而有效地使用优质原料，并尽力保持原有的品质和滋味。18世纪至19世纪，英国食品文化中简约的特色得到进一步发展。此时出现的食品工业就是简约特色与工业革命结合的产物。在工业革命期间，农民成了产业工人，没有时间做饭，不得不普遍依靠现成食品和食品商的服务。不断增长的城市人口的吃饭问题促进了食品工业的发展，脱水食品、罐头食品及冷冻食品不断地送上餐桌。从此，工业化的食品在英国人生活中占据了显著的地位，以致英国人自嘲说："英国人只会开罐头。"当然也存在另一种"不会开罐头，只会吃"的继承法国豪华精美特色的食品文化。

从以上三个对世界较有影响的欧洲风味流派来看，它们的食品文化都具有一定的传承性。追根溯源，其源头都为古希腊饮食。然而，由于欧洲各国历史、政治、人文风俗、地理环境等的复杂性，欧洲食品文化也呈现出各种差异，形成食品文化的多样化。

（四）欧洲食品文化的差异性

在西方，很少有国家始终保持统一大国的地位，大部分国家在整个历史发展过程中处于分裂、割据状态，难以在国家层面实行统一管理和控制，另外大大小小的城邦国家和封建小王国林立其中，都有着自己的相对独立性，相互间更加无法协调统一。古希腊就是由许多城邦组成的。据不完全统计，公元前500年前后的希腊已有近百个城邦。后来，古罗马将其统一，建立帝国。到了中世纪，古罗马帝国分裂，意大利又将这些分裂的小王国、封建领地联系起来。但是君王对国家缺乏绝对的领导权和控制权，封建领主借助教会势力与君权割据、抗衡。易丹在《触摸欧洲》中提到，当时"所谓的欧洲一共有大约500个政治实体，包括封建领地、教会领地和城邦国家等，这些零零碎碎的政体之间矛盾不断"。受其影响，欧洲食品文化的发展必然存在较大的差异性，且发展极不平衡，此起彼伏。

意大利、法国、英国三个风味流派，虽然皆为西餐模式，但它们形成和兴盛的时间各不相同，并都具有各自的特色。

1. 意大利菜

意大利菜为鼻祖，最具古朴特色。它虽然直接继承古希腊、古罗马食品文化发展而来，却放弃了导致罗马帝国灭亡的奢华之风，并形成了独特的烹饪风格，处于整个欧洲的领先地位。意大利的烹饪艺术家在烹饪中讲究选料清鲜、烹饪方法简洁，注重原汁原味，各种菜肴和面食品不仅传统且家庭气息浓郁，使意大利烹饪具有古朴的特色，并一直延续至今。用最简单的烹饪工艺制作出最精美、最丰富的菜点，成为意大利人对美食的理解与追求。面食和家庭风格成为意大利菜最主要的特色。

2. 法国菜

法国菜就像贵族，极具华丽、精美特色。由于它本身出身宫廷贵族，所以无论是取材、烹调方式还是服务、用餐环境及餐具，都体现着高雅的格调。从选料上看，内容极其广泛，常选用稀有的名贵原料，如蜗牛、干贝、鹅肝、黑蘑菇等。此外，还喜欢用各种野味。其烹调方法多种多样，几乎包括了西餐所有的近20种烹调方法。服务和用餐环境更是首屈一指，无可挑剔。正统式的法国服务，是宫廷式侍卫的服务。当时路易十四极尽享受，特别训练了一批侍卫服侍他"吃"。几经流传，法国式传统服务和法国菜的地位一样，成为法国餐厅不可或缺的项目。在法国正统的餐厅里，服务人员都是男性，穿着正统礼服，以极熟练的动作替客人做至诚的服务，而且神色从容、举止得体，体现高贵气息。

高档餐厅固然格调高雅，可法国家庭也毫不逊色，哪怕是普通百姓家，餐具和酒具都有好几套，摆放的位置和上菜的顺序以及座位的安排都很有讲究。法国人已经将世界许多国家人民视为日常生活需要的吃喝提升到了艺术的高度，对其中的排场、摆设的创新都达到了登峰造极的程度。每年的博若莱新酒上市和《米其林美食指南》的都会成为全国人民的大事，对其关心的程度远胜过教皇或总统的演说。正是由于法国人对饮食的重视，以及法国菜在国际上的地位，西方语言中大部分与吃有关的词汇也都来自法语，如餐厅（restaurant）、菜单（menu）、调味酱（sauce）、基尔酒（kir）等。

对法国人来说，吃饭喝酒已经远远超出了工作和生理的需要，更多的是对饮食的精雕细琢，和对文化的享受。美国著名作家诺贝尔文学奖获得者海明威曾讲过："巴黎是不散的宴席。"这话形象地道出法国人如何沉迷于饮食。法国人吃正餐时，从开胃酒开始，到佐餐酒（至少两种），再到消化酒和咖啡（有时可以有两道咖啡）结束，配上头盘、主食、甜点（有时甜点之前还要加上奶酪和蔬菜），洋洋洒洒，至少三个小时。

3. 英国菜

英国菜为新贵，颇具简约、快捷的特色。烹调方式简单，制作方式只有两种，放入烤箱烤，或者放入锅里煮。传统的英国早餐在制作时什么调味品都不放，吃的时候再依个人爱好放些盐、胡椒或芥末、辣酱油之类。

英国人认为粗茶淡饭是"保留食品的天然营养成分和口味"。出于这一原因，英国的美食相对其他国家较少。有人形象地比喻说，法国大餐注重质量，德国伙计提倡分量，而英国人在餐桌上讲究礼貌。通常在英国布置和收拾餐桌的时间比吃饭的时间还要长。法国戏剧大师莫里哀有一句著名的台词："究竟是活着为吃饭呢，还是吃饭为活着？"将英国人和法国人对比之后，便很容易做出答案：英国人吃饭为了活下去，法国人活着为了吃得更好。

不过虽然英国人不精于烹调、不善于准备正餐，但英国的早餐却是闻名于世，成为英国菜的招牌。他们对早餐非常讲究，英国餐馆中所供应的餐点种类繁多。而时下所流行的下午茶也源自于英国，比较知名的有维多利亚式，内容包罗万象。

以上列举了欧洲三个主要风味流派的饮食，各有特色。当国家的整体文化发展壮大时，其食品文化也会随之升温，成为世人瞩目的代表。但它们共同的根还是古希腊食品文化，并从中源源不断地汲取营养。

当然，欧洲还有很多其他的国家也有独具特色的饮食传统，归根到底，或多或少地都受到希腊的影响。比如俄罗斯，虽然离欧洲中心较远，地处欧亚大陆北部，但其饮食结构也毫不例外地沿袭了部分西餐风格。它受法式菜影响较大，并吸收奥地利、匈牙利等国菜式的一些特点，结合自己的饮食习惯，逐渐形成独具特色的俄式菜。

三、北美洲食品文化

北美洲是开发晚而发展快的大洲，在人种、宗教以及社会制度等方面都有着相似之处，食品文化也不例外，都在一定基础上呈现一种兼容并包、有容乃大的气势。

（一）美国的食品文化特色

1. 沙拉文化

有学者认为美国的食品文化是一种熔炉文化。这一观点的代表人物是美国的一位食物、酒和烹饪的权威——戴维德·罗森加滕（David Rosengarten），获奖食谱《品尝》（*Taste*）的作者，全球播放的有线频道"食物网络（*Food Network*）"的主持人，关于食物的简讯《罗森加滕报道》（*Rosengarten Report*）的制作人。美国的文化虽然主要是自欧洲带过去的，但最近一两百年，美国发明、消化、融合了各种文化内容，形成了大熔炉式的文化氛围。

从早期的印第安土著人，到 17 世纪从欧洲大陆不断迁来的移民，以及现在仍在移入的亚洲人、中东人、非洲人、大洋洲人和南美人，随着各个种族的移民来到这片土地，各自独具民族特色的食品文化也随之而来，使美国的烹饪、食品文化也如其历史、文化一样，成为多元、多民族的。在美国大街上可以看到各式各样的，不同类型、名称的餐馆，诸如法国菜、正宗意大利烹饪、墨西哥菜、印度餐馆、泰国菜、韩国菜、越南菜以及随处都能见到的中国菜等。美国成为一个融汇各国美食的场所，所以也有人认为，美国的食品文化是一种沙拉文化。但是饮食习惯往往是人们最顽固的文化习俗，不像语言和穿着，饮食经常在私人的住房里进行，隐藏在大众文化背后，具有独立性。这些饮食习惯往往受到经济的、社会的、生态的、甚至是生理的因素的影响。这使得不同文化背景、不同食品文化形成了各自的风格，不同的民族有不同的饮食风格，具有不同文化背景的人到同一个地方，会开始尝试接受新的大众文化，这个过程称为文化适应。但是也有一部分人始终保持原有的风格，而不能进入同化阶段。由于美国食物品种充裕，大多数传统菜品皆可实现，有利于人们保持本国或本民族风格，因此这个文化适应的阶段会很漫长。

2. 缺乏标志性烹饪美食

饮食的多元化、多民族化是美国食品文化的一大特色，然而同时，也使得美国的烹饪美食在多元化饮食中显得很难辨认。什么是正宗的美国菜？这个问题美国人自己也要想好一阵，然后冒出一句：汉堡包。但可惜这不是菜，其源头也不在美国，地道的美国人也不认为汉堡包是美国特色。此外，还有玉米这种土生土长的食物原料也没有变成"全国性的美食"，反而在邻国墨西哥得到了极大发展，成为墨西哥的标志性美食。

美国没有形成标志性烹饪美食的原因很复杂。

其一，美洲印第安人，没有创建全国性饮食的理想条件。食品文化的发展依赖于相互得益的思想交流，而这个国家的广袤疆域和印第安人文化的分散性都阻碍了烹饪技术的进步。美国印第安人所在地区没有大城市，这也妨碍了美食烹饪的发展，因为实践证明，在大城市环境中的交际往来有助于精美烹饪技术的出现。

其二，美国烹饪始终没有来自王室的驱动力。法国、意大利、西班牙、波斯、北印度、泰国和中国的烹饪都被为宫廷创造"全国性"食物的需求所驱动。这不仅统一了国家的烹调技术，并且促进了它的复杂多样性。因为厨师们为了寻求王室的赞许，同行间争相超越。

其三，美国烹饪受到清教徒观念影响，主张简化宗教礼仪，提倡勤俭清洁的生活。几百年来这种思想一直在美国流行着，形成一种不利于美食发展的意识。

其四，具有"为活而吃"而不是"为吃而活"的精神特质。欧洲人初来时，做饭的主导思想是奋力获取各种赖以生存的食物而不是追求创新。饮食仅仅作为一种生存的必要手段和交际方式。

其五，开拓者精神也对延迟美食发展起了作用。美国人如今依然富有探索精神，与欧洲人乐于"坐在一起"研究美食的心态不同。

其六，方便食品和快餐行业的快速发展。美国是世界上发展方便食品和快餐行业最迅速的国家之一，他们在方便食品领域的技术也处在世界领先地位。方便食品可以实现现吃现做，帮助人们节省时间，但是却不利于发展具有美国特色的精致菜肴。

最后，外来强势食品文化的强大冲击，尤其是意大利和中国餐馆在美国餐馆文化中占领着主导地位。意大利食品进入美国家庭，在美国日常饮食中起着无比重要的作用，成为主流饮食的主要组成部分。还有许多其他国家的餐饮，如阿富汗烤肉串餐馆、朝鲜烤肉房、埃塞俄比亚烙饼铺、古巴猪肉菜肴店、印度咖喱坊、泰国面馆等在美国也受到欢迎。在某些程度上，美国人把外国的食物视为了最爱。

3. 快餐文化的强势发展

北美大陆是快餐行业最大的地区市场，多个著名的速食品行业的国际品牌也都是来自美国，也有人说美国的食品文化就是快餐文化。

图6-37　西式快餐——麦当劳

美国经过200多年的经营，虽然未发明出与法式和意式相提并论的烹饪体系，却形成了简单、方便、快捷为特色的烹饪方式，最具代表性的就是工业化生产的各种饮料和快餐食品、速冻食品等。仅以快餐为例，根据2016年的统计，美国的整个快餐业在职员工有1000多万人，美国人在快餐上的消费多于高等教育、个人电脑和更新汽车上的消费。90%以上的美国儿童每月都要去麦当劳餐厅就餐（图6-37），1/3的美国人每周要吃3次汉堡包。1970年，美国人花在快餐上的消费为60亿美元，到2000年猛增到1100亿美元。1968年，美国有1000家麦当劳连锁店，2002年，已有2.8万家麦当劳餐厅遍及120个国家，并以每月2000家的速度在全球各地增长。在美国，麦当劳公司每年的在职员工约100万人，超过任何一家私营或国有公司，据估计，每8个美国人中就有一个人在麦当劳公司工作过一段时间。

美国快餐业发展如此神速，其背后有着巨大的推动力。一方面，科技革命和管理革命极大地提高了劳动生产率和劳动者的收入，人们迫切需要简单、方便、快捷的食品，也渴望并且有条件实现家务劳动包括家庭烹饪的社会化；另一方面，机器加工和科学技术造就了生产的自动化，既促进了传统手工烹饪在一定程度上向现代工业烹饪的转变，也促进了食品加工技术与手段的提高，于是出现了麦当劳、肯德基等现代快餐企业。它们集现代科学与机器加工技术于一身，以标准化、规模化、工业化的手段，制作出简单、方便、快捷的食品，极大地满足了人们的需要。并且随着时间的推移，极具特色的美国烹饪在强大经济实力的支持下昂首进入欧洲，并且产生了极具震撼力的影响，香烟、口香糖、可口可乐等美国产品成为欧洲人新举止的象征。如今由美国快餐业引起的快餐文化已风行全世界，它不仅影响着美国的经济，而且影响着美国的文化、意识形态甚至政治。

4. 饮食的欧式风格

美国是一个移民国家，早期移民中绝大多数来源于欧洲，这部分欧洲人的饮食代表着美国主要的饮食特色，即欧式风格。为大家所熟知的汉堡包和炸马铃薯条（图6-38）其实也不是美国土生土长的食品，汉堡包是19世纪末期由德国传入美国；马铃薯是在1719年由爱尔兰人引入美国。其他的一些被认为是美国的典型食物，如热狗、苹果派还有冰淇淋等都是源于欧洲。

图6-38　炸马铃薯条

由于历史原因，美国早期的欧洲移民以英国人为主，英国是典型的欧洲国家，所以美国的饮食习惯具有欧洲风格并与英国很相似。

在1607年开始的早期移民当中，英国人占了很大的比例，其中有许多是清教徒。他们利用当地的食物原料烹饪出英国风格的菜肴，使得这里的饮食烹饪具有浓厚的英国气息。此外，由于早期移民的生活条件十分艰苦，食物原料缺乏，依料烹饪，也使他们在烹饪上不得不承袭英国烹饪简单、实惠的传统特色。到了18世纪和19世纪，美国大量涌入了西方各国的移民，经济日益繁荣，与欧洲的交流更加频繁，于是在饮食烹饪上也融入了更多的风格，如爱尔兰移民在宴会上仿效法国人的习惯，将每道菜都配上相应的酒。托马斯·杰弗逊在当美国总统之前，曾游历法国、意大利等西方国家，带回了许多菜点和烹饪技法。如此一来，在美国的上层社会，人们醉心于欧洲贵族的生活方式，法国菜成为展示地位的标志，法国厨师在许多大城市深受欢迎。可以说，在这一时期，美国菜以英国菜为基础，深受法国、意大利烹饪的影响，是积极的学习者。到现在，美国的烹饪方式仍然是以英国菜为基础的欧式风格。

（二）加拿大食品文化

加拿大在历史上曾是英法的殖民地，人口也以欧洲移民为主，因此它的食品文化也体现着欧洲特色。

17世纪初，欧洲人殖民加拿大，1603—1608年，法国人在芬地湾建立居留地，在圣劳伦斯河流域建立了魁北克城。因此，法国文化是最早在加拿大建立的欧洲文化。至今全国仍有28%的人说法语。1613年，英国人也开始移民到加拿大。在后来的几十年里，英、法移民不断地为毛皮贸易和加拿大殖民地的主权而发生争执，1756年，双方爆发了一场七年战争，英国获胜，并于1763年获得支配权，成为加拿大唯一的统治者。19世纪上半叶，英国向加拿大移民激增。所以加拿大的食品文化也明显地带有英、法特色。

加拿大联邦成立后，移民日益增多。1913年移民至加拿大的人数达到了40万人的顶峰，大多数的移民来自不列颠群岛或东欧。第二次世界大战后，加拿大的经济持续发展，加上政府的社会福利制度，诸如家庭补贴、老年津贴、普遍医疗保险和失业保险等给加拿大人带来了高标准、高质量的生活。加拿大的移民潮也有了显著变化。越来越多的移民来自南欧、亚洲、南美和加勒比海群岛，这些移民的到来使得加拿大文化成为一种多元文化。食品文化也向多元化发展。

与美国不同的是加拿大全国各地都有自己的名菜名吃和风味食品，尤其是加拿大北部的爱斯基摩人的北极鲑鱼（图6-39）、西部印第安人的鹿肉、野牛肉和野生大米等，都是其他国家所没有的。

图6-39　加拿大饮食——枫糖煎鲑鱼

四、拉丁美洲食品文化

在政治地理上，拉丁美洲是指美国以南所有美洲各国和地区的通称，包括墨西哥、中美洲、西印度群岛和南美洲。由于历史原因，拉丁美洲现在居民成分很复杂。半数以上居民是混血种人，这一地区也始终处于两种或多种文明互相冲突与融合的状况下。

拉丁美洲文明的形成最早应该开始于 16 世纪哥伦布到达美洲大陆。这一时期是伊比利亚欧洲文明最早和拉丁美洲本地的印第安文明接触的开始。同时伴随着欧洲人贩卖黑人奴隶到拉丁美洲，非洲的黑人文明也被带到了拉美大陆。哥伦布远航到拉美后，殖民者们就开始了对这一地区的殖民。如果从文明的角度来看，其实就是一种文明对另外一种文明的消灭和吞并，这两种文明从一开始接触的时候，双方的强弱就非常分明，伊比利亚欧洲文明占有绝对优势的地位，而土著美洲印第安文明无论从经济发展程度、政治组织和制度方面都居于劣势。但是，土著印第安文明并没有完全被消灭，而是渐渐与非洲黑人文明一起融合进了强势的伊比利亚欧洲文明。

拉丁美洲的食品文化也强烈地带有这一特色。多种地域的食品文化交杂在一起，欧洲食品文化占主体，本土食品其次。以中美洲的文明古国——印第安人的文化中心，印加文化的发源地，同时也是人类文明史上著名的玛雅文化的发源地——墨西哥为例来说明这一特色。

（一）墨西哥的用餐习惯

墨西哥的用餐习惯很有特点，一般早餐时间为上午九点钟，午餐要到下午两点开始，晚餐则在晚上九点以后。一顿饭从宾主入座，到全宴吃完，少则两三个小时，多则四五个小时。进餐节奏非常冗长、舒缓，与同受欧洲文化强烈影响的北美洲有天壤之别。

墨西哥人讲究礼仪，注重礼貌，待人坦诚，热情好客。在墨西哥人家中进餐，宾主围坐在一张长方形桌子周围，主人坐在桌子正座一头，主要客人坐在对着主人的长桌另一端，另外的人按主人的安排在桌子两侧就座。

进餐过程中，手臂不能放在餐桌上，身体活动幅度不宜太大，坐姿要端正。吃东西时不可狼吞虎咽，不要发出"叭叭"的声响，嘴里咀嚼食物时不要说话，也不要发愣，以免主人难堪。汤或饮料如果太热，待凉后再用，不可用口吹气降温。盘中的菜最好吃净，剩有一星半点可以留在盘中，不可用手抓或用面包片擦。面包要掰成小块放入嘴里，不可整个咬食。水果要用刀切成小块吃，果皮、果核不可扔在桌子上或地上，应放在盘子里。吃完饭，主人先离座，客人再起身离座，并向主人道谢。离开餐桌时要打招呼，咳嗽时遮住嘴和鼻。嘴巴和鼻子弄出的声响一般会使墨西哥人感觉粗鲁和无礼。

图 6-40　墨西哥玉米片

（二）墨西哥标志性食物

墨西哥受西班牙殖民统治长达 300 多年，因此在饮食上受西班牙食品文化的影响非常大，比如正餐十分繁杂。但其本土的食品文化并没有因此而丧失，反而越来越鲜明，成为国家的一种标志。如玉米和辣椒在食品文化中的地位。

玉米是墨西哥人食品文化的核心（图 6-40）。现代考古证实，玉米起源于一种生长在墨西哥的野生黍类，经过逐渐的培育，在距今 3000 年到

4000 年前，中美洲的古印第安人已经开始种植玉米了。人们对玉米的感情，近乎达到了崇拜的程度。在古代印第安人的宗教文化中，玉米已经超出了普通食物。墨西哥民间有许多关于玉米的神话和传说，古代印第安人信奉的诸神中，就有好几位玉米神，在玛雅人的神话中，人的身体就是造物主用玉米做成的。在乡土文化中，"玉米人"已经成为对中美洲印第安土著人的一个代称。玉米业已升华为墨西哥的一种文化情结，象征着墨西哥先民印第安人的勤劳、智慧和伟大，所以即使是最普通的玉米面饼，在高级宴会乃至国宴都有它的一席之地，在人们的日常生活中也占有着非常重要的地位。他们年人均消费大米只有 8 千克，而年人均消费玉米却是几百千克。墨西哥人用玉米制作的食品种类繁多，据说多达 40 种。把玉米比作墨西哥文化的精髓一点也不过分。至今用玉米做成的美食还是墨西哥人领先，并且影响着其他国家。美国久负盛名的，从超级市场到小杂货店均有出售，大人儿童都爱吃的爆米花其实也是从墨西哥传入的。还有类似春卷的"塔可"（把肉馅放在玉米薄饼中卷好后放在奶油中煎炸）（图 6-41），鲜美的玉米肉肠，嫩玉米棒子等墨西哥风味快餐食品都在美国街头流行。

除了玉米，辣椒也是墨西哥菜的特色。首先是因为，辣椒的祖籍在南美洲圭亚那卡晏岛的热带雨林中，古称"卡晏辣椒"，是正宗的"辣椒之乡"，不过最早栽种的却是印第安人。在墨西哥的拉瓦坎谷遗址中，曾发现化石辣椒，后在秘鲁沿海一带遗址中，也发现过化石椒。可见辣椒在此地区历史悠久。其次，早在玛雅时期，墨西哥的古印第安人就已经特别嗜好辣椒。500 年前，西班牙人入侵墨西哥，一位西班牙传教士看到，阿兹特克玛雅时期另一个中美洲强大帝国，国王吃的菜肴中就有许多辣椒做的菜。现在的墨西哥人更是把他们祖先爱吃辣椒的嗜好发展到登峰造

图 6-41　墨西哥塔可

极的地步。中国有句俗话为"无酒不成席"，墨西哥是"无辣不成席""无辣不能活"。他们早晨起床第一件事就是用辣椒"醒神"，各式食物都以辣为主，连松饼一种点心类的小糕点，一般为甜香味，以面筋粉、鸡蛋、牛乳为主料，都是和以辣椒烤制，甚至在吃水果时也要加入一些辣椒粉。

（三）墨西哥烹调方式

就墨西哥的烹调方式而言，最主要的应该就是烧烤，烧烤也是整个拉丁美洲饮食的一大特色。对于热情的拉丁美洲人来说，整只牛仔腿、羊腿、大块烤肉是日常不可或缺的美味。而且在用餐过程中还伴有欢快的音乐和舞蹈，融入了部分黑人文化。就中国国内的拉美餐厅而言，其主打的也几乎都是烧烤。可以说这是一种比较原始，又充满情趣的烹调方式。

从以上可以看出，虽然墨西哥受到外来文化的影响很大，食品文化呈现一种多元的趋势，但其本土文化仍占据着非常重要的地位。在拉美的其他国家，也都体现这一特色。

综上所述，拉丁美洲由于历史原因，它的食品文化融合了伊比利亚欧洲的饮食特色，同时又呈现着印第安本土特色，还夹杂着非洲黑人文化，表现着与众不同的食品文化风貌。从人种上我们也可以看出其文化的多元性，在整个世界的食品文化中占据着一角。单就墨西哥烹饪而言，墨西哥菜已经成为与法国菜、中国菜并驾齐驱的菜系，并且还在不断地发展壮大着。

五、大洋洲食品文化

澳大利亚是拥有大洋洲大陆全部领土的唯一大陆国。世界各大洲，例如亚洲、欧洲、美洲、非洲都有为数较多的国家聚居其上；唯有大洋洲大陆仅为澳大利亚一个国家单独占有（新西兰等为岛国），所以下文主要介绍澳大利亚食品文化。

澳大利亚几乎没有自己的食品文化，虽然其中部也保留着土著饮食习惯，但随着欧洲和亚洲移民的涌入，也被欧洲和亚洲食品文化所同化。

（一）澳大利亚移民与饮食的关系

澳大利亚是一个白人移民为主的国家，白人移民及其后裔约占全部人口的95%。1788年1月26日，首批英国移民约1030人到达澳大利亚，自1830年以后，为加快殖民地开发和缓解英国国内的人口压力，殖民地政府积极鼓励移民，并用拍卖土地所得实施资助。到1850年，移民共有33.3万人。1850—1860年的淘金热，使前往澳大利亚的移民达到60.2万人。1901年澳大利亚建立联邦后，为发展经济和增强国力，又从英国大量移民。而英国也指望此举能缓解本国的人口压力，因此从财力上支持向澳大利亚移民的计划。1906—1929年，英国移民约为51万，占这一时期移民总数的90%。从以上数据上看，澳大利亚人实际上与美国人一样，是英国人的后裔，其食品文化与英国渊源颇深，所以澳大利亚的食品文化或多或少地带有欧洲特色，主要以传统的英格兰、爱尔兰为主。

19世纪50年代的淘金热带来了大量欧洲移民，同时也带来了丰富多彩的食品文化。意大利、希腊、法国、西班牙、土耳其、阿拉伯等各地食品相继在澳大利亚各地落户生根，它不仅满足了各地移民的需要，也给那里的英国后裔带来了新的口味。

20世纪70年代后期越南难民涌入澳大利亚，一种价格低廉的越南菜悄悄流传开来，其中最脍炙人口的就是牛肉粉，这几乎成了越南食品的象征，然后没过多久越南风味就被咸、辣、甜的泰国菜所取代。泰国餐馆就像当年的法国餐馆一样迅速遍及各个城区，并风行了10年。

图6-42　黑椒牛柳

而现在最为流行的亚洲餐为中餐。从19世纪50年代淘金潮开始，华工就已经把中国的食品文化带进澳大利亚。当时的许多小城镇都可以找到中餐馆。20世纪初，糖醋排骨、黑椒牛柳（图6-42）、咕咾肉、杏仁鸡丁就已经成为风行一时的异国情调菜肴。现在可以在澳大利亚任何一个小城镇里看到中式餐馆，在大城市里的唐人街，中餐馆、酒楼更是鳞次栉比，不胜枚举。据统计在各国风味餐馆中，中餐馆的数目是最多的。

在澳大利亚有多家中国餐馆，有人估计有2000家以上，也有人估计约有1/4的澳大利亚人（指欧裔人士）经常吃中国菜。有许多饮食界专家和报刊专栏作家，常在他们的文章里描述和赞赏中国餐馆里的美肴佳馔，并称赞中国烹调是中国及其文化中永恒的光彩。可以说，中餐在澳大利亚的地位相当高。现如今，澳大利亚美食可以说是东西方食品文化的最佳结合，将欧洲和亚洲的美食共置于一炉。

（二）澳大利亚食品文化特色

由于澳大利亚所处的地理位置、自然环境的特殊，它的食物原料也体现着与众不同的特色。

澳大利亚是一个富庶的国家，它位于太平洋西南部和印度洋之间，周围广阔的海域为这个国家的人们提供了取之不尽、用之不竭的海产资源，所以海鲜就成了这里非常著名的菜肴，其中龙虾尤为名声显赫（图6-43）。单用海产来概括澳大利亚是不够全面的，它的畜牧业也十分发达，号称"骑在羊背上的国家"，乳制品、牛羊肉的消费量较大。据统计，澳大利亚人对肉的消费量居世界第三位，人均年消费为110千克。一个典型的澳大利亚的四口之家一个礼拜大约吃掉5千克的肉类，所以肉类市场上有大量野生动物，在饭店还能吃到鳄鱼、袋鼠和鸵鸟肉。其实早在3万年前，澳大利亚土著人已经以吃袋鼠为

图6-43 澳大利亚大龙虾

生了。出于袋鼠数多为患，现在澳政府仍批准人们可以宰杀、食用一定数量的袋鼠。袋鼠成为澳大利亚的特产、专利。澳大利亚人最偏爱的肉也是袋鼠肉。

澳大利亚比较有当地特色的饮食是澳大利亚烧烤、邓皮饼和皮利茶。

烧烤在澳大利亚是一种非常流行的餐饮形式，经常在家宴或各种联谊性质的宴会上被采用，烧烤炉自然是澳大利亚家庭必备的烹饪器具。

皮利茶和邓皮饼是19世纪流传下来的，当时，大批淘金者风餐露宿，生活异常艰苦。由于没有煮水的容器，淘金者就在铁制罐头盒上装上吊柄，用它来烧水，当时，人们称这种罐头盒为皮利罐，用这种罐烧的水沏成的茶便成了皮利茶。

邓皮饼是一种面包，它以面粉、牛乳、糖和盐为原料，将面团揉好后放进一个铁锅，加盖捂严。将锅放在事先刨好的土坑中，在锅底及四周放上火炭及木材，在坑顶培上一些土捂严实。过一段时间后，扒开土取出铁锅中已经烘焙好的面团，邓皮饼就制作好了。如果在邓皮饼上抹一点黄油和糖浆，味道就更可口。威廉·邓皮是17世纪荷兰航海家，是澳大利亚早期的探险者，在登陆澳大利亚大陆后，由于找不到食物，他便用船上剩余的面粉按上述方法制饼充饥。后人便称它为"邓皮饼"。

以上三种饮食方式都比较原始，具有当地特色，还有一定的历史纪念意义。然而它们没能进一步发展壮大，形成澳大利亚的代表性饮食。提及澳大利亚，人们首先想到的是它是英国的后裔，食品文化呈现一种以欧洲风味为主的多元化发展趋势，其中，中餐占据着很大的一角。澳大利亚特产丰富，有着得天独厚的海鲜、独一无二的野生动物袋鼠……使澳大利亚的菜式与其他西餐有所区别，形成了澳大利亚菜独有的风格。如果说美国是一个食品文化大熔炉的话，那么澳大利亚就是一块镶嵌着各种食品文化的瓷砖。

六、非洲食品文化

（一）非洲三大文化区

要了解非洲的食品文化，必须先了解非洲的三大文化区：阿拉伯-伊斯兰文化区、贝扎-安哈拉-索马里文化区和黑人文化区。

文化区是指在一定的地理范围内盛行一种文化特征的地区，一个文化区拥有各种各样的

行为系统：明显的居住形式，特殊的语言，一定的经济体系，一种特定的社会组织，某一种宗教信仰和仪式，还有独特的食品文化等。了解了这三大文化区后，自然也就能掌握它们的食品文化特征。

当然，这三大文化区是相互穿插的，在历史上也存在着此消彼长、变动不定的情况，但是，仍然可以大概地在它们之间画出一条分界线，即从塞内加尔河口开始画一条线，向东经过廷巴克图到喀土穆，从那里往南和往东划到北纬12°埃塞俄比亚边界。

再沿着埃塞俄比亚的西部和南部边界划到朱巴河，接着从朱巴河划到印度洋，这样就把非洲划为两部分。在线的以北和以东居住的基本上是肤色从淡白到浅棕的高加索人种（或称"欧罗巴人种"，也就是通常所说的"白种人"）。这一部分又可一分为二：沿着苏丹共和国和埃及在努比亚沙漠的边界画一条线到红海，以西包括埃及、利比亚、突尼斯、阿尔及利亚、摩洛哥、西撒哈拉、毛里塔尼亚以及马里、尼日尔、乍得、苏丹四国的北部。这里的居民属于高加索人种地中海类型，在语言上通行阿拉伯语，宗教上普遍属于伊斯兰教。所以我们把这一部分地区称为阿拉伯-伊斯兰文化区。另一部分，包括苏丹东北部、埃塞俄比亚、厄立特里亚、吉布提、索马里以及肯尼亚北部。这一地区人民体质特征上属于高加索人种埃塞俄比亚类型，语言上属于亚非语系，宗教信仰基督教和伊斯兰教。主要部族有贝扎人、安哈拉人和索马里人等。因此我们把这一地区称为贝扎-安哈拉-索马里文化区。

以上两个文化区，从面积来说，占非洲大陆总面积的1/3，从人口上说，则不到非洲大陆总人口的1/3。非洲大陆另外约2/3的土地和人口属于黑人文化区，即撒哈拉沙漠南缘那一条分界线以南的非洲大陆。人口从古至今一直以尼格罗黑人为主，信仰传统宗教——拜物教。这一地区历史上一直与外部世界处于半隔绝半封闭的状态。主要原因是撒哈拉大沙漠对于非洲大陆北方和南方之间的阻隔作用，严重限制了南北的联系，使黑非洲文化与北非文化之间的差异日趋明显。另一方面是南部非洲大陆缺乏航海传统而造成的封闭状态。于是，在地理结构上十分完整统一的非洲大陆，从文化上逐渐被分割成南北两大部分——以地中海周边文化为一体并与欧亚大陆东西方各大古代文化有许多联系的北非文化，相对封闭独立发展的以尼格罗黑色人种为主体的撒哈拉以南非洲黑人文化。

（二）阿拉伯-伊斯兰文化区食品文化

阿拉伯国家地跨亚非大陆，又与欧洲隔海相望，1000多万平方公里的土地上居住着两亿多的人口。幅员的辽阔和人口的众多，使这里的饮食显得五花八门。不同阿拉伯国家的饭菜不尽相同，但也存在着许多大体相同或相似的地方，都属于伊斯兰食品文化区。

北非的阿拉伯-伊斯兰化从公元640年阿拉伯人攻打埃及开始，之后又推进至整个北非。阿拉伯人占领这一地区后，采取了一系列的措施：用阿拉伯语传播伊斯兰教；宣传以阿拉伯文为官方文字；对穆斯林免除人丁税，以鼓励当地居民皈依伊斯兰教；向北非大举迁移阿拉伯人，并让他们与当地居民混合杂居，融为一体。这样，阿拉伯语和伊斯兰教就逐渐成了北非当地居民的语言和宗教，北非的文化也就成了阿拉伯文化的一部分，甚至在血统上也难以准确地分辨阿拉伯居民与土著居民了。北非阿拉伯伊斯兰化的过程，始于7世纪，止于11世纪，持续了500年。如此一来，北非彻底成为阿拉伯的世界，饮食上完全阿拉伯-伊斯兰化，主要有以下三个基本特征：

（1）主要植根于农林牧渔相结合的经济，植物性食料与动物性食料并重，膳食结构较均衡。羊肉在食品中的比例较高，"烤全羊"是其中名菜，风靡全非洲。重视面粉、杂粮，其中阿拉伯大饼是伊斯兰教最著名的食品，也是历史最为悠久的食品之一，《古兰经》中就有记载。

阿拉伯大饼由特制的炉子烘烤而成，外脆内嫩，鲜美可口，价格便宜，已成为千家万户的大众食品，所以埃及人称它为"生活"。吃大饼时通常蘸霍姆斯酱，就着嫩绿的酸黄瓜条和青翠欲滴的"杰尔吉斯"青菜等。手抓饭是先将米饭煮至半熟，然后添加椒盐、黄油等，拌匀后置锅内蒸，加入羊肉末、番茄、胡萝卜、葡萄干、杏仁、洋葱、红线米等作料，用猛火炒至熟透。炒好的米饭软硬适中，不干不燥，看上去油光可鉴。

阿拉伯人从前的主食是玉米饼、麦饼和豆，贫穷家庭吃的主要是玉米饼。自从不少阿拉伯国家因出口石油而收入大量美元之后，各国政府对主要食品实行价格补贴。店铺里卖的大饼（发酵饼）和面饼比面粉还要便宜，所以平时家家都吃大饼或面饼，以番茄沙拉、洋葱拌辣椒、煮豆、酱等为佐餐，肉类主要是牛羊肉。

（2）烹调古朴粗犷，喜爱鲜咸和浓香，要求醇烂与爽口，形成"阿拉伯式厨房"风格。习惯席地而坐，铺以白布，抓食，辅以餐刀片割，待客情谊真挚。

比如埃及人办喜事时就喜欢大摆筵席，除了邀请的贵宾亲友之外，有些平时与事主没有什么交往者也可光临，同样受到热情款待。习惯上是先摆出巧克力和水果，吟诵《古兰经》，吃肉面汤泡馍、米饭和煮肉，最后上一些甜点和小吃。埃及人请客时，座席讲究其身份及等级，主人还习惯用发誓的方式劝客人多吃一点，自始至终表现得非常热情。菜肴越多越好，哪怕是原封未动地端上来又端下去，宾主都十分高兴，因为这是慷慨好客的标志之一。

（3）受伊斯兰教和古犹太教《膳食法令》的影响较深，选择食料、调理菜点和进食宴客都严格遵循《古兰经》的规定，"忌血生，戒外荤""过斋月"，特别讲究膳食卫生，食风严肃，食礼端庄。不食猪肉，不饮酒。在每年一度的斋月里，人们白天不吃饭、不喝水、不吸烟，只有到太阳落下后才能吃饭，吃饭时不与他人说话，喝汤或饮料时不能发出声响，食物一经入口不得复出，还忌讳用手触摸食具和食品，并认为浪费面包是对真主的不敬。

伊斯兰教严禁饮酒，也禁止一切与酒有关的致醉物品。所以，一切有危害性及能麻醉人的植物或可食植物，如葡萄、大麦、小麦等一旦转化成能致醉的饮料，如酒一类的东西，就成为禁忌的对象。同时，伊斯兰教还禁止从事与酒有关的营生。所以一切比酒更有害于人身体的麻醉品和毒品也都在严禁之列。

宗教感情构成了民族的共同心理素质的重要内容，饮食禁忌也由最初的宗教戒律变成了民族的生活习俗。

阿拉伯人喜欢咖啡和茶。在各城市的街道上，咖啡摊比比皆是，一杯咖啡加上几种点心，就是一顿便宜的午餐。

阿拉伯比较名贵的菜肴有油炸鸽子、烘鱼、烤全羊等。烤全羊是把一只肥嫩的羔羊除去头、脚，掏空内脏，塞满大米饭、葡萄干、杏仁、橄榄、松子等干果和调料，然后放大火上烤。其特色是又嫩又香，味道鲜美。阿拉伯人用手抓饭的技术十分熟练，一是不怕烫，二是能用手指迅速地撕下一小块肉条，菜肴送入口内，手指不允许碰嘴。

阿拉伯餐，与西餐相似，也有开胃菜、汤、沙拉、烧烤、甜点等。开胃菜包括雪白乳酪、鲜柠檬鸡肝、特色泡菜等，还有一些创意名，如贝鲁特胡木思酱，是胡木思酱加法国香菜和大蒜、羊肉胡木思酱、松子仁胡木思酱，闻其名字大概也就清楚它的原料了。沙拉也品种繁多，生菜葡萄酒沙拉、酸奶黄瓜沙拉、橄榄沙拉、薄脆沙拉等。阿拉伯餐的主菜少不了肉排，包括黑椒牛排、香酥鱼排、鸡排等。羊肉烧烤是阿拉伯餐厅的一大特色，一些菜名如玛丽亚、大叙卡、盖夫大宾姆，都是各种不同的羊肉的做法。阿拉伯餐的汤类也繁多，浓味鸡汤、蘑菇汤、蔬菜汤、葱头汤等。另外也有我们中国人最常见的炒菜，像羊肉炒马铃薯、炒蘑菇，听起来一点也不陌生，但味道却和中餐不一样。还值得一提的是，阿拉伯式的甜点绝不比法国大餐、意大利餐差，包括腰果酥、枣泥宝、芝麻饼、桃果山、开心甜、指头卷、哥来比等。

（三）贝扎-安哈拉-索马里文化区食品文化

从地图上看，这一地区绝大多数为埃塞俄比亚所占有。埃塞俄比亚是一个具有 3000 多年历史的非洲古国，富有民族特色。虽然这一地区受殖民侵略的影响，一部分人信仰基督教，一部分人信仰伊斯兰教，饮食还是以传统特色"苔麸"制品为主。他们的主食是一种称为"英杰拉"的大饼，用当地的粮食作物"苔麸"制作而成。这种农作物在埃塞俄比亚五大谷物中占第一位，籽粒极小，50 粒苔麸子的质量才相当于一粒小麦的质量。埃塞俄比亚是世界上唯一以苔麸为主食的国家。

埃塞俄比亚人还有生吃牛肉的习惯，被称为"爱吃生肉的民族"，因而也盛行用生牛肉招待客人的风俗，而且在当地是一种款待贵宾的高尚礼仪。

（四）黑人文化区食品文化

相对独立封闭的撒哈拉沙漠南缘以南的非洲，也即黑人文化区一直保持了传统的饮食风格。即使是在欧洲基督教对非洲传统社会的社会规范以及价值观生活产生有力的冲击之后，他们仍然保持着自己的饮食特色。尼日利亚史学家 A·E·阿菲格博指出："传统社会与现代价值观念之间的自然关系是一种彼此冲突的关系；它们一旦接触，新的价值、态度和结构必然要取代传统的价值、态度和结构；在任何殖民地或地理区域，传统社会对来自欧洲文化的冲击做出的反应都是相同的。"传统社会势必会以某种方式进行抵制。虽然欧洲文化的价值观念的入侵势不可挡，并且随着越来越多的接受基督教教育和西方世俗教育的非洲人开始按照新的社会规范和价值观生活，非洲传统社会的饮食习俗也发生了某种程度的改变。但饮食是人们最根深蒂固的文化习俗，受到自然环境、地理位置、历史等其他方面的影响，所以很难彻底改变。

当地人民在商务宴请等社交场合下，一般会请客人到饭店、宾馆吃饭，多用西餐招待对方。如果关系更亲密的，则会邀请至家中做客，用传统饭菜招待。其中最典型的即为手抓饭。非洲很多地方吃饭不用桌子，摊张席子，放两杯水：一杯供饮用，一杯用来饭前洗手。一盆主食，一盆菜肴，往席子上一放，宾主围坐四周，每个人用左手按住饭盆边沿部位，用右手食指、中指、大拇指将主食捏成团状，放进菜盆里滚一下，夹一块肉或一块鱼放进嘴里吃。动作要干净利落，做到饭菜不粘手指，不洒席上。从这可以看到，群体每天围坐在共同的食物旁，表现出来的是共餐制，象征着家族团结，体现了聚集、合同、群体这样的群体意识。而其菜肴只有一盆，强调了中心，强化了对氏族或部落的依存。

黑人文化区人们的食物以薯类、蕉类、玉米和大米作为主食，牛羊、热带水果为辅。

由于赤道横贯非洲的中部，3/4 的地区处于太阳的垂直照射之下，年平均气温在 20℃以上的地方占全非洲 95%以上。这样的气温条件不适宜种植性喜凉的麦类作物和一年生喜温性谷类作物。于是那里的农民就培育出或者引进了薯蓣、甘薯、木薯、香蕉和食用芭蕉等块根、块茎和果类作物。其中木薯从巴西引进后得到广泛的种植（图 6-44），成为热带非洲几十个国家的主食。在炎热、多雨、土壤呈酸性、老鼠和鸟雀为害甚烈、寄生虫和微生物横行无忌的自然环境条件下，对任何食物无论是窖藏还是仓储，都不可能不受破坏、不受损失，而且都不能持续较长的时间。在热带雨林地区，人们赖以为生的薯蓣虽百般当心也难以保存。木薯之所以在非洲广为种植，重要原因之一就在于它的成熟块根可以长期留在土里，随吃随刨，存储问题较易解决。

图6-44　木薯种植

　　木薯在食用前需浸渍去毒，然后晒干并研磨成粉，这样就形成了一套关于种植、加工和食用木薯的文化。每年人们都要举行木薯文化节，庆贺丰收、团结和兴旺。但是木薯的蛋白质含量比粮食作物都少，为了补充人体所需的蛋白质，黑人农民往往把白蚁、毛虫、蝗虫、棕榈蚕等昆虫作为重要食物。有些农民还采集小毛虫，并把它们放养在自家宅院附近的树上，以便需要时随时采食；或者将毛虫晒干当作商品出售，商人到农村收购毛虫干以转售到别的地方。于是非洲黑人农民的食文化又增添了饶有趣味的成分。

　　这样的生活方式是受其自然地理环境的影响，从古至今一直延续着，并遍及整个南部非洲。17、18世纪欧洲旅行者的直接记述和考古得到的零星材料都明显地反映了这种情况。

　　除了吃虫类补充蛋白质以外，黑非洲人民还吃一些黏土，以补充身体缺乏的矿物质。撒哈拉沙漠南缘土壤普遍呈酸性而缺乏盐分，食用植物含的盐分不能令人满意，海盐和矿盐更是难得，很多地方的居民甚至几个世纪都不曾食用过。但是，非洲黑人以自己坚忍不拔的努力表明，支配一切的不是环境而是文化。黑非洲人民世世代代在这样的环境中生存，他们已经适应了这种环境并创造了与之相应的文化。环境虽然恶劣，但文化的力量是无穷的。面对缺盐的现状，很多部族将植物灰烬收集起来，经淋洗蒸发后提取一种氯化钠、硫酸钠和碳酸钠的混合物，用来食用。肯尼亚、坦桑尼亚、赞比亚和尼日利亚的一些部族则食用含有很高矿盐成分的白蚁蚁冢的干土，吃土的主要是体内极其需要盐分的妇女和儿童。并且他们认为吃土可以治疗疾病，还可补充身体中钙的不足。虽然这类文化在今天看来是不可取的，但它曾经长期是黑人传统食品文化的一个组成部分。

（五）其他

　　由于非洲炎热的气候，饮料业异常发达。非洲人有喜爱喝饮料的习惯，也有用饮料招待客人的习惯。饮料种类繁多，尤其是一些欧美的饮料，如咖啡、可口可乐、百事可乐、芬达等，除此之外还有牛乳、啤酒、汽水、橘子汁、香蕉汁、西瓜汁、木瓜汁、甘蔗汁、茶水、矿泉水、凉开水等当地饮品。其中最受欢迎最流行的是咖啡。

　　非洲是世界第二大咖啡产地，仅次于美洲地区，并且还是咖啡的原产地，非洲的20多个国家都有广泛种植。当今世界的一些咖啡品种皆原产于非洲。在撒哈拉沙漠南缘以南的非洲国家里，有着浓厚的咖啡文化，不仅当地有喝咖啡的习惯，而且用咖啡待客还是一般家庭的隆重礼节。

　　非洲人的饮料还因地区不同而存在着差异。北部非洲的许多居民除有饮茶的习惯之外，还有喝凉水的习惯。走进这些国家的普通百姓家庭，客厅里的一只大瓷壶或者一个大土罐格外引人注目，里面装的便是凉水。稍为讲究一点的人家，将生水烧开后注入里面，但不少人家是直接将生水注入的。当地天气炎热，从室外进入室内，口干舌燥。在当地许多宾馆的房间里面，均要为客人准备一壶凉水，即使那些高级的饭店里也是这样。在这些国家举行的宴会上，每一位客人面前除了放着汽水、橘子汁等饮料外，一杯凉水总是少不了的。由于当地居民绝大多数是穆斯林，不饮酒，在宴会上往往是以凉水代替酒，相互干杯，表示良好的祝愿。

因为食物的缺乏，非洲人给予了食物更多的关注。埃及的名菜嫩羊排饭、羊肉酥盒，乌干达的传统食品芭蕉鸡，埃塞俄比亚的毛毛虫、生牛宴、咖啡，赞比亚传统小吃油炸蝗虫，科特迪瓦油炸香蕉，加蓬的用大肚瓶酿造的棕榈酒，南非的传统美食马来料理以调味的艺术而闻名，各种香料与调味料，如辣椒、豆蔻、肉桂、丁香等，运用得淋漓尽致。常见的马来海鲜如小龙虾拼盘、三脚铁锅炖菜、咖喱肉末、牛乳烘饼等，除此之外，还有各式各样的热带水果、蔬菜。

非洲人民还把食物融入了谚语中，用大家喜闻乐见的食物做比喻，说明深刻的哲学道理。如"老人的劝诫是菜里的盐"，老人在非洲部族中地位非常高，酋长一般都由年长者担当，因此老人很受尊敬，老人的劝诫也就显得尤为重要。所以非洲人将老人的劝诫比作当地相当缺乏而又珍贵的盐。"不要扔掉牛奶桶"寓意不要放弃最后一线希望；"要学鸡喝水，喝多喝少得仰头"告诫人们活着得有志气；"要吃蜂蜜，别怕蜂蜇"象征着一股勇气；"赠你一条鱼，报之以黄油"表明知恩图报等。

他们的各种节日习俗也都与饮食有关。

1. 尼罗河泛滥节

埃及每年的 6 月 17 或 18 日要按照传统习俗，举行"尼罗河泛滥节"。尼罗河泛滥给当地人民带来了灾难，但是洪水也灌溉了万顷沃土良田，养育着埃及人民，博得了当地人民的赞美和热爱。节日当天，家家户户门前摆一张桌子，上面放着盛有大豆、小麦、扁豆、紫苜蓿和一些植物幼芽的碟子，象征着五谷丰登。

2. 穆斯林斋月和开斋节

斋月和开斋节是穆斯林宗教的主要节日之一。按照伊斯兰教规定，每年回历 9 月是穆斯林的斋月。斋月，对于穆斯林是一次进行宗教意识锻炼的良机。除了老、病、孕、婴和正值生理期的妇女外，大部分穆斯林都要在斋月内守斋。斋戒者必须向安拉表示斋戒的决心，整个白天绝对不许进食，吸烟者要暂时戒烟。傍晚 7 点，开斋的时刻到来，人们往往会吃一些能量较高的甜品和油炸食物。

斋月结束的翌日，即穆斯林的开斋节。节日放假三天，其间人们走亲访友，似中国春节。

3. 捕鱼节

在辽阔的非洲，有些国家的渔民在长期的捕鱼生产劳动中，形成了传统的捕鱼活动习俗。渔民们按照传统习俗，每年进入 5 月后就开始撒网捕鱼。事前他们要举行隆重的献祭仪式，否则不得开捕，这一天，便是捕鱼节。祭祀活动中主祭人要先后宰杀 5 只公鸡和 1 头山羊作为祭品，把这些祭品的血洒到预先挖好的洞里，该处放进刚捕捞来的第一尾鱼。然后，主祭人把羊肉分给周围的孩童，祭祀到此圆满结束。

捕鱼节在尼日利亚还有着特殊的意义，它是全国各族人民团结的象征。相传很早以前，尼日利亚的两族人民因捕鱼而发生斗殴，结下仇怨，长期敌对。经过两族酋长和谈后，彼此达成友好协议。为了庆祝这个有历史意义的事件，两族人民举行了首次捕鱼比赛。

4. 马斯卡尔节

"马斯卡尔"是十字架的意思。马斯卡尔节，原是基督教徒为纪念海伦王后于公历 326

年找到耶稣基督的真正十字架而举行的节日。14 世纪时，埃塞俄比亚人开始庆祝这个节日。现在，节日的原始意义已逐渐被遗忘，成为一个具有民族特色、充满希望和喜悦的佳节，标志着繁忙的收获季节的开始。

节日里，人们准备着各种食品和饮料。奥罗莫人更是注重庆祝马斯卡尔节，他们从 9 月 27 日前后的一个星期日早晨开始，直到星期三晚上才结束庆祝活动，并称这个星期日为"萨瓦·沃格"，意思是宰牛的日子。这一天家家户户都要宰牛，屠夫把牛宰杀后，边剔骨卸肉，边顺手割下一片冒着热气的牛肉送进自己的嘴里，并递给周围的人们。这时宰杀场上会出现"生食宴会"的热闹场面（图6-45）。

非洲人民的社会生活、谚语、宗教节日等无不联系到了饮食，他们将饮食活动置于了文明的核心地位，创造了独特而又丰富多彩的食品文化。

在进食方式上，欧美人习惯用刀叉，东亚大部分地区人们喜欢用筷子，而非洲地区人们视右手为最洁净之物，用餐直接用手抓，既不同于欧美，也不同于东亚，自成体系。

图6-45　生牛肉宴

非洲的食品种类似乎要比欧洲一些国家丰富得多。一方面，非洲大部分地区位于南北回归线之间，全年高温地区的面积广大，有"热带大陆"之称。境内降水较少，不利于农作物生长，因此农作物产量很低，在很多地区生活的人们常处于饥饿的状态。然而这正刺激了非洲人民不断地寻找更多可食的食物以维持生存，形成了食物的多样化特色。另一方面，非洲有着各种类型的热带气候，尤其是热带草原气候和热带雨林气候，因此这里有着丰富的野生动物资源。由于当地缺乏相应的野生动物保护法律，很多野生动物一定程度上成了非洲人民餐桌上的美味。

在烹饪方法上，非洲人民自古就形成了将许多种食品混在一起烹饪的方法，这也就形成了非洲人民餐桌上的传统风格：一盆菜、一盆主食及两杯水。对于各种肉食，大多烤制之后，再用咖喱、奶昔、番茄汁等淋拌，对于面食则采用与其他水果相拌过油微炸的方法。

在饮食风格上，由于历史原因，非洲大陆既接受了阿拉伯国家的饮食内容和习惯，又吸纳了欧洲饮食风格，同时还在很大程度上保留了传统食品文化。

房龙曾在《非洲——充满矛盾和差异的大陆》一文中说道："生活就是这样，不是极度贫穷，就是十分的丰富。没有什么更好的内容，一个人不是受冻挨饿，就是享受美味。"这句话在控诉罪恶的奴隶制度的同时，让人们感受到的是在世界的任何一个角落，都存在着可以饕餮的食萃，可以让人大快朵颐的美味。

🔍 思考题

谈谈自己家乡的饮食文化。

食品文化的传承性

　　人类的文明始于饮食。中国是人类文明的发祥地之一，当然也是世界食品文化的发祥地之一。中国食品文化历史悠久，是世界食品文化宝库中一颗璀璨的明珠，对世界食品文化产生过重要影响。

　　任何事物都有其发生、演变的过程，食品文化也不例外。由于不同阶段食品原料和人们思想认识的不同，中国食品文化也表现出不同的阶段性特点。总体来说，中国食品文化的发展沿着由萌芽到成熟、由简单到繁复、由粗放到精致、由物质到精神、由口腹欲到养生观的方向发展。本章将从主食及特色食品文化等方面，介绍食品文化的传承性，让大家了解中国食品文化的博大精深。

第一节　主食文化的传承性

　　主食是指组成当地居民主要能量来源的食物。无论从人的营养构成还是从人类饮食历史来看，粮谷类都是人类营养基础最主要的食物，即我们通常所说的"五谷"。我国早在春秋战国时期已有"五谷为养"之说。五种谷物，所指不一。《周礼·天官·疾医》："以五味、五谷、五药养其病。"五谷通常是指：麦、稻、黍、菽、粟。谷类作为中国人的传统饮食，几千年来一直是老百姓餐桌上不可缺少的食物之一，在我国的膳食中占有重要的地位，被当作传统的主食。

　　粮谷类被称为世界各民族的生命之本。据考古，远在一万年前的新石器时代，人类就已经有了农耕种植业。我国古代传说中的神农氏后稷教稼穑，即说明了大约在 5000 年前，我国已把杂草栽培成作物，培养出不同于杂草的五谷，并掌握了一定的栽培技术。同时，从解剖学观点分析，无论人的牙齿形状还是消化器官结构，都说明人类是接近以果、菜、谷为主的杂食性动物。从猿进化到人，人类祖先的主食始终都是以粮谷等植物性食品为主。

　　随着人类主食的形成与发展，其文化内涵也慢慢积淀。同时，人们已经很清楚地意识到，原本以谷物为主食的人，一旦改变了饮食结构，便由于动物蛋白的过度摄取，引起了诸如高血脂、高血压、心脏病等疾病的多发。因此也有五谷养五脏之说。这更加充分地说明了五谷食物的主食地位。它们的传承与发展，也有着耐人寻味的历程。

一、麦文化的传承

（一）麦之始

小麦，麦属作物，是人类最主要的粮食作物之一，也是人类主要的主食来源。最迟在春秋时代麦已成为黄河流域乃至长江流域等广大地区先民们最重要的食物原料了。考古资料证明，远在距今 7000 年左右，属于仰韶文化时期的河南陕县东关庙底沟新石器时代遗址中，就发现了红烧土上留有的麦类印痕，这就证明了早在史前远古时期，我们的祖先就已经开始种麦了。在战国时代，人们已经注意到了麦的种属及品类之间的区别，开始区分小麦和大麦，于是便有了关于"小麦"和"大麦"的记载。

小麦是全世界一半以上人口的主食，农田里的主要作物之一。然而在最初，小麦可能只是禾本科的一种或几种野草。由荒野到田间，从只结单粒种子、穗轴易折断、种子与颖壳不易分离到田间广泛种植的裸粒六倍体普通小麦，小麦走过了几百万年的历史。因此，从野草到小麦这一漫长的历程，可谓是华丽的转身。

中国种植小麦历史悠久，至少有四千年的历史，是世界小麦起源中心之一，同时也是栽培小麦的最大变异中心之一。黄河流域是中国小麦重要的发源地之一。在黄河流域的广阔地区，生长着山羊草属、黑麦属、鹅观草属等许多与小麦亲缘最接近的植物种类。经过漫长的岁月，生命力较强的后代慢慢产生。经过人们的不断择优，有利的变异被保存下来，于是原始的小麦便出现了。汉唐时代已经出现了馒头、面条和各种小麦面点，唐诗《观刈麦》的生动描写，说明当时小麦在粮食生产上占有重要地位。

大麦，是人类栽培的远古作物之一，世界各地先后发现早在公元前 15000 年至公元前 5000 年的栽培大麦的遗物。大麦是禾本科小麦族大麦属作物的总称，具有早熟、生育期短、适应性广、丰产和营养丰富等特性。世界各国的大麦主要用于畜禽饲料和酿制啤酒。

中国大麦栽培也有着悠久的历史。5000 年前的古羌族就在黄河上游栽培大麦。公元前 3 世纪《吕氏春秋·任地篇》中的"孟夏之昔，杀三叶而获大麦"，始正式有大麦这一名称。

（二）麦食的演变发展

1. 麦饭

小麦和大麦的食用，最初像其他谷物一样是粒食的，于是便有了"麦饭"的记载。"麦饭"，是古时的一个泛泛称谓，并不一定严格地只用麦粒烹饪，许多时候杂以其他谷类，通常是与豆合煮。汉代时，以麦粒煮饭是麦的基本食用方法之一，又是最便捷的烹饪之法。新莽时，刘秀与诸将征战之际便曾以麦饭充饥："及至南宫，遇大风雨，光武引车入道旁空舍，异抱薪，邓禹爇火，光武对灶燎衣。异复进麦饭菟肩。"东汉时期，人久病初愈，常思进昔日某种留有较深愉悦印象之食，通常均为麦饭。这是患者健康恢复期特有的一种普遍性生理与心理反应。由此可见，麦饭是当时中层乃至上层社会中人的常餐。刚灌足浆的麦粒用来煮饭熬粥特有一种新麦鲜香、甘润、滑糯的味觉与口感，因此麦饭也可谓应时美食。发展至今，麦饭这一主食还成为陕西有名的小吃，其主要吃法有：肉麦饭、槐花麦饭、辣子麦饭，以肉麦饭最为常见。

2. 面食

面食，一般是小麦面粉制作的食品的泛称。由于麦粒种皮坚硬，面粉有黏性，蒸煮不易软烂，故麦饭不利于消化吸收，只有粉食才能扬其长避其短。因此，麦粉便诞生了。在两汉时期，由于制粉工具和烹饪器具的发展，小麦制粉有着长足进步，随之而来的便是面食品种的激增以及面粉发酵技术的发明。所谓中国是"吃面的民族"，"麦文化"就是在两汉时期开拓局面和奠定基础的。汉代以后近 2000 年以来，小麦的种植被广泛传播，面食品种更是花样翻新、层出不穷，可以说是无地不种麦，无人不食面了。现在就来介绍几种常见的面食文化。

图 7-1　胡饼

在漫长的古代，"饼"一直作为麦面类食品的总称，它始于春秋之世。入汉之后，"饼"成为主食名品，食饼成为当时社会之尚。前汉时，饼基本是蒸制的，那是因为效仿"饵""糍"之法。后汉时，才有汤煮和炉焙的各种饼相继出现。同时也由于烹制方法和形制的差异产生了"蒸饼""汤饼""胡饼""餄（hé）饼""索饼"等具体的名目。其中"胡饼"（图 7-1）一词见于确切的文献记载是在东汉末期，自汉代以来就开始流行。《释名·释饮食》曰："胡饼作之大漫冱也，亦言以胡麻著上也。"从中可看到汉朝人的胡饼，就是在饼上涂上胡麻（即芝麻）以称之。其在唐代广为流行，极受欢迎。来过中国的日本人圆仁记载唐代胡饼流行情况时说："立春节，赐胡饼，寺粥。时行胡饼，俗家亦然。"这从一侧面说明了胡饼在唐代成了接待外宾的上好佳品。在民间，史籍记载唐玄宗逃离长安时，路途乏食，"杨国忠自市胡饼以献"，可见当时胡饼很容易在市集店铺中买到，胡饼成为当时全国比较普遍存在的主食。

还有一食"汤饼"，也是一大亮点。中国历史上的"汤饼"，是指水煮面条或面片一样的食物，乃是煮面食品之族。"面条源于中国"已得到了众多学术界的普遍认同，其基本依据则是《齐民要术》中对于"水引"饼制法的记述。不过，在东汉末年刘熙《释名》中，就有了关于"索饼"即水煮面条的记载（图 7-2）。由此可知，自东汉而下至魏晋南北朝的约八个世纪里，"汤饼"便是以"索饼"开绪，"水引面"继后的。至宋代，各种面条便陆续问世了，如羊肉面、三鲜面、鸡丝面等，并普及整个中国。南宋出现拉面，使面食趋于完善成熟。面条发展至今，遍及全国，南北各异，形成了北方讲究"酱"面，如炸酱面、打卤面，南方讲究"汤"面，如鱼片面、三丝面的格局。不过随着饮食文化的不断提高，尤其是近十几年来面食大有南北融合之势。随着"方便面""营养保健面"等新品种的问世，面条已进入新的发展阶段。

图 7-2　水煮面条

馄饨（图 7-3）和饺子（图 7-4）是继面条之后出现的，它们的最初形态在汉代就已经存在了。作为古代诸多的"饼"中的一种，馄饨的出现也是比较早的。"馄饨"一词，今日所见最早载录文献是三国时期魏国博士张揖的《广雅》："馄饨，饼也。"《齐民要术》记的"馄饨饼"即北齐颜之推所说"形如偃月"的"馄饨"，即为"天下通食"的美食。同时，"馄饨"食品早在东汉便是流行的精美面食品，并且已经比较接近今天的形态。其煮法、食法一直延续至今，称谓不变地沿用了二十个世纪。

图7-3 馄饨

图7-4 饺子

而饺子则是更晚一些时候从馄饨的初级形态之中演化独立出来的。它起源于南北朝时期（公元420至公元589年），至今至少已有1400多年的历史。"饺子"一词的文字规范表述基本是明以后的事，清代的北京，达官贵族及市庶下民均极重吃饺子，饺子尤其是"年"中美食："其在正月，则元日至五日为'破五'，旧例食水饺子五日，曰煮饽饽。"其中，"煮饽饽"是满族等北方草地民族对水煮饺子的汉化习称。在我国新疆吐鲁番阿斯塔那村出土的一座唐代墓葬里，葬品中的木碗里遗有5cm长的小麦面制作的半月形饺子，这一发现可充分说明吃饺子的习俗在唐代就出现了。宋、元时代，饺子称为"角子"。它的品种从明、清时代开始与日俱增，现已分布在长城内外、大江南北，同时作为贺年食品，一直受到人们的普遍重视和喜爱，并相沿成俗，经久不衰。

馒头（图7-5）的出现是小麦"粉食"的重要产品形式之一。馒头，即"笼饼"。现代人常把它同西方的面包相媲美，被誉为古代中华面食文化的象征。三国时期，馒头就有了自己的正式名称。据《事物纪原》记载，在诸葛亮辅佐刘备打天下的过程中，诸葛亮率军进军西南，征讨孟获，在横渡泸水时，正值夏季炎热，泸水"瘴气太浓"，还含有毒性物质，士兵们食用泸水，有些人致死，患病者也多。诸葛亮苦思冥想，下令士兵杀猪宰牛，将牛肉和猪肉混合在一起，剁成肉泥，和入面里，做成人头形状蒸熟，士兵们食用后很快就恢复了健康。这样，泸水周围的百姓们就传开了，说诸葛亮下令做的人头形"馒头"可避瘟邪。由此可见，馒头起源于野蛮时代的人头祭，而不是作为主食食用。在西晋人卢谌的《祭法》中有"春祀用馒头"的记载。这种用馒头祭神的习俗在今天中国北方的许多地方仍很流行。随着逐步地发展与传播，馒头逐渐成为中国人特别是北方人的主食。由此看来，馒头经历了一个从"为神"到"为人"的重要转变。通过与其他面食制作技术的相互借鉴和相互影响，经过千百年的演化、发展，现在馒头不仅传播到了国内边远少数民族地区，而且也传播到了其他国家和地区。比如，在日本，就有"中华馒头"。在日本，"中华馒头"并非我国北方的"馒头"，而是面中包有各种馅料的"包子"。据说这种商品早在宋、元时代便已传入日本，并且还有他们的馒头始祖——中国人林净因。每年 4 月 19 日，日本饮食界会举行隆重的朝拜仪式，纪念馒头始祖林净因。近年来，"中华馒头"在日本呈现越销越旺的趋向。

图 7-5 馒头

图 7-6 包子

明清时期还出现了实心馒头，清朝的文献开始有"实心馒头"的记载。后来北方人称无馅的为"馒头"，有馅的为"包子"。包子（图 7-6）大约在魏、晋时便已出现。一直发展至今，仍然是大家喜爱的主食之一。

3. 点心

图 7-7 中式点心

点心（图 7-7）之名，始于唐朝，"点心"之实而非始于唐，因为那时"点心"二字是为动词的。从词义上看，"点心"的"点"字是选用少量东西的意思，而"心"则是指位于身体中心部位的胸。所谓"点心"就是在心胸之间"点"入少量的食物。20 世纪 80 年代初，赋予了"点心"二字这样一个定义：一般为正餐之外的精巧型、辅助性的主食品，其基本原料包括以麦面粉为主的诸类粉制品。由于麦面广泛用于主食各种名目"饼"的原料，"点心"之食汉代便已普遍存在了。据传宋代女英雄梁红玉击退金兵时，见将士们日夜浴血奋战，英勇杀敌，屡建功勋，很受感动，于是，命令部署烘制各种民间喜爱的糕饼，送往前线，慰劳将士，以表"点点心意"。从此，"点心"一词便出现了，并沿袭至今。

"点心"在唐代和北宋时代是指早晨进"小食"的行为，可见"点心"似乎是从"小食"一词发展演变而来的。唐代是都市餐饮业极为发达，各类精美主食品非常丰富的中国食文化十分兴旺的时期，可为"点心"之用的蒸、煮、焙、煎、炸等各类面、粥、饭食品几乎已是应有尽有。今日的点心，大部分是古时的小吃渐渐演变并不断改进而来，久而久之，"点心"二字的词义发生了变化，成了某些食物的代名词，同时也成为中国人饮食生活中不可缺少的一部分。点心虽然不是广东人的发明，但把点心发扬光大的却是广东人，更将其传及世界各地。

二、稻文化的传承

（一）稻之源

稻谷（图7-8）属于禾本科稻属，多是半水生的一年生草本植物，它是世界上最重要的粮食作物之一，全世界约一半的人口以大米为主食。它是单位面积可以生产最多的碳水化合物、热能的主食作物。早在7000年前，中国就开始种植水稻，距今2300年前传入日本，而北美等地区种植时间不超过600年。

关于稻的起源地之说，还是一段曲折的过程。20世纪70年代以前，学术界一直认为南亚是稻米起源的中心，中国稻米被认为自印度传播而来，甚至在中国已使用了一千多年的籼稻、粳稻之名，也分别被冠上印度稻、日本稻的称法。直到20世纪70年代初，因在浙江河姆渡遗址中发现稻作遗存，以及美国学者哈兰关于"作物起源中心不一定是生物多样性中心"这一作物分布起源论的提出，人们才把关注的焦点逐渐转移到了中国。目前，我国发现史前水稻遗存的地点已有100多处，遍布黄河流域以及黄河以南的大半个中国。对于长江中游地区来说，人类对水稻的利用和栽培历史可谓源远流长，对水稻籽实的利用最早可追溯至公元前12000年，这也是世界上人类利用水稻的最早记录。

（二）稻食的演变发展

1. 蒸煮米饭

"锄禾日当午，汗滴禾下土。谁知盘中餐，粒粒皆辛苦"，李绅的这首诗成为人们敬重劳动、珍惜粮食、教育子女的经典。从谷种到米饭（图7-9），是一个极其复杂、极其艰巨的过程，绝不是"春种一粒粟，秋收万颗籽"这类文字所描述的那样轻巧、简单。稻谷的种类较多，按成熟期，可分为早稻、中稻、晚稻；按穗粒性状，可分为大穗稻、多穗稻；按株型，可分为高秆稻、中秆稻、矮秆稻；按育种方式，可分为传统稻、杂交稻；按产量，可分为高产稻、超高产稻、超级杂交稻。古代煮饭是用灶生火来煮。发展至今，随着时代的发展，炊具的种类更加发达，米饭的蒸煮方式也各式各样，口感也别具风味。

图7-8　稻谷　　　　　　　　　　　　　　图7-9　米饭

2. 粥

中国是世界文明古国，也是世界美食大国。在中国4000年文字记载的历史中，粥伴随始终。粥始见于周书：黄帝始烹谷为粥。在4000年前主要是食用，2500年前始作药用，进入中古时期，其功能更是将"食用""药用"高度融合，进入了带有人文色彩的"养生"层次，有"食疗同一"之说。今人还总结了很多粥疗口诀，更便于养生疗疾。

粥，是中国社会一种极为普遍的现象，曾是权势的代表，也曾是贫穷的象征。早在3000年前的西周，粥就被列为王公大臣的"六饮"之一。粥作为御品恩赐臣属之风，延续至唐代。唐穆宗时，白居易因才华出众，得到皇帝御赐的"防风粥"，食七日后仍觉口齿留香，这在当时是一种难得的荣耀。在整个古代社会，粥在果腹与养生两条道路上发展并融进了中国的历史与文化。

在中国古代，食粥还与许多传统节日有着紧密的联系，如每年正月十五有以膏粥祭祀门神和财神之俗；每年腊月二十五，有合家吃"口数粥"以驱疫鬼、祈求万福之俗。而对今世影响最大的还应当数腊八粥了。在中国文化千百年的不断融合与同化中，粥文化及其口味也在不断交融并彼此影响着。

而今，随着信息的流通、市场的开放，中国的粥文化已被全世界广泛接纳与认可。如粥在韩国、日本广受欢迎，许多女性把粥当成了理想的夜宵和早餐主食。又如肯德基这样的快餐巨头，也在美式的铺子里卖起了中国粥。

3. 其他制品

大米制品除了米饭、粥等主食外，还有很多其他的主食种类，主要有米粒制品、大米粉制品。米粒制品的代表物有：粽子、八宝饭、八宝粥、爆米花、糍粑等。大米粉制品的代表物则有：年糕、元宵、汤圆、米糕、米饼、米粉等。这些都是随着社会的不断发展而产生的广受人们喜欢的主食。

八宝饭：八宝饭和八仙没有关系，相传源于武王伐纣的庆功宴会。纣为商代之末主，膂力过人，敏捷善辩，嗜酒好色，暴虐无道。公元前1123年，周武王率诸侯东征，败纣于今河南省洪县南的牧野。纣自焚死，武王乃定天下，建都于镐，即今长安西上林苑中。在周武王伐纣，建立天下的大业中，伯达、伯适、仲突、仲忽、叔夜、叔夏、季随、季骗八士，功勋赫赫，深为武王和人民称誉。在武王伐纣的庆功宴会上，天下欢腾，将士雀跃，庖人应景而做八宝饭庆贺，因而八宝象征有功的八士。

年糕：又称"年年糕"，比喻人们的工作和生活一年比一年高。它不仅是一种美食，而且为人们带来新的希望。正如清末的一首诗所云："人心多好高，谐声制食品，义取年胜年，藉以祈岁稔。"同时，它作为一种食品，在中国具有悠久的历史。公元6世纪的食谱《食次》就载有年糕"白茧糖"的制作方法："熟炊秫稻米饭，及热于杵臼净者，舂之为米咨糍，须令极熟，勿令有米粒……"年糕多用糯米粉制成，其种类也很多，具有代表性的为北方的白糕、塞北农家的黄米糕、江南水乡的水磨年糕、台湾的红龟糕等。

三、黍文化的传承

黍属于禾本科黍属，一年生草本。起源于欧亚大陆，是中国古老的具有早熟、耐瘠和耐旱特性的谷类作物。自古发展至今，它在亚洲很多地区、俄罗斯和西非是重要的粮食作物。黍在美国和西欧主要作为牧草或用来制干草，但在中世纪，欧洲也将黍作为主要谷物。

黍稷从古代发展至今，黍文化也呈现着快速发展与多元化的特色。糯性黄米磨成面粉可制作油炸糕、黏糕、黏面饼、汤圆等，可用米粒直接做腊八粥、粽子等食用，也可以与红小豆、饭豆混合做成小豆黏米饭，还可与大米混合做成"二米饭"。粳性黄米主要可做成炒米、焖饭和酸粥。稷米加工成面粉可做窝窝头、煎饼和摊花。黄米粉还是制作食品的添加剂，可用于花样面包、饼干等食品的制作。在这里，重点讲解粽子文化。

《本草纲目》中有"古人以菰叶裹黍米煮成尖角，如棕榈叶之形，故曰粽"的记载。粽子在古代又称"角黍"，是中国历史上的第一美食。经过漫长的历史变迁，中国各地粽子的原料、品质和制作工艺不断走向成熟。据专家考证，粽子的定型至少已有 3000 年的历史。据《史记·屈原贾生列传》记载，屈原是春秋时期楚怀王的大臣，他倡导举贤授能，富国强兵，力主联齐抗秦，遭到贵族子兰等人的强烈反对。屈原遭谗去职，被赶出都城。在流放中，他写下了忧国忧民的《离骚》《天问》《九歌》等不朽诗篇。公元前 278 年，秦军攻破楚国京都。屈原眼看自己的祖国被侵略，心如刀割，但始终不忍舍弃自己的祖国，于五月五日写下了绝笔作《怀沙》之后，抱石投汨罗江身死。老百姓看到忠心爱国的屈原投江殉国，感到无比悲愤，纷纷驾着舟船到江里打捞屈原，将饭团、鸡蛋等投入江中让鱼虾蟹鳖吃饱，不使其伤害屈原的尸身。由于投向江里的米饭太零散，老百姓就用竹筒储米做成筒粽，有的用箬叶包上糯米再用五彩线缠扎成菱形角粽，扔进江里，使其迅速下沉。这种风气很快传向各地，并历代相传，将夏至尝黍祭祖先变为端午节食粽祭屈原。因而粽子在某种意义上已经成为人们对爱国主义、人格崇尚等中华民族美好精神的一种物化寄托。

关于粽子的起源说法还有很多，有一种最让人信服的说法，为"包烹"之说。我们的祖先在 50 万年前用火制作熟食时，为了适口，用树叶包裹食物放在火中煨熟后剥叶而食，这虽不称为粽子，却已有粽子的雏形。从 3000 年前一路走来，毫不夸张地说，粽子已经成为中国历史上文化积淀最深厚的食品。

四、菽文化的传承

菽，最初是我国古代豆类的总称，《诗经》中多处提到，就是指大豆。而从出土的遗存看，先民对大豆的栽培比文献记载的要早得多。如同粟、稻、麦等谷类作物一样，中国大豆进化的历史也是相当久远的。据大量考古发现证明，"在许多新石器时代遗址中发现过大豆的残留印痕"。大豆在先秦一般记为"荏菽""菽""藿"等名称。商周时，大豆是五谷之一。春秋战国时期，大豆一跃成为主食，"豆饭""豆羹"的记载，史不绝书，不胜枚举。其加工方法简单，主要是贫者之食，这种情况一直延续到封建社会的中叶。战国后期，长江中下游即有豆豉和豆酱出现；北魏时，豆豉和豆酱的生产工艺日臻成熟；此后，酱、豉的生产技术又有了进一步的发展，不但品种增加，还逐渐衍生出酱油。豆腐在汉代已经出现了，东汉时就有了完整的豆腐生产工艺，宋代以后，各种豆腐制品层出不穷，明代出现了豆腐发酵制品——腐乳，堪与乳酪媲美。

在绵长的历史上，中华民族的主体群众，基本上是以食谷蔬果为主要食品，他们很少吃到肉食。正因为有了大豆及其众多制成品的补助，才避免了因肉类匮乏而造成的不良后果。我们祖先的聪明才智在豆类的利用上得到了充分发挥。在这里，重点来议一议豆浆和豆腐。

豆浆（图 7-10）被人们认识和利用是在豆腐（图 7-11）发明之前，并且应是在大豆利用的初期。豆浆最初是煮粥和做酱的原料。到了唐代，由于茶饮之风的广泛普及，豆浆则被时人认为是与酒和茶并列的三大饮料。发展至今，豆浆便广泛地成为人们的早餐佳选。

豆腐的出现，开创了人类提取利用植物蛋白的先河，其意义不言自明。它是中华民族菽文化的最光辉代表，堪称祖国食文化的瑰宝。据研究，豆腐最早在汉代即已出现。1959—1960 年，考古工作者在河南密县打虎亭发掘了两座汉墓，该墓为东汉晚期遗址，其墓中画像石上有生产豆腐的场面。明初著名学者叶子奇在他的《草木子》一书中云："豆腐始于汉淮南王刘安之术也"。明中晚期李时珍的《本草纲目》亦云："豆腐之法，始于汉淮南王刘安。"至于豆腐的做法至今也一直没有多大的变化。今天，豆腐已成了国际性食品，并被西方营养学家们誉为21世纪的食品。

图 7-10　豆浆

图 7-11　豆腐

五、粟文化的传承

　　粟属于禾本科狗尾草属，一年生草本植物，在中国北方统称谷子。南方为了区别稻谷，常称其为粟谷、狗尾粟，粟谷其种子即可食部分称小米。谷子碾出的小米，养育了古老的中华民族。粟原产于中国北方黄河流域，是中国古代的主要粮食作物，所以夏代和商代属于"粟文化"。粟，中国古代甲骨文称为禾，经典著作中称为粱。汉以后，粟已成为古代重要粮食作物，毛长者为粱，穗细毛短者为粟。多数学者认为粟起源于我国，考古证明约在7500年前，河南、河北已有粟的栽培。粟生长耐旱，品种繁多，俗称"粟有五彩"，即有白、红、黄、黑、橙、紫各种颜色的小米。中国最早的酒也是用小米酿造的。粟适合在干旱而缺乏灌溉的地区生长。其茎、叶较坚硬，可以作饲料，但比较难以消化，一般只作为牛的饲料。

　　中国种粟历史悠久。出土粟粒的新石器时代文化遗址如西安半坡村、河北磁山、河南裴李岗等距今已有六七千年。7000年前的瑞士湖畔居民遗迹中也发现有粟，但在古代世界文献中粟的记载不多。德堪多（Candolle，瑞士-法国植物学家）认为粟是由中国经阿拉伯、小亚细亚、奥地利而西传到欧洲的。瓦维洛夫（Николай Иванович Вавилов，1887~1943年，苏联植物育种学家和遗传学家）也将中国列为粟的起源中心。同时，中国也拥有着丰富的粟的品种资源。

六、马铃薯文化的传承

　　近年来，随着社会的发展和人们养生观念的进步，对主食的定义已不再是曾经的五谷了。马铃薯，被人们当成了第三主食。科学家强调，马铃薯不仅富含碳水化合物，同时它还具有谷类和蔬菜的特征，它所提供的营养，远比普通主食多。

　　马铃薯是继小麦、玉米和稻米之后，种植面积最大的第四种农作物。关于它的发展，还有着一个有趣的过程。马铃薯16世纪被西班牙人带入欧洲，但欧洲人一直不太喜欢它，尤其以法国人为甚。因为它的"果实"生长在地下，而不像高贵的麦穗那样伸向天空，麦穗能制成面包和圣体饼，而马铃薯却被认为与魔鬼有牵连，是和曼德拉草、颠茄等植物一样的巫草。马铃薯长期被视为穷人的蔬菜，达官贵人不屑于吃它，但也承认它是一种不可缺少的廉价食品，可以用来喂饱军队里的士兵，还可以在饥荒到来时填饱老百姓的肚子。到了 19 世纪，梵高在他那幅著名油画《吃土豆的人》（图 7-12）中描绘的仍是一幅马铃薯消费者的凄惨景象：在阴暗的矿工宿舍里，面带菜色的一家人忧伤地吃着马铃薯。

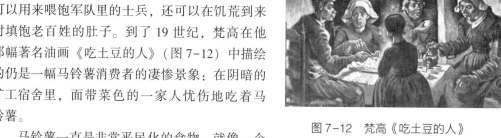

图 7-12　梵高《吃土豆的人》

　　马铃薯一直是非常平民化的食物，就像一个农家里朴实的孩子，很不容易被人发现和重视。它生长在不被人注目的土地里，不像苹果红灿灿地挂在枝头。挖出来的马铃薯也是灰不溜秋的，跟泥巴没有两样。1999 年 9 月 14 日，在巴黎医疗教学中心体育营养学家帕特里克·萨巴蒂耶博士的主持下，专门为马铃薯举办了一次关于其特殊营养价值的特别研讨会，称马铃薯确实不愧为蔬菜中的"一宝"。它含有的热量，比米饭和面食中都少，特别是远远低于面包的热量，而且它含有相当于其自身质量 2% 的蛋白质，其主要氨基酸的含量几乎与鸡蛋相等。它还富含镁、钾、铁等矿物质，其中钾的含量比香蕉还高。它的维生素含量也很高，不光有维生素 B_1、维生素 B_3、维生素 B_6，还有能抗坏血病的维生素 C，同时它几乎不含脂肪，其所含的碳水化合物既可提供机体能量，又不会因摄入过多而造成能量过剩，加之它的膳食纤维使人有饱腹感，因此，它将逐渐成为肥胖者和糖尿病人的主食，有利于控制体重和血糖。

第二节　茶文化的传承性

　　茶，源于中国，又发展于中国。中国是世界上最早发现、利用、栽培、焙制茶叶的国家，而世界各国有关茶栽培和饮用的知识都是直接或间接地从中国传入的，所以说茶叶是具有古老文明的中华民族贡献给全世界人类的一种上好饮料，中国作为茶的故乡更是毋庸置疑的。正所谓，"开门七件事，柴米油盐酱醋茶"，茶在中国经过数千年的发展后成为我国老百姓日常生活中不可缺少的一部分，而茶作为药物和饮料，更早已被中国人所熟知和运用。如今茶作为中国的"国饮"，也渐渐融入了边疆民族的生活，各族人民不仅喜欢饮用茶，还赋予茶不同的风俗民情，形成了各式各样、各具特色的饮用方法，进一步拓展了中国茶文化。如北方游牧民的奶茶，西藏人民的酥油茶，南方少数民族的盐巴茶以及云南少数民族的竹筒茶等。为此，我们可以得出结论，中国不仅最早发现茶、使用茶，还不断地丰富和发展了茶文化，进而在漫长的历史岁月中逐渐创造出光彩夺目、千姿百态的茶文化。

　　单纯的茶树或茶叶并不能产生茶文化，茶文化是人们在发现茶、种茶和饮茶等过程中所产生的文化现象和社会现象，可以说茶叶是茶文化的载体，只有当人们认识茶、食用茶并经过一定历史阶段之后，才能逐步产生文化现象，因而才有茶文化。茶文化，作为东方食品文化中极为重要的一部分，起源于神农，发展于秦汉，兴盛于唐宋，鼎盛于明清，繁荣于现代。在这期间，茶文化经历了五个阶段的发展，正是这五个阶段的传承，构成了中华茶文化光辉的整体。下面以这五个历史阶段为顺序简要叙述我国茶文化的传承性。

一、先秦时期的茶文化

（一）茶的发现与使用

中国是茶的祖国，是茶的故乡。据研究，茶树的起源有六七千万年的历史，远远早于人类的历史。茶的发明、使用，尤其是作为饮料，在中国究竟起于何时、何地呢？据古今学者的考证，现在基本上可以认定最早发现茶的地方应该在巴蜀一带，然而是谁最先发现茶以及何时发现茶呢？这个讨论颇多的问题至今尚无统一的答案。

根据陆羽《茶经》的说法："茶之为饮，发乎神农氏，闻于鲁周公。"意思是说茶叶作为饮料开始于神农时代，并在西周的周公时期开始有文字记载。神农氏是原始社会时期的一个领袖人物，因发明农耕，带领众人种植粮食，解决了生存危机，人们为了感激他的丰功伟绩，尊称他为神农。关于神农氏发现和利用茶叶的传说，一般出自《神农本草经》。《神农本草经》是最早记载茶的书籍，其中有"神农尝百草，日遇七十二毒，得茶而解之"之说。神农尝茶的传说说明了茶在当时是以药物的形式被人们所认识的。在神农氏时代，人们一直把茶当作治疗疾病的药物，他们将采下的野生茶叶生嚼后加水煎煮成苦味的茶汤。为此，在古代，茶又被称为"苦茶"，"茶"字与"荼"字也是互通的。

人们是什么时候开始食用茶的呢？其实茶叶用于食用的年代要早于药用。神农氏时代就是现代考古学所划分的新石器时代，早在旧石器时代，人们就有生吃茶叶的现象了。由于当时人们的渔猎技术相当低下，仅靠捕获来的食物是无法满足人们的日常饮食需要的。为此，那时人们充饥的食物基本上是树叶、野草、野菜和野果之类的植物性食物。如果附近有野生茶树存在的话，那么就有可能采集茶芽和嫩叶作为食物。这从民族学的材料中可以得到证明，像如今西南地区的一些非常古老的少数民族仍保留着远古的吃茶习惯，他们至今都还有吃生茶叶的嗜好，有的甚至还将茶叶和稻米或其他一些蔬菜混合煮成茶粥。可见，茶叶最早是作为食用的，后来才作为药用的。而陆羽的"茶之为饮，发乎神农氏"还是符合历史实际的，甚至将这个时间再提前也并不为过。

（二）茶产业及其文化的发展

中国作为茶的"祖国"，不仅仅因为我国存在最原始的野生茶树（图7-13），更重要的在于中华民族最先认识到茶的功用，并在漫长岁月的传承下把茶当作我国一种极其重要的经济植物来培育，极大地丰富了人类的物质生活，进而开创了中国辉煌的茶产业。

从"神农尝茶"开始，茶一直被人们当作药物或食物使用，随着人们对茶的不断了解和使用，渐渐发现茶除了具有药用价值外，还是一种生津止渴的保健饮品，于是人们便开始种茶、制茶和饮茶。可以说茶叶以饮料的形式出现是茶文化形成的标志。

中国茶史的起源和茶文化的产生都是开始于巴蜀地区的（图7-14），这里人们最早开始饮茶、种茶，最早出现茶叶市场，在唐宋之前，巴蜀在我国的茶产业中一直独享盛誉，占尽风流。据史书记载，神农氏原是被称作三苗、九黎的一个南方氏族或部落，而神农氏这个部落最早可能生息在川东和鄂西山区。他们在这里首先发现了茶的药用，并把茶当成了采食的对象，后来他们西南的一支后裔分散到巴蜀一带生活，并在这个地方发现茶具有食用和药用价值之外的饮用价值，而且茶作为饮料还具有一定的功效，此后，我国开始把饮茶和茶叶的生产发展为一个事业。

图7-13　野生茶树

图7-14　巴蜀茶区

在商周时期，茶叶的饮食习惯得到了继承和发展，此时茶叶被命名为"茶"。由于当时茶的制作工艺仍不够先进，食用的茶常带有苦味。在这个时期，巴蜀地区的茶叶生产已有了一定的规模，由于茶在当时深受平民百姓乃至帝王将相的喜爱，巴蜀地区常常挑选优质品种作为贡品进贡朝廷。

至春秋战国时期，巴蜀地区以及长江流域其他地区的茶产业有了更进一步的发展，同时茶叶也开始传播至黄河中下游地区。当时南方地区已经开始饮用茶叶，巴蜀更是全国饮茶之风最为盛行地区。然而，当时的中原地区对茶叶的使用还是以食用为主，主要是将茶叶单独或混合其他蔬菜一起煮成菜羹，当时这道菜被称为"茗菜"。所以明末清初著名学者顾炎武在《日知录》中考察了"茶"字的演变源流之后，写道："是知自秦人取蜀而后，始有茗饮之事。"意思是说战国末期秦灭蜀之后，茶事活动才开始传到中原地区，饮茶之风也才开始传入黄河中下游地区，从此茶产业的发展才不再局限于西南一隅。

二、秦汉魏晋时期的茶文化

（一）茶产业及其文化的发展

秦统一之后，巴蜀与内地的经济文化交往更加频繁，茶叶在当时成为社会经济生活中的重要物品，此时巴蜀的茶产业得到了更大的发展。

进入汉代时期，饮茶之风有了较大的进步，此时"茶"已开始慢慢地从"茶"分离出来并以独立的形式出现，"茶"的出现伴随着茶产业的日益繁荣。据《华阳国志》记载，汉代巴蜀地区茶叶分布十分广泛，既有野生茶树，又有人工栽培，品种很多，产量也很大，于是茶叶开始以商品的形式出现，茶叶贸易市场也从此形成了。西汉王褒写的《僮约》是我国首部记载煮茶、买茶的文章，文中的"烹茶尽具，已而盖藏"（图7-15）和"牵犬贩鹅，武阳买茶"（图7-16）写的都是对家童日常家务的规定。文中前一句指的是煮茶，而后一句是买茶。武阳即今天的四川彭山县，可以说是中国历史上最早的茶叶贸易市场。买茶要跑到几百里外的小县城，可见它已不是以前那随处随时可得的小野菜，而已是相当名贵的茶叶了。这篇文章说明了茶叶在当时已是人们日常生活中不可缺少的饮料商品。可以说汉代是我国饮茶史上的一个重要阶段。

图7-15　《僮约》煮茶

图7-16　《僮约》武阳买茶

三国两晋南北朝的三四百年期间，尽管在政治上四分五裂，但在经济文化方面却颇具特色，在茶业发展史上也是个极其重要的过渡时期。三国两晋南北朝是巴蜀茶业向东南及其他地方广为传播的时期，尤其在长江中下游地区得到了极大的发展，巴蜀的茶业经济与饮茶风尚也得到了进一步的发展。在这个时期，宴会、待客、祭祀都已离不开茶。三国时期东吴的末代君主孙皓以茶代酒关照他的官吏韦曜就是个以茶待客、宴会的典故。《三国志·吴书·韦曜传》记载，吴王孙皓每次大宴群臣，座客至少得饮酒七升，虽然不完全喝进嘴里，也都要斟上并亮盏说干。有位叫韦曜的酒量不过二升，孙皓对他特别优待，担心他不胜酒力出洋相，便暗中赐给他茶来代替酒。既然可以用茶来冒充酒，说明当时长江中下游地区已开始饮用茶汤，而不再是将茶叶当菜肴吃了。南齐武帝临终遗诏云："灵座上慎勿以牲为祭，惟设饼、茶饮、干饭、酒脯而已，天下贵贱，咸同此制"，从此祭祀都要用茶叶作为祭品。因此，三国两晋南北朝时期是我国饮茶史上的又一重要阶段，也可以说是茶文化逐步形成的时期，为唐代茶文化的形成奠定了基础。

（二）茶与文学

人们饮茶从春秋战国时期开始，到了秦汉时期，饮茶之风逐渐传播开来，到三国时，饮茶成了上层权贵和文人墨客会友交谈的形式，而到南北朝时，饮茶得到不断普及，文人墨客们也开始喜欢借茶来思考，同时上层权贵们也把饮茶当作一种高贵的生活享受。于是，茶文化在饮茶日益普及的情况下开始逐渐发展起来，从此茶文化开始以文学为载体出现了，而这些文学作品又为我们今天考察当时的茶业提供了生动而有价值的素材。

进入汉代后，茶开始成了文人们书写的对象，有好几部汉代的著作都提到茶叶。如《神农食经》："茶茗久服，令人有力，悦志"；《尔雅》："槚，苦茶"；《凡将篇》列举了20种药物，"荈诧"也在其内，而"荈诧"指的就是茶叶；《方言》："蜀西南人谓茶曰蔎"；《华佗食论》："苦茶久食，益思意"。从这些著作可以看出，在汉代，茶的保健作用日益受到重视，人们对茶叶的药用功效已经有了一定的了解。

进入三国两晋南北朝后，饮茶之风开始传播到中原地区，尤其在长江中下游地区得到了极大的发展，在三国两晋南北朝时期，由于饮茶之风在长江流域有了更大的发展，有关茶的文献著作也渐渐多了起来，对当时的饮茶情况也有较具体的记载。如《太平御览》卷八六七引《广志》："茶丛生，真煮饮为茗茶"；《博物志》："饮真茶，令人少眠"。此外，在这个时期，也开始出现一批喜爱饮茶的文人雅士，他们在饮茶之余还留下了一些脍炙人口的诗文来描述当时的茶事。如左思《娇女诗》中的"止为茶荈据，吹嘘对鼎立"；张孟阳《登成都楼》中的"芳茶冠六清，滋味播九区"等。

三、唐宋时期的茶文化

（一）茶产业及其文化的发展情况

隋唐时期是我国茶文化史上一个极为重要的历史时期。隋朝统一南北之后，南北经济文化得到了交流，饮茶之风开始传入北方，但此时的饮茶还多是从药用的角度出发。据史书记载，隋文帝患病时，遇一高僧告以烹茗草服之，果然见效。隋文帝饮茶病愈后，人们竞相采之，茶也逐渐由药用演变成社交饮料，但主要还是在社会的上层，尤其是王公贵族们都以饮茶为时髦。初唐时期，茶叶开始迎来了一次空前兴盛的高潮，古代所称的"荼"也正式减去一笔成了如今众所周知的"茶"字，自此开始，"荼"已完全被"茶"所替代，"茶"字也被收录到了唐玄宗所撰的《开元文字音义》。虽说隋朝到初唐不过短短几十年，但其茶产业的发展却为唐宋茶饮的全面普及和茶文化的兴盛繁荣奠定了基础。

到了盛唐时期，形势发生了巨大的变化，人们饮茶不再是为了治病，而是一种具有文化意味的嗜好，于是饮茶风尚蔚然成风，遍布全国，并逐渐从社会的上层走向全民化，可以说在唐代人民的生活中茶为食物，无异米盐。随着饮茶之风普及南北，尤其在北方得到普及后，茶叶消费量大增，再加上陆羽、卢仝等一批优秀茶人的极力倡导和推广，促使茶叶的生产飞跃发展，不仅巴蜀地区的茶业得到了新的突破，江南地区更是异军突起、后来居上。至此，茶叶也成为唐代典型的经济植物，并开始带动茶叶贸易，政府开始征收茶税，进而为唐朝政府开辟了财政来源，当时的茶业已算是社会经济的一个支柱产业，这在中国茶叶生产发展史上具有里程碑意义。另外为了满足王室对茶的需要，唐朝政府还对每个产茶地区实行贡茶制度，命令各地将所产的名优茶叶进贡朝廷（图7-17）。

图7-17 大唐贡茶院

唐代饮茶兴盛的另一个原因是佛教的盛行，佛门僧人坐禅，通夜不寐，又禁食，只能靠喝茶充饥提神，而且佛门规定用茶汤招待施主。由于佛教在唐代相当盛行，善男信女又多，唐代的饮茶之风便在佛教饮茶风气的带动下得到了普及。由于茶与禅宗关系密切，因此有所谓的"禅茶一味"之说。

此外，中国的茶叶和茶文化传出国外也是从唐代开始的。唐顺宗永贞元年（公元805年）日本僧人最澄大师从中国带茶籽茶树回国，是茶叶传入日本最早的记载，所以说中国茶文化对日本的影响很大。为此，唐代是中国饮茶史上和茶文化史上的一个极其重要的历史阶段，是茶文化历史上的一座里程碑。

"茶兴于唐而盛于宋"，宋朝是茶业和茶文化的繁荣时期。从茶文化的茶艺与茶道精神来讲，一方面它继承了唐人开创的茶文化内容，并根据自己时代的特点、需要加以发展，同时也为元明清茶文化的鼎盛开辟了新的前景，是一个承上启下的时代。

宋代茶史相较前代的一个显著特点就是茶区不再是巴蜀地区一枝独秀，而是渐渐形成东南、四川两大茶叶生产基地。巴蜀地区是我国茶业和茶文化的发源地，唐代以前一直是茶叶经济的中心，但自从唐代起，东南地区茶业得到迅速发展，制茶工艺和茶叶质量也得到日益改进。到了宋代，随着全国经济重心的转移，茶叶经济重心也开始向东南地区迁移。

说到宋代茶业，必从贡茶说起，而提到贡茶又离不开建茶。建茶从唐代开始，在宋代闻名全国。由于宋代气候变冷，温度较低，宜兴、顾渚一带茶区的众多茶树被冻死，茶业生产受到了严重的破坏，为了能如期且保质保量地往京城运送贡茶，便将生产贡茶的任务南移到气候温暖的福建茶区，建茶因此名扬全国，并带动了福建地区及整个南方茶产业的发展，本来产茶不多的东南地区茶产量一下子跃居第一，茶叶质量也远超川茶，跃居上品，尤其是福建建州北苑茶也是制作精良，在贡茶中独占鳌头。从此，东南地区成为全国茶叶最主要的产区之一，成了全国茶叶经济的中心。除了东南地区的迅速发展外，全国的茶业发展也是如日中天，到了南宋时期，产茶地区已由唐代的43个州扩展为66个州共242个县。可见宋代茶产业规模之大。

随着茶叶生产和茶文化的不断发展，宋代茶叶贸易也得到了空前发展。除了茶馆的兴办外，开始出现了一批茶商、茶贩，他们将原产地的茶贩销至各地，获利甚多。在这个时期有关茶叶贸易中规模最大、影响最广且最为典型的当属茶马贸易。茶马贸易一样在唐代开始，当时饮茶风习已开始传入西北边疆，这种消食去腻、醒酒止渴的饮料一传出就大受以肉食为主的边疆牧民的喜欢。到了宋代，夷人已不可一日无茶，由于西北地区不宜种茶，他们只能通过贸易从中原获得。而宋代，由于国家与辽、夏分立对峙，战马来源十分贫乏，而西北草原又盛产良马。为了各取所需，于是茶马交易在宋代开始兴起并得到快速发展，为了促进、规范茶马交易的进行，经过多方面的考虑和协调，茶马交易制度也在此时应运而生，使茶马交易的秩序得到保障。

（二）制茶工艺和饮茶风尚的发展

饼茶制茶之法，自魏晋至中唐以前比较简单、粗陋，饮用就像喝菜汤一样。隋唐时，茶叶多加工成饼茶，饮用时，加调味品烹煮汤饮。随着茶事的兴旺，贡茶的出现加速了茶叶栽培和加工技术的发展，涌现了许多名茶，品饮之法也有较大的改进。到了唐代，饮茶蔚然成风，饮茶方式有较大进步，再加上陆羽等一批优秀茶人的倡导，开始形成重茶道之风，于是制茶也便开始日益讲究。此时，为改善茶叶的苦涩味，开始往茶里加入薄荷、盐、红枣进行调味。此外，唐朝已开始使用专门烹茶器具，论茶之专著也已出现。陆羽《茶经》三篇，备言茶事，更对茶之饮之煮有详细的论述。此时，对茶和水的选择、烹煮方式以及饮茶环境和茶的质量也越来越讲究，逐渐形成了茶道。由唐前之"吃茗粥"到唐时人视茶为"越众而独高"，是我国茶叶文化的一大飞跃。

到了宋代，制茶方法出现改变，给饮茶方式带来深远的影响。宋初茶叶多制成团茶、饼茶，饮用时碾碎，加调味品烹煮。随着茶品的日益丰富与品茶的日益考究，逐渐重视茶叶原有的色、香、味，调味品逐渐减少。同时，出现了用蒸青法制成的散茶，且不断增多，茶类生产由团饼为主趋向以散茶为主。此时烹饮过程逐渐简化，传统的烹饮习惯，正是由宋开始而至明清，出现了巨大变更。

茶叶生产在宋代得到空前的发展，饮茶之风更是异常盛行，王公贵族经常举行茶宴，皇帝也常用各个茶区的贡茶举行茶宴招待群臣，以示恩宠。除了上层社会嗜茶成风，黎民百姓更是将茶当作生活必需品，"夫茶，之为用，等于米盐，不可一日以无"和"盖人家每日不可阙者，柴米油盐酱醋茶"。这两句的千古流传足以说明一切。此外，宋代兴起的斗茶之风也算是当时茶文化的一大特色。斗茶又称"茗战"，是古人对茶的品质优劣进行品评的一种集体比赛。根据一些史料的记载，斗茶也是始于唐代，兴于宋代。在宋代有大量描写宋人斗茶的诗文和画，如范仲淹的《和章岷从事斗茶歌》、赵孟頫的《斗茶图》（图7-18）和容庚的《斗茶记》，这些文艺作品均全面、生动、形象地刻画出了宋人斗茶的细节、原因及现场的情形。斗茶风气的全面流行，对茶叶学和茶艺的发展起到了非常巨大的推动作用，斗茶也成为中国茶文化中不可缺少的一部分。

　　宋代茶文化和饮茶之风的兴旺还表现在茶馆业的兴起。茶馆早在唐代就已出现，但到了宋代才真正得到发展。在宋代，茶馆又称茶坊、茶楼，主要营业于闹事和居民聚居之处（图7-19）。宋代城里的茶馆环境优美、布置幽雅、茶具精美、品种众多、乐曲悠扬，具有浓厚的文化氛围，不但劳动群众喜欢上茶馆喝茶，文人们也爱在茶馆以茶会友，吟诗作画。茶馆业的兴起可以说是宋代茶文化繁荣的另一个标志。

图7-18　赵孟頫《斗茶图》

图7-19　宋代茶馆

（三）茶与文艺

　　由于茶诗、茶画的大量出现，而且多出自名人之笔，使茶文化与相关文艺更好地结合起来。其中唐代茶文化更重于精神实质，而宋代则把这种精神进一步贯彻到各阶层的日常生活和礼仪中。尤其是陆羽等一代茶人的极力倡导标榜，更兼《茶经》的面世，茶事精雅、茶人风流、茶学发展，已成中唐以后的时潮文化。于是，一批批的饮茶雅人，越来越多的咏茶文学作品，如雨后春笋般大量涌现。于是唐朝开始出现诗茶人，或者说传统文化茶人。

　　1. "茶圣"陆羽和《茶经》

　　陆羽（733—804年）（图7-20），汉族，唐朝复州竟陵（今湖北天门市）人，字鸿渐，一名疾，又字季疵，自称桑苎翁，又号竟陵子、东冈子、茶山御史、东园先生、陆三山人等。相传陆羽原为一弃婴，被西塔寺（龙盖寺）智积禅师于水边得而抚养长大。十二三岁离开寺院，流落江汉一带，后投身到一个杂戏班中。后来，陆羽得到了太守李齐物的赏识，赠给了他一些诗书，陆羽受到鼓励后便开始潜心读书，后又被推荐到火门山邹夫子处读书。学习期间，陆羽经常煮茶烹茗，并开始掌握了一些煮茶的技艺。大约到了20岁时，陆羽已是一位知识渊博、精通茶艺的士子了。由于他对茶叶有浓厚的兴趣，长期实施调查研究，因此对茶树栽培、育种和加工技术都非常熟悉，并擅长品茗。再加上《茶经》（图7-21）对中国茶业和世界茶业发展做出了卓越贡献，后来陆羽又被世人誉为"茶仙"，尊为"茶圣"，祀为"茶神"。

图7-20 陆羽

图7-21 《茶经》

陆羽一生嗜茶，精于茶道。唐朝上元初年（公元760年），陆羽隐居江南各地，博览群书，躬身实践，广采博收茶家的采制经验，并将获得的第一手资料不断地进行学习和总结，最终编写了世界第一部茶叶专著——《茶经》。《茶经》共十章，七千多字，分为上、中、下三卷。上卷分三章："一之源"介绍茶树的起源、形状、名称、生物特性和保健功效；"二之具"介绍采茶和制茶的工具；"三之造"介绍茶叶的制作工艺流程。中卷为第四章，即"四之器"，介绍煮茶、饮茶的工具。下卷分六章："五之煮"介绍煮茶的工艺；"六之饮"介绍饮茶的方法和习俗；"七之事"介绍我国唐代及唐代以前有关茶的历史、典故；"八之出"介绍全国各个产茶盛地所产的茶种，并按茶的品质对其进行分级；"九之略"介绍在不同的情况下可以省略哪些制茶工具及饮茶器具；"十之图"讲可以将《茶经》抄在绢帛上张挂起来。《茶经》是陆羽对唐代及唐代以前有关茶叶的科学知识和实践经验的系统总结，该书的问世意味着人们将迎来一个崭新的茶文化时代，其对中国乃至世界文化所做出的巨大贡献将名传千古，流芳百世，被后人永远传颂和敬仰。

2. 茶与唐代文学

众所周知，唐代是古典诗歌的黄金时代，也是茶之盛世。随着茶的逐渐普及和饮茶之风的盛行，茶开始吸引诗人们的眼球，并备受青睐。唐代涉及茶的诗歌有很多，大概有400多篇，其中正宗的茶诗更是将近70首。其中最出名的当属卢仝的《走笔谢孟谏议寄新茶》，尤其是诗中写道："一碗喉吻润。两碗破孤闷。三碗搜枯肠，唯有文字五千卷。四碗发轻汗，平生不平事，尽向毛孔散。五碗肌骨轻。六碗通仙灵。七碗吃不得也，唯觉两腋习习清风生。"对连喝七碗茶所产生的不同感受的描写，更是脍炙人口，千古绝唱。卢仝也因为这首诗而在茶文化史上留下盛名。

3. 茶与宋代文学

宋代诗人嗜茶、咏茶的也特别多，几乎所有的诗人都写过咏茶的诗歌。如苏轼写的《次韵曹铺寄壑源试焙新茶》中的"戏作小诗君勿笑，从来佳茗似佳人"成了咏茶名句，经常被后人引用。范仲淹写的《和章岷从事斗茶歌》全面生动地描写了宋人喜爱斗茶的盛况，这首诗也算得上是宋代最有名的茶诗了。黄庭坚写的《阮郎归》生动细致地描写了宋代采茶、碾茶、烹煮及以后怡情的感受。除此之外，还有欧阳修、陆游、杨万里、朱熹等，他们都写了许多脍炙人口的咏茶诗歌。这些茶诗大大提高了宋代茶事的文化品位，也是宋代茶文化成熟的标志。

四、元明清时期的茶文化

（一）茶产业及其文化的发展情况

元代茶业和茶文化的发展特点首先在于其过渡性，茶叶生产和饮茶风尚承宋启明，处于由团茶向散茶的转变过程中。元代的茶叶生产基地包括闽、浙、蜀、荆湖等地，贡茶的生产地区更是在原有的基础上得到了扩张。尽管由于战乱等原因，某些地区产茶有所衰落，但总的来看元代茶业仍相当可观。元代茶马贸易的衰落也是当时茶文化的一个重要特点。元统一全国后，广大西北地区进入版图，战马云集，故原本宋代很受重视的茶马交易就失去了意义，于是茶马交易不再盛行，茶则开始以自由贸易的形式进入边疆民族。

明清是我国茶文化史上的鼎盛时期，其中明代是我国茶叶生产的大发展时期，明代茶业的发展主要有两方面的特点：一是茶叶产区得到了进一步扩大，并基本奠定了如今的茶区体系；二是技术方面的巨大变革，不仅茶树的栽培和茶园的管理技术得到提高，制茶工艺技术也获得了巨大的突破和成就。尤其是乌龙茶的出现、绿茶的全面发展和红茶的繁荣，标志着我国传统茶业的发展从此迈向新时代，开始呈现科学化、多元化的特点。

明代的茶叶产区的地域相比前代得到了进一步的扩展，除了传统茶区继续得到发展外，不少原来不产茶或茶业衰落的地方也开始引种茶种，并通过改良栽培技术和制茶工艺最终形成名茶。据相关文献记载，明初郑和下西洋的过程中，将茶籽带入台湾，从此茶在台湾得到迅速发展，台湾也因此成为我国重要的名茶产区。另如闽茶，宋时福建所产的建茶可谓是名扬四海、品质卓越，但随着散茶的兴起，福建北苑茶业开始渐渐衰落了，后来由于各项技术的革新，福建开始种植武夷茶，并以此闻名全国。再如云南地区，这里曾是我国茶树的原产地之一，但由于发展缓慢，这里的茶业一度被人们遗忘，相关的记载也非常少，后来随着普洱茶的异军突起，该地区的茶产业开始崛起，普洱茶也成了一代名品，流传至今。

"以茶易马，汉藏一家"，众所周知，茶马交易是我国最具特色的茶叶贸易，我国的茶马交易，源于唐，成于宋，衰于元，盛于明。到了明代，随着茶叶生产的发展、商品经济的活跃，原本衰落的茶马贸易再次得到朝廷的重视，并有着制度详备、互市繁荣的特点。此外茶马贸易更是一度成为朝廷致富、裕国的政策，同时也是制西番以控北虏的上策。因此，明代的茶马贸易具有重要意义。

作为我国的最后一个封建王朝，清代的茶业史主要分为初清和晚清两个阶段。明末清初时期，由于社会的动乱，茶业经济十分萧条。随着清王朝统一大业的完成，由于社会经济急需复苏，再加上茶叶贸易的需要，官府开始鼓励和发展茶叶生产，并在明代茶业的基础上取得了长足的进步。在这个时期，清代茶业一方面在产地格局上相比明代获得了扩展，新的茶品层出不穷，生产技术和茶园管理也得到提高，使得茶叶贸易有所发展，并逐渐由茶马交易向出口贸易转变和发展；另一方面，随着清代茶业的发展，茶业经济开始出现了资本主义的萌芽，并逐步出现机械化、科学化的特点。

清代茶区的分布，遍布秦岭淮河以南的广大地区。全国一共有 14 个省种植茶叶，其中以福建、浙江、安徽、江苏、江西、湖南、云南、四川和广东发展最快，并奠定了现在江南茶区、华南茶区、西南茶区的基础。在茶叶生产技术方面，清代相比明代还是有一定进步的，如在栽培技术方面，清代开始出现插枝繁殖技术，该技术属于无性繁殖，具有保持优良品种的作用。此后还出现了压条繁殖技术。再如茶树更新、修剪技术，明代一般采用原始的"树老则伐之，其根自发"的方法，到了清代中叶则是按张振夔《说茶》中所记："先以腰镰刈去老本，令根与土平，旁穿一小阱，厚粪其根，仍覆其土而锄之，则叶易茂。"进行修剪。可以说，清代在传统茶叶栽培技术方面已达到历史最高水平。

鸦片战争后，中国开始沦为半殖民地半封建社会。随着通商口岸的陆续开放，许多外国商人自由出入中国市场，在一定程度上促进了我国茶叶出口贸易的发展，为此在这个阶段中国的茶业曾一度迅速发展，畸形繁荣。但由于当时国内政局纷乱、经济衰退、战事连连，再加上国际市场竞争加剧，中国无法为茶业发展提供一个稳定、良好的环境，于是我国茶业很快就开始停滞、衰落，失去了国际茶叶经济中心的地位。

（二）制茶工艺和饮茶风尚的巨大变革

元代的饮茶风尚和制茶工艺均发生了较大的变革，且具有过渡性的特点。在这个时期，制茶工艺沿承宋习，虽然团饼仍占一定比重，但已萌发以散茶为主的趋势，包括贡茶也呈现散茶、团茶并重的局面。因此元代已开始了从蒸青饼茶向炒青散茶的转变，为后代散茶为主的茶业局面奠定了基础。

制茶技术和饮茶风尚的划时代变革及茶类的空前发展是从明清开始的，主要的制茶工艺较唐宋有着较大的区别。在这次变革中，明太祖朱元璋是最大的推动者。洪武二十四年（公元 1391 年），朱元璋为取悦于民，以减轻茶户劳役为由，下诏令："岁贡上供茶，罢造龙团，听茶户惟采芽茶以进。"这种不入品号、制作简单的芽茶（散茶）曾是民间百姓日常的饮用茶，当明太祖下诏供茶也按此制后，散茶就成为茶叶加工制造的主流，民间饮用散茶的风气也越来越盛，除了茶马交易还保留部分团饼生产外，基本上不饮用团饼茶了，于是散茶制作法便成了制茶的基本工艺。同时散茶的出现带来了许多变化，冲泡法取代煮饮法就是其中的一项，而其中影响最大、最重要的变革就是炒青技术。炒青技术就是茶叶采摘后不需经过蒸煮，而是用热锅手炒杀青，这道工序的改进大大提高了茶叶的香气，对后代茶业的发展有很大的影响，直至今天，大部分的茶叶仍还是炒青茶叶。早期的散茶都是蒸青绿茶，随着炒青技术的成熟和发展，炒青散茶的使用得到了普及并逐步替代蒸青散茶。而且由于炒青散茶清新怡人、茶香四溢的特点，散茶的饮用方法也由原来的煎煮法改为如今的冲泡法，这可以说是饮茶史上的一次最重要的变革，由于该方法方便、合理，因此一直被沿用至今。

明代不仅是饼茶、散茶主次地位转化的时期，而且也开创了散茶生产技术发展的全盛时代，我国茶类生产呈现出五彩缤纷的新局面。除了绿茶外，被誉为"中国传统农业生产技术瑰宝"的六大茶类中，绝大多数都兴于明清时期。

花茶（图 7-22）的发展是明清茶叶的一个成就。

图 7-22　花茶

花茶虽始于宋代，但却到明代才开始得到发展。原始的花茶是指用香花制作的香水所泡的茶。真正的花茶泡制方法是朱权所撰《茶谱》："薰香茶法，百花有香者皆可，当茶盛开时，以纸糊竹笼两格，上层置花，下层置花，宜密封，经宿开换旧花。如此数日，其茶自有香味。"

　　乌龙茶（图7-23）的制作成功也是明清时期茶叶生产的一大成就。乌龙茶盛产于福建、台湾和广东，属于半发酵茶，是中国特有的茶类之一。其渊源可追溯到宋元的北苑贡茶，继之而起的是明代的武夷茶。乌龙茶是需要通过振动、搅拌等手法控制鲜茶叶的发酵程度，最后经高温炒揉烘焙而成。

图7-23　乌龙茶

图7-24　红茶

　　红茶（图7-24）的生产也是起于明而盛于清，最早出现在福建、江西一带。红茶属于全发酵茶，其制作方法是以日晒代替杀青，揉捻后经过发酵处理，叶色变红，最后经过炒和烘。红茶分为小种红茶、功夫红茶和碎红茶，其中小种红茶起源于晚明，功夫红茶起源于明末清初。由于红茶深受海外消费者的欢迎，在当时出口的各类茶叶中，红茶的比重始终最大。

　　除了花茶、乌龙茶和红茶外，中国六大茶类还包括白茶、黑茶和黄茶（图7-25），虽说这三种茶类的影响力都不及乌龙茶和红茶，但它们的出现都早于前两者，甚至可以说红茶和乌龙茶的出现都是在这三种茶的基础上发展而来的。因此白茶、黑茶和黄茶在中国茶文化史上均扮演着重要角色，是茶业发展不可缺少的一部分。

图7-25　白茶、黑茶、黄茶

五、近现代茶文化

（一）茶产业及其文化的发展情况

近代茶文化，主要包括清末至民国时期的茶文化。在这段时期，中国的茶文化虽然受到西方文化的影响，开始向现代化转化，但是由于中国处于封建社会的延续时期，又受两次世界大战的影响，所以得不到较大的发展，但不管怎样，毕竟是向现代化发展跨出了一步。晚清时期，我国茶叶生产开始由盛转衰，停滞不前，开始走下坡路。中国茶叶的国际市场逐渐被印度、锡兰（今斯里兰卡）挤占，并失去了世界茶叶经济中心的地位。民国时期，我国的茶文化和茶业一落千丈，年均产茶才 20 多万吨，茶叶出口 10 多万吨。1949 年，年均产茶只有 5 万多吨，茶叶出口仅 2 万多吨。

中华人民共和国成立后，政府高度重视茶叶生产，茶叶经济有了飞速发展，我国的茶文化也开始步入现代茶文化。新中国成立初期，我国茶叶的产销量低下，1950 年全国茶园面积仅 16.93 万平方千米，产茶 6.25 万吨，出口仅 0.85 万吨。为恢复我国的茶叶生产，政府决定茶叶由中央财政经济委员会负责管理，并在贸易部、农业部的共同努力下，成立中国茶叶公司。此后，中国的茶业和茶文化有过多次的辉煌，也有过曲折的历程。随着改革开放的深入和国际交流的增强，中国的茶和茶文化又有了长足的进步和发展。进入新世纪后，发展更快，成绩更加喜人。目前，我国的茶园面积占世界第一位，产量占世界第二位，出口量占世界第三位。中国茶文化不但在世界范围内得到发扬光大，而且更加博大精深，无论在广度和深度上，还是在高度和精度上，都达到了一个新的境界。如今，随着人们对茶叶的不断了解，再加上我国茶产业的不断发展、制作工艺的不断改良，使得我国的茶产业呈现一片欣欣向荣的景象，不仅茶的种类越来越多元化，质量也更加优良。

（二）新时期中国特色茶文化

在茶叶经济飞速发展的同时，我国茶文化事业也跟着兴旺发达起来。改革开放后，特别是从 20 世纪 80 年代后半期开始，随着人们物质生活和文化生活的改善，中国内地的茶文化出现蓬勃发展的态势，进入 20 世纪 90 年代以后，更是形成滚滚热潮。新时期中国茶文化所呈现出来的特色主要表现为：

1. "茶为国饮"的确定

从"发乎神农氏"算起，茶在中国已有 5000 多年的历史，在这期间茶已深深地融入了每一个中国人的生活。我国是茶叶生产、消费和出口的大国，在世界茶叶产业中具有举足轻重的地位。在中国，有几千万茶农，几亿人喝茶，茶馆、茶艺业均蓬勃兴起，盛况空前，茶在中国其实早已成为举国之饮。茶作为中国的代表饮料，提案为"国饮"理所当然。

考古发现证实茶为国饮有着十分丰厚的实物依据。陕西法门寺出土的唐代宫廷御用系列金银茶具，浙江长兴顾渚山发现的唐代贡茶院遗址和茶圣陆羽行踪遗迹，福建建瓯发现的宋代北苑贡茶摩崖石刻碑文。河北宣化出土的辽代古墓道煮茶、奉茶、饮茶的壁画，以及中国茶走向世界各地的种种历史见证，足以证明茶为国饮顺乎历史，合乎国情。

可以说中华民族为茶文化的产生、形成与发展，做出了无数贡献，提倡茶为国饮，能更好地展示茶叶之国的地位和作用。其实提倡"茶为国饮"并非自今日始。20 世纪 80 年代，一批有识之士提出，要提倡茶为国饮，孙中山先生曾明确倡导茶为国饮，中国国际茶文化研究会原会长王家扬和茶界唯一的工程院院士陈宗懋也都提出"茶为国饮"。1999 年 3 月，中国国际茶文化研究会正式向国家有关部门提交议案，把茶列为中国的"国饮"。茶在中国具有悠久历史，且已经渗透到社会的方方面面，提倡茶为"国饮"，对弘扬茶文化、促进茶经济、增强人民体质、美化社会环境，具有积极的现实意义。

2. 茶文化组织的建立

随着茶文化的不断发展，我国茶文化组织不断涌现，促进了茶文化朝着正确的方向发展。1990 年 10 月，在一些爱茶的有识之士和社会活动人士的积极倡议下，首届国际茶文化研讨会在杭州召开。1993 年，成立了全国第一个以"茶文化"命名的中国国际茶文化研究会，这是弘扬发展和研究交流中华茶文化的全国性民间社团组织。在它的影响下，全国许多省市也纷纷建立了茶文化研究会（促进会、协会、研究中心），到目前为止，全国各地相继建立了茶文化民间社团组织。各地社团组织的建立，为全国各地的爱茶人和茶文化工作者以及从事茶业的专家、学者提供了以茶会友、增进交流的场所。

3. 茶文化教学研究机构相继建立

近代茶业教学，始于 1898 年。萧文昭提出"设立茶务学堂，讲究种植，尽地力和使用机器"。当年，经光绪批准，在通商口岸及产茶省份，迅速开设茶务学堂及蚕桑公院。但数日后，光绪被慈禧软禁，办茶务学堂一事告终。数年后，张百熙、张之洞又奏请"重订学堂章程"，要求开设茶务学堂。大约 1907 年，开办了四川通省茶务讲习所。随着茶叶改革的进展，不少地方开办茶叶学校或培训班。1935 年，福建开办了福安茶校，后又在崇安创办了初级茶业学校；江西婺源也创办了茶业职工学校；湖南修业职业学校和安徽徽州农业职业学校也增设了茶业班。抗战期间出现的茶业大专班，主要有三处，它们分别是复旦大学茶叶组、英士大学特产专修科的茶业专修班和福建崇安创立的苏皖技艺专科学校茶业科。其中，最有影响的是复旦大学茶叶组。1940 年后，复旦大学又设立茶叶系、茶叶专修科和茶叶研究室。这里毕业的学生，从抗战时期直至 20 世纪 50 年代，都成了茶业战线的技术骨干，为以后茶业的复苏和发展，铺平了道路。

21 世纪初开始，重庆的西南大学在高职教育中，率先开设了茶文化专业；接着，2003 年秋季，浙江树人大学也设立了应用茶文化学专业。浙江大学茶学系和西南大学茶学系还开始招收茶文化专业方面的硕士研究生和博士研究生，培养茶文化专门人才。与此同时，在一些大专院校和科研单位内，也建立了茶文化研究中心。目前，全国除 20 世纪 50 年代在杭州建立的中国农业科学院茶叶研究所以及 1978 年在杭州建立的中华全国供销合作总社杭州茶叶研究院外，在浙江、福建、安徽、江西、湖南、湖北、广东、广西、贵州、四川、重庆、云南等省、自治区、直辖市和台湾地区，还建有省级的茶叶研究所，开展对茶文化的研究。

4. 茶文化展馆建成和开放

茶文化展馆是展示、宣传茶文化的重要场所，也是对国民进行爱国主义教育的好地方。除了北京故宫博物院、台北"故宫博物院"，以及全国各省、市综合性博物馆有茶文化的展示外，20 世纪 80 年代以来，专门性展馆纷纷建成开放。1981 年，在香港特别行政区建立了香港茶具馆；1987 年，在上海创办了四海茶具馆；1988 年，在四川蒙山建立了名山茶叶博物馆；1991 年，中国最大的综合性茶叶博物馆——中国茶叶博物馆，在浙江杭州建成开放；1997 年，台湾首家茶叶博物馆——坪林茶业博物馆建成开放；2001 年，福建漳州天福茶博物馆建成（图 7-26）；2003 年，重庆永川建立巴渝茶俗博物馆对外开放。这些展馆全面地展示了茶的起源和传播，茶的性质和功能，茶的种类和花色，茶的种植和采制，茶的品饮和礼

图 7-26　天福茶博物馆

俗，茶的法律和典制，茶的器具和水品，以及茶的文学艺术等，并以现代手法展示了中华茶艺的多种饮茶风情，蔚为大观。

5. 茶文化产业的形成

茶文化活动的开展，使茶产业经济向着多元化的方向发展，在全国范围内涌现了一批新兴的茶文化产业。

自 20 世纪 80 年代以来出现的现代茶馆，与过去的老式茶馆相比，无论是形式和内容还是作用和地位，都有了发展和提高。据不完全统计，四川成都有茶艺馆 3500 家左右，北京、上海、重庆、长沙、南京、济南等城市的茶艺馆都有成百上千家，广州和台北的茶艺馆更是遍及全城。杭州有茶艺馆 350 余家，成了旅游风景、假日休闲的一个亮点。粗略估计，目前全国有茶馆 3 万多家，年经营额也有 100 亿元人民币，与茶叶产值大致相当。茶馆拉动了茶叶消费，提升了茶经济的地位，让人刮目相看。

图 7-27　茶艺表演

除了茶馆的盛行外，目前，全国许多地方的企事业单位相继建立了茶艺演示团体（图 7-27），使茶的冲泡与品饮成为一项专门的技艺。通过茶艺专门人员的传神演示，饮茶更富有情趣和审美享受，既传承了传统饮茶文化，又在传统中注入了时代特色。上海、云南、广西、福建、广东、浙江、重庆等省、市都开展了全国性茶艺、茶道大型演示或比赛。如 2002 年 12 月，福建安溪举办茶艺大奖赛，2003 年在云南思茅举办全国少数民族茶道、茶艺大赛，在重庆举办国际茶道、茶艺邀请赛等。参赛的都是各地茶艺演示中的佼佼者，他们展示的有仿古茶艺、民俗茶艺、佛家茶艺、工夫茶艺、武术茶艺、文人茶艺、民族茶艺、少儿茶艺等，令人目不暇接，大开眼界。如今，茶艺演示正在逐渐成为休闲文化的一个重要组成部分。

6. 茶文化景观成了旅游亮点

近年来，各地为了开发和利用茶文化资源，开始重视茶文化景观的建设和保护。如福建的武夷山，作为全国主要的茶区之一，不但形成了以"大红袍"品种为主体，集茶文化题词、铭刻、石雕、石碑、亭台等的配套建设，而且还加强了御茶园、庞公吃茶处、茶洞等茶文化景观的宣传力度，使之成了武夷山茶文化旅游的一条茶专线游。另如广东的雁南飞、重庆的茶山竹海、福建安溪的茶叶大观园、浙江湖州茶文化人文景观，以及正在开发中的宜昌茶文化旅游苑等，都是利用当地茶文化资源，与旅游相结合，成为当地经济发展的一种新举措。杭州老龙井景点已对十八棵御茶、宋广福院、龙井茶文化展厅进行了整修与恢复，为西湖龙井茶文化景观增添了许多光彩。

第三节　酒文化的传承性

酒文化是我国食品文化的一朵奇葩，几千年来它一直世代相传，已逐渐成为我国一种特殊的文化象征。本节按照时间顺序，围绕各个时期的酿酒技术、酒业发展、特色酒器等方面，由古至今对酒文化展开论述。

一、先秦酒文化

（一）酒的传说与历史考证

关于酒的来源，历来就有许多传说，如上天造酒、猿猴造酒、仪狄造酒、杜康造酒等。上天造酒讲的是自古以来，酒是天上"酒旗星"所造。猿猴造酒讲的是猿猴在水果成熟的季节，收贮大量水果于"石洼中"，堆积的水果受到自然界中酵母菌的作用而发酵，久而久之便有酒生成。这两种传说都带有较多的文学渲染而缺乏足够的史料依据，因而并不怎么受人们重视。而关于仪狄造酒和杜康造酒史料上有较多记载。

史籍中有多处提到仪狄"作酒而美""始作酒醪"的记载。《战国策·魏策》上说道，夏禹的妃子叫仪狄去酿酒，仪狄经过一番努力后，酿出味道很好的美酒。夏禹喝了后觉得甘甜爽口，觉得确实很好。但随后他又说后世君王如喝了这种美酒，一定会灭国亡朝的。从此夏禹便疏远了仪狄，自己也和酒断绝了关系。又有传说自上古三皇五帝的时候，就有各种各样的造酒的方法流行于民间，仪狄将这些造酒的方法归纳总结起来，使之流传于后世。

关于杜康的史料记载和民间传说要比仪狄多很多，例如古籍《世本》《吕氏春秋》《战国策》都有相关记载。杜康，一说他就是夏代的第六世君王杜少康。有次他将未吃完的剩饭放置在桑园的树洞里，剩饭在树洞中发酵，久而久之便有芳香的气味传出，杜康尝后觉得甘甜，于是获得了酿酒的秘方，从此便以酒为业。民间另一个流传说他是周朝人，周平王东迁洛邑，常为战事忧虑，茶饭不思，杜康献上美酒，平王喝后顿觉甘甜香浓，于是特封杜康为"酒仙"，从此杜康酒名闻天下。相比之下，杜康造酒更为民间津津乐道，几千年来杜康几乎已成为酒文化的象征，所以杜康又被称为酿祖。民间对于酒起源的种种传说，为我国酒文化蒙上了一层层神秘的色彩，然而这些都仅仅是传说，并没有确实的证据。

专家们认为，最初的酒可能是果酒，而后才有粮食酒。果酒的产生源于远古时期一些能酿酒的水果熟透落地，在遇到适当的气候后，野果发酵成天然酒。古时人类在采集活动中把剩下的果实保存起来，经过日晒、发酵而积水为酒。当农业生产发展到一定程度，人们的粮食供应有了剩余，能够拿出一部分来酿酒，于是便有了现在的粮食酒。考古学者推测妇女极有可能是酒的发明者，因妇女从事采集、粮食贮藏、粮食加工和哺育婴儿，她们在长期的实践中发现采集品或食物发酵会散发酒香。于是久而久之，人们便逐渐学会了酿酒。

（二）酿酒业的发展

夏禹建立奴隶制王朝后，生产力发展迅速，酿酒业已有了一定的发展。夏代就已有醪酒、秫酒的记载了。在《新序·刺奢》中说道，夏桀建专门造酒池，载着美女在里面划船。每次举行宴会时三千人走到酒池边，像牛群饮水一样一齐从岸上伸下脖子，在震耳欲聋的助兴鼓声中放开喉咙狂饮。虽然这是比较夸张的说法，但也反映出夏朝时农业生产和收获增加，有较多的剩余可以酿酒。

殷商时期是我国古代酿酒的一个重大时期，这个时期的人们发明了蘖和曲酿酒法，并成熟地应用到实际生产中去。蘖，即谷物或麦芽，当时人们已懂得利用发芽的谷物作糖化剂来酿造低浓度的酒，也就是今天我们所说的啤酒，因此也可认为我国是世界上最早发明啤酒的国家之一。另外人们还用发霉的谷物制成酒曲，利用酒曲中所含的酶制剂将谷物原料糖化发酵成酒。曲的出现使谷物酿酒的两个步骤糖化和发酵结合在一起，说明酿酒技术已达到相当高的水平（图7-28）。这也为我国后来酿酒的独特方法——酒曲和固体发酵法奠定了基础。根据郑州二里岗的商代酿酒作坊遗址的发现，考古专家推断商代早期酿酒业已从手工业中分化成为独立作坊，并具有相当规模。在甲骨文的记载中，商朝就已有酒（黄酒）、醴（淡甜酒）、新醴、旧醴（陈酒）等多种酒品种。

图7-28　古代制酒

当时上至达官贵族下至普通老百姓都喜欢饮酒，关于殷人好酒、嗜酒成风的记载也有很多。殷纣王作了亡国之君一定程度卜和酒有关，古代文献对他的穷奢极欲的记载也比较多，可算是一个典型。相传纣王喜欢饮酒吃肉，他在王宫里设了酒池肉林。酒池就是凿一个大得可以行船的池子，里面灌满了酒。肉林就是在酒池边上竖立许多木桩，上面挂着烤得香喷喷的肉。纣王和贵族在酒池边上尽情地酗酒，在肉林中尽情地吃肉，场面可谓极其壮观。纣王哥哥微子不忍看其弟末日，于是写《微子》请求比干力劝纣王，但终究免不了其灭国命运。

到了周朝，无论是酿酒技术还是产量都继续向前发展着，酒与政治的联系也更为紧密了。祭祀、战争胜利、诸侯会盟等大事更是少不了酒，可以说当时社会已形成"无酒不成礼"的习俗。周王室甚至还设置了专门从事酒生产和管理的官职和政令，例如酒正、浆人、酒人、官人、郁人、司尊彝等职称。周代以后酿酒有了固定的生产规程，《礼记·月令·仲冬》就有相关记载。大概讲的是：①准备好品质优良的秫、稻，②准时生产好曲和蘖，③浸泡和蒸煮原料要做到干净，④用水要纯净无污染，⑤器具必须用不渗不漏的，⑥火候要掌握得适当。这可认为是先秦文献中记载当时各种手工业的第一个生产操作规程。此外，在制曲方法上劳动人民对微生物的培养利用也有新的成就，人们已经在酿造利用微生物方面基本掌握了曲霉生长繁殖的规律而加以有效地利用。

至春秋，除了平民自酿自饮的"家酿酒"外，酿酒的作坊、卖酒的酒肆已普遍出现。酤酒、饮酒对居民来说也是相当方便的事了。春秋以后一些远离中原的地区，如长江以南的吴、越，由于农业生产的发展，谷物有了剩余，也兴起了酿酒。到了战国时期，南方地区的楚国也发展起了酿酒业，《楚辞》等文献中出现了不少美酒的名称，如"瑶浆""冻饮""桂酒"等。

（三）酒器文化

从果酒到粮食酒的出现，以及随之而产生的各种酒具，不难发现酒文化在先秦已有了一定的沉淀。这些酒具不仅证明了我国悠久的酒文化，也为我国酒器文化的发展开了先河。先秦时期的酒器主要有原始时期陶制酒器和商周春秋战国时期青铜酒器。

原始时期先民们凭借着聪明才智与无限热情，利用红陶、白陶、黑陶、灰陶等各种不同颜色的陶土制造酒器。此外他们还根据审美性和实用性要求制造出各种形状的酒器，诸如白陶鬶［图7-29（1）］、白陶鸡形鬶、猪形灰陶鬶［图7-29（2）］、人首灰陶瓶、船形陶彩陶壶等。除了在材料、外形上讲究之外，先民们还追求其外表之美，他们常在陶制酒器上进行彩绘或美化，画上花纹、鱼兽等。总之，这个时期的酒器表现出其独特的原始个性与味道，在材料的使用、外形、装饰上都对后来酒器的发展起到重要的影响。

(1)白陶鬶

(2)猪形灰陶鬶

图7-29　白陶鬶、猪形灰陶鬶

这一时期出过许多著名的酒器，其中就有出土于山东省泗水县尹家城遗址被考古学家称为"蛋壳高柄杯"的精品之作（图7-30）。这件器物超薄的器壁如同蛋壳一般，因此有"蛋壳黑陶"之美誉。图中这件酒具由黑陶经高达1000℃左右高温烧成，整个杯体由杯身、高柄、底座三部分组成，陶质极细，光泽极亮，器壁极薄，造型极美。在已发现的蛋壳陶杯中，平均厚度不足0.5mm，最薄的仅有0.3mm，有的全器质量只有40g左右，还不到一两。它们不以色彩、纹饰为重，乃以造型和工艺见长，风格简洁爽利，应是当时人们审美观念的一种反映。考古学家认为，蛋壳陶杯属于礼器性质，可能是在祭祀等礼仪上使用的特殊酒器，掌握在特殊身份的人手里。也就是说，龙山时代的人已初步创造出一套酒礼，人们不再是纯粹地为娱乐而饮酒，酒器不仅是实用的，而且已成为礼文化的符号了。

图7-30　蛋壳高柄杯

进入夏商后社会生产力有了一定的发展，有关史料和出土文物证明夏代时人们就已经熟练地掌握了冶炼青铜的技术。到商朝时，青铜冶炼技术已达到很高的水平了。青铜酒器也逐渐成为这个时期最为流行的酒器。它以种类丰富、造型奇特、纹饰繁缛怪诞、制造技术精湛而引人注目。它的产生证明我国的酒器文化已进入了一个崭新的时代。这个时期主要有爵、角、觚、觯、饮壶、杯等23种，其中每一种又有许多不同的形式，或同时期的，或不同时期的多种形式。如尊的形体就可分为有肩大口尊、觚形尊、鸟兽尊等三类，而鸟兽类尊又可分象、犀、牛、羊、虎、豕、驹、怪兽、鸳、兔等尊形。

青铜酒器的精美制造工艺，或典雅，或雄健，或洒脱，或凝重，往往令中外人士赞不绝口，这种酒器文化给后人提供了取之不尽的艺术灵感。莲鹤方壶（图7-31）、象牙觥杯（图7-32）、管流爵（图7-33）都独具特色，其中春秋时代的莲鹤方壶现藏于北京故宫博物院。

图7-31 莲鹤方壶

图7-32 象牙觥杯

图7-33 管流爵

图7-34 象形铜尊

图中的象形铜尊（图7-34）1975年出土于湖南省醴陵县仙霞乡狮子山，是湖南出土的一件重要的肖形青铜酒器。该铜尊象体浑短，四肢粗壮，颈短，耳肥，门齿外露，长鼻上扬，尾垂，作静立状，俨然是活生生一个亚洲象的神态。象背上有椭圆形尊口，象腹中空以纳酒，象鼻中空以斟酒，结构极为巧妙。此外，象尊的纹饰也极为讲究，通体遍布云雷纹，象头饰有猛禽、蟠龙、猛虎，象身各处装饰有兽面、虎、龙、凤、鸟等图案，布局紧凑，组织和谐，巧夺天工。

二、秦汉魏晋时期酒文化

（一）酿酒业的发展

秦汉魏晋时期有两种重要的饮料，一种是茶；另一种便是酒。这个时期酒业发展迅速，在酿酒技术、酒的种类、酒的论著等方面都取得一定成就。虽然这一时期酿酒行业仍采用传统模式酿制谷物酒，但其在技术上包括制曲工艺、酝酿工艺等方面也都有所改进，可谓是古代酒的一个发展小高峰。

在制曲上，汉代建有专门堆积曲料的房屋，古时称作"曲室"。室内置有多种制曲用具，包括放曲料的竹席、搅拌工具榔、击打工具槌、遮盖曲料的艾草等。当时采用的制曲方法是将谷物煮至半熟状态，取出置于阴凉处，让它发霉成曲。制曲过程分为两个阶段，第一阶段是溲曲，即把加湿后的曲料在竹席上平面摊开，以便繁殖菌体，也就是所谓的"寝卧"；第二阶段是把产生霉菌的散状曲加工成饼状曲。这样制成的曲同时含有糖化所需的淀粉酶和酒化所需的酵母菌，因而能够促使酿酒原料交替完成糖化与酒化过程。汉人制曲，多用麦作为原料，并由此培育出多种多样的麦曲。《方言》卷一三就举出当时酒曲的许多名称，如有大麦曲、小麦曲、细饼曲等七种。不过，这一时期的酒曲催化能力较弱，因而酿酒时用曲量很大，曲料数量与谷料数量的比例有时达1∶2。到了北魏时期，制曲的"寝卧"从12天缩短到10天，曲的催化能力也有所提高。

在酿造上，汉人讲究谷料与曲料的比例。《汉书》卷二四《食货志》记载鲁匡向王莽建议："请法古，令官作酒"，投料比例为"一酿用粗米二斛，曲一斛"，最后可以"得成酒六斛六斗"。到东汉时期，酿酒技术有了明显的提高，这表现在成酒中水含量减低而酒精含量增加两方面。酿酒格式已为一斗粮食出一斗成酒，比之西汉末期二斛粮食出一斛酒，变化较大。另一方面，东汉末年已能酿造九酝酒，所出的酒甘香醇烈，酒度自然加高。

到了魏晋南北朝时期，酒禁大开，酒业蓬勃发展。北魏著名学者贾思勰在其专著《齐民要术》中对酒进行了详细记载，总结性地记述了当时制曲酿酒技术经验和原理，可谓世界上最早的酿酒工艺学著作。书中介绍了各种酒的酿造方法及九种制酒用曲，包括五种神曲、两种笨曲，还有白醪曲、白堕曲。此外，他对酿酒的工序，如选米、淘米、蒸饭、摊凉、下曲、候熟、下水、容器、压液、封瓮等也进行了详细说明。这一时期还有《四时酒要方》《白酒方》《七日面酒法》《杂酒食要》《酒并饮食方》等酒艺著作。可见这一时期的酿造工艺已达到相当高的水平。

（二）酒及名人轶事

这一时期酒的种类繁多，分类标准也各异。按原料命名者有稻酒、黍酒、秫酒、米酒等；按酿造时间命名的酒有春酒、冬酒；按配料香料命名的酒有椒酒、桂酒、柏酒、菊花酒、百末旨酒等。不过在汉代大体有个分类标准，那就是根据酿酒形态把谷物酒区分为两大类，一类是浊酒，另一类是清酒。凡是酿造时间较短、用曲量较少、成酒浑浊的酒均称为浊酒。凡酿造时间较长、酒度较高而且酒液较清的酒都称清酒。此外，还有许多异国情调的酒肆（酒馆）也是在这个时期出现的，世界上著名的葡萄酒也是在汉朝时从西域传入中原的，有些汉朝酒还保存到了现在。

2003年，考古工作者在西安市北郊一西汉墓葬中发现了一件青铜酒锺，酒锺中保留有26kg西汉原酒，酒液透明，呈翠绿色。据考古工作者判断，酒锺应是出于汉文帝至汉武帝时期。盛酒的酒锺通体镶金，凤鸟钮，形体高大，通高78cm，盖顶密封完好，从而使得这锺美酒在保存了2100年之后，仍然光泽可鉴。

从青铜酒锺的发现及史料的记载，不难发现这阶段酒文化的兴盛。秦汉时期酒类产品进入社会生活的方方面面，无论是上层人士还是民间百姓，大都把饮酒当作一项重要生活内容。人们把各种各样的饮酒聚会都视为联络感情的最佳场合，就是带有敌对性质的活动也往往会用酒作为缓冲的媒介。比如说历史上著名的鸿门酒会、三国江东群英会、青梅煮酒论英雄等。文人墨客对酒也是情有独钟，"杜康美酒醉刘伶"就是一例。刘伶是"竹林七贤"之一，酒量好得很，他常常大醉后在大道上裸奔，自称以天为衣被，以地为床笫。虽然有人谴责他这种行为有违传统，但也有人称赞他这种行为是名士风流，是率真、潇洒、有个性的表现。

（三）酒器文化

虽然青铜器在商周时期迎来发展高潮，为人们所喜爱，但进入春秋战国时期后铁器出现，青铜器逐渐被取代并走向衰落。这一时期迎来了两大酒器的发展高峰，一种是秦汉漆制酒器，另一种是三国两晋南北朝的青瓷酒器。虽然两种酒器在这个时期以前已出现过，但都并非专用的酒器，到了这一时期才流行于社会。

秦汉时期，中国南方开始流行漆制酒器。漆木酒器取代青铜大约始于秦，随后开始逐渐盛行。漆制酒器不仅庄重典雅、美观大方而且还具有防腐、防潮、质量轻等优点，比起青铜器器有很大的优越性。因而可以说漆的利用是社会生产力进步的一个标志。这一时期的漆制酒器的形制基本继承了青铜酒器的形制，常见的有樽、壶、锺、钫、勺、青瓷鸡首壶等，其中漆制耳杯是最常见的。艺术上漆制酒器彩绘鲜艳，花纹飘逸洒脱，线条构图庄重大方，富有神秘感。当然这时期的酒器还有陶制的、铜制的、玉制的、玻璃制的，但以漆制的最为盛行。

图7-35中的"君幸酒"漆耳杯是1972年出土于湖南长沙马王堆一号汉墓中。它的杯身均为木胎斫制，呈椭圆形，侈口，浅腹，平底，月牙状双耳稍上翘，内壁朱漆，外表黑漆，纹饰设在杯内及口沿和双耳上。外形上酷似耳朵，颜色艳丽，是西汉酒器的一个精品之作。

汉以后漆制酒器逐渐衰落，魏晋南北朝时期瓷制酒器开始萌芽。这个时期的酒器种类繁多、做工讲究、样式新颖奇特。不管是在酿酒、盛酒还是饮酒器具上，瓷器的性能都超越了陶器。瓷酒器造型美观、装饰华美、釉层光润、坚固耐用，一直到当代还深受人们喜爱。

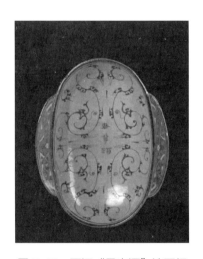

图7-35　西汉"君幸酒"漆耳杯

魏晋时期比较有代表性的青瓷酒器是青瓷鸡首壶。这种酒器胎质致密坚硬、釉层青亮，其式样既吸收了商周铜器中鸟兽尊的特点，又融进了日常常见的禽兽姿态，于是产生一种新的时代美感与意趣出来。其他如青瓷尊、青瓷耳杯、青瓷罐等也如此，既继承前代的酒器文化又不同于前代的酒器文化。再如东汉有耳杯与托盘一起使用的。而东晋以来出现了盏托，并逐渐淘汰耳杯与托盘，并在南北朝时盏托普遍生产使用。

三、唐宋时期酒文化

（一）酿酒业发展

唐朝是我国历史上经济社会发展比较繁荣的一个时期，也是我国酒业进一步发展的一个高潮时期。这时期酒业发展主要表现在以下方面：①酿造技术进一步提高。例如在原来基础上利用低温加热杀菌的工序来延长酒的保质期，生产烧春（或烧酒）；利用五次投米重酿制得五酒；学会在酒熟后下少量石灰水来澄清酒液从而制得更加清澈的灰酒；在酿酒的过程中添加植物叶、花、果实等各种药材制作药酒等。②酒质的提高，生产出麴米春、黄醅酒、五云浆等名酒及宫廷御酒。③发展祭祀与节日专用酒，如阿婆清、宜春酒、郎官清。④民族酒异彩纷呈，如琉球（今台湾）的米奇酒、古代南方少数民族的女酒、窨酒、配制酒等。⑤国际或族际酒文化交流频繁，有从波斯传入的三勒浆酒，从西域传入的葡萄酒，此外酿酒技术、酒文化也传到了日本、高丽等国。

这个时期葡萄文化业非常兴盛，特别是唐时期葡萄文化空前繁荣，东西传播频繁，影响深远。虽然早在汉代就曾引入葡萄及葡萄酒生产技术，但广泛传播却始于唐。史料记载，唐贞观十四年（公元641年）"太宗破高昌，收马乳蒲桃种于苑，并得酒法，仍自损益之，造酒成绿色，芳香酷烈，味兼醍醐，长安始识其味也。"也就是说，到了唐代中原地区对葡萄酒已经相当了解。至五代辽宋，葡萄种植的范围更加广泛，葡萄酒的酿制技术也有所提高。这一时期，葡萄酿酒术有葡萄自然发酵酿酒法，葡萄汁（浆）加曲酿造，用粮食和葡萄（或葡萄干、末）加曲混酿等方法。而粮食和葡萄加曲混酿，可以说是一种继承曲蘖而来的葡萄酒传统酿造技术。

另外，唐宋时期也是我国黄酒酿造技术最辉煌的时期。黄酒，是指以稻米、黍米、玉米为原料，以曲和酒母作糖化发酵剂，酿制、压榨而成的一种酿造酒。唐宋时传统的黄酒酿造工艺流程、技术措施和主要的酿酒设备都已基本定型。北宋末期朱肱所写的《北山酒经》可谓是当时最具学术水平的酿酒专著，它不仅总结了历代酿酒重要理论，收集整理了十几种酒曲制法，而且对酿酒的原理进行分析，因而更具有理论指导作用。其他著作还有苏轼的《酒经》、北宋田锡的《麴本草》、南宋时的《酒名记》等。

（二）酒与文人

唐代时酒与诗文、音乐、书画、舞蹈都紧密联系在一起，像李白、白居易、杜甫、贺知章等对酒十分偏爱的文化名人辈出，这也使得唐代成为中国酒文化发展史上的一个特殊时期。这些文人所作的诗文很多都与酒有关。据郭沫若的统计，李白留下来的1050首诗歌中与酒有关的有170首，占总量的16%；而杜甫留下来的1400多首诗歌中，与酒有关的多达300多首，约占总量的21%。可见酒在当时文人中有着相当重要的地位。

这期间有个关于"饮中八仙长安酒会"的说法（图7-36）。"饮中八仙"分别是诗人贺知章、汝阳王李琎、左相李适之、美少年崔宗之、素食主义者苏晋、诗仙李白、书法家张旭、辩论高手焦遂八人。这一日，

图7-36　盛唐"饮中八仙长安酒会"

他们齐聚长安，满座尽欢举杯豪饮，你来我往觥筹交错，以文会友以诗下酒，好不痛快。虽然历史上没有"饮中八仙"齐聚一堂的明确记载，但盛唐时各种酒会盛行一时，意气相投的名人扎堆畅饮的可能性也是非常大的。

（三）酒器文化

唐朝繁荣的经济文化促进了酒业的大发展，酒器也犹如百花齐放发展迅速。此时酒器主要以瓷酒器为主，以金、银、玉酒器为辅（图7-37、图7-38）。瓷制酒器种类较多，样式也较新颖独特，主要有联体壶、双耳瓶、执壶、注子、盏、碗、杯、盅等。最为著名的是唐三彩，因为常用黄、白、绿三种基本色，又在唐代形成特点，所以被后人称为"唐三彩"。它以造型生动逼真、色泽艳丽和富有生活气息而著称，可以说唐三彩酒器是唐代酒器的代表。已出土的有三彩双鱼壶（图7-39）、三彩执壶等。此外唐代的青瓷、白瓷、金、银、玉酒器也是相当有艺术价值的。图中的三彩双鱼壶于1992年在陕西省西安市长安区南里王村的一座唐墓中发现，是唐代三彩酒器中少有的模仿动物形象的肖形酒器。该壶为扁圆腹，由两条腹部相连的鲤鱼构成，器肩部即两鱼头顶部各有一鼻，可以穿绳系提。器口较小，被两鱼嘴共同承起，鱼尾朝下为器足。整个器体除鱼尾处外皆施三彩釉。此壶造型设计颇具创造性，设计者巧妙地利用两条对拥的鱼构成壶体轮廓。从侧面看，是一条躯体圆浑肥硕的鲤鱼正纵跃出水面，使我们联想到鲤鱼跃龙门时的一搏；从正面看，又犹如两鱼相对嬉戏，争抢食物，生活气息浓厚。

宋代陶瓷生产达到鼎盛时期，瓷酒器几乎完全占领酒器的主要领地，官、定、汝、哥、均五大官窑及景德镇等知名窑址都生产了大批精美的酒器。这个时期的酒器仍继承了隋唐酒文化的底蕴，但在造型和装饰上更加注重准确、细腻、韵味乃至于新巧。

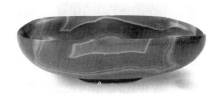

图7-37　隋唐酒器：鸳鸯莲瓣金碗　　　图7-38　隋唐酒器：玛瑙羽觞

图7-39　三彩双鱼壶　　　　图7-40　倒流壶

也许是出于对造型上的不断追求，宋人在探索中发明了当时最为出名且极富艺术性的酒器——倒流壶（图7-40）。由于该壶逆反了传统的壶顶注水法，而是把壶倒过来，将水从底部一通心管注进壶里，放正后倒出，因此被称为倒流壶（或者内管壶、倒灌壶、倒装壶）。据《元代瓷器目录》记载，"倒流"壶的制作工艺比较奇特，烧制需经过3道工序，每道工序都较复杂。将这3道工序烧制好后，然后依次连接起来才组成图中精美的酒具。

四、元明清时期酒文化

（一）酿酒业发展

元代的酒基本沿袭前代，主要有马奶酒（图7-41）、米酒、葡萄酒和药酒等，酿酒技术也有进一步的提高。其中，马奶酒是最具蒙古特色的一种酒，也称"忽迷思"。它的酿制方法是将大量鲜马奶倒入大皮囊中，然后用一根下端粗大且中空的特制木棍搅拌，马奶在飞快地搅拌中产生气泡，搅拌时间越长马奶酒越清而不膻，这样做出来的酒透明醇香、酸甜可口。虽然元代酒种类很多，但比较突出的还属蒸馏酒的出现。最早提出此观点的是明代医学家李时珍。他在《本草纲目》中写道："烧酒非古法也，自元时始创。其法用浓酒和糟，蒸令汽上，用器承取滴露，凡酸坏之酒，皆可蒸烧"。元代文献中也已有蒸馏酒及蒸馏器的记载，如作于1331年的《饮膳正要》。这里要提到当时的一种名酒——杏花村酒。它是今山西省汾阳市所产的名酒，又称汾清。据考证，杏花村酒即当今著名的汾酒，是用蒸馏法烧制的烈性酒。

到了明清时期，中国的酿酒业形成了明显的地域风格，尤其是南北两地各自组成了强大的酿酒群体，也就是酒史上通称的北酒与南酒。北酒由于产源广泛，酿造风格并不统一，各地酿酒也采用了不同的工艺。就黄酒酿造而言，每个地区都按照各自的方法酿造，在用料、制曲、发酵等工序上差异甚大。北酒酿造最初以黄酒为主，同时兼有露酒、药酒等配制酒，后又不断发展烧酒（图7-42）。清中期以后，北酒中的烧酒产量开始超过黄酒。除了烧酒和黄酒两大支柱酒品之外，北酒中还包括各类果酒和特色酒。果酒品种有梨酒、葡萄酒、西瓜酒、柿酒、枣酒。特色酒则有羊羔酒、露酒。

图7-41　马奶酒

图7-42　烧酒生产

就南酒而言，在酿造法上基本采用传统的发酵方法酿酒，而且各地区之间的酿制标准大体相近。南酒酿造过程格外注重工艺程序，从选米、制曲、投料、酝酿，一直到出酒装坛，都严格按程序操作。人们为了保证酿酒工艺准确实施，甚至编写了很多酒谱用以指导酿造，如《调鼎集》《绍兴酒酒谱》等。南酒群体均以黄酒为主，由米酒上升到黄酒的传统发酵酿酒在南酒酿造中表现得最为清晰。这时的黄酒有金华酒、绍兴酒、扬州酒等。高质量的黄酒一般都呈赤黄色，俗称"琥珀色"，颜色稍浅者称"金色"，用红曲酿制者又称"猩红色"。此外，明清时期江南各地也都掌握了较为先进的蒸馏技术，开始利用各种谷物大批量生产烧酒，如米烧、麦烧等。单就烧酒而言，米、麦所蒸，不如北方高粱作物那样郁烈，所以南方所出的烧酒一直无法与北方烧酒相抗衡。

总之，明清是我国酒文化发展的一个重要时期，南北酒也各有各的独特之处，它们的这种产业对峙与市场竞争，把明清时期的中国酒业推向高潮。

（二）酒器文化

元明清时期的酒器主要以瓷酒器为主，在唐宋的基础上有了进一步发展。这个时期的瓷酒器一个朝代比一个朝代发展完善。元代是瓷器发展史上一个承前启后的关键时期，在很多方面都有创新与发展。代表这一时代特点的景德镇窑出现了空前的繁荣，创烧出了青花瓷（图7-43）、卵白釉瓷、高温颜色釉瓷等新瓷器。比较出名的酒器有白釉描金高足杯、蓝釉足杯（图7-44）、釉里红高足转杯（图7-45）等。而明清时期是中国瓷器生产的最鼎盛时期，其数量和质量都达到了高峰。景德镇这一世界闻名的"瓷都"之镇也是在这一时期确立的，直至今日它依然为人们所称颂。明代的瓷酒器以青花、斗彩、祭红酒器最有特色，清代则以珐琅、素三彩、青花玲珑瓷及各种仿古瓷最有特色。

青花瓷又称白地青花瓷，常简称青花，一般指的是用钴作为呈色剂在胎上作画，而后罩以透明釉经高温一次烧成，呈白地蓝花的釉下彩瓷。青花瓷作为中华文化的一朵奇葩，一出现就以极强的生命力发展起来，在几百年内经久不衰，直至今日也依然为人们所喜爱，产品远销世界各国。因此，它也成为我国酒文化与外国酒文化交流的一位重要使者。

图7-43　青花五彩温酒器　　　图7-44　元代蓝釉足杯　　　图7-45　釉里红高足转杯

五、当代酒文化

（一）酿酒技术的发展

从公元1840年至今是我国酒业发展的一个变革期或者是转型期。随着现代化进程的推进，当代酿酒业中蕴藏着更为高深的科学原理和更为先进的现代生产技术，我国酿酒业也迎来了新的发展时期。这期间酿酒技术有了很大的进步。例如运用微波、高压静电场、红外射线、紫外线、超声波等现代物理技术加快酒类的老熟、对新酒进行灭菌消毒、对酿酒酵母进行人工诱变；运用酶工程加快酒的发酵，大大缩短了生产周期；采用大罐发酵、大容器贮存、机械运输、冷冻降温等现代机械化生产措施，大大提高了生产效率。酿酒技术的进步反过来又带动了酿酒工业的发展。因此这期间我国酒苑犹如百花争艳，春色满园。

（二）我国当代主要名酒简介

我国的白酒是世界六大蒸馏名酒之一，与威士忌、朗姆、白兰地、伏特加和金酒齐名。而能代表我国白酒的就是被人们誉为"国酒"的茅台。茅台酒属于大曲酱香型白酒，呈"茅香""酱香"，是一种烈性酒。它采用独特的回沙酿造工艺，酿制出来的酒，酒液纯净透明，有令人愉快的优雅柔细的似酱香气，入口醇香馥郁，味感柔绵醇厚，回甜口爽。它也曾是我国举行国宴的常用酒，因此人们常为在酒席上能出现茅台酒而倍感荣幸。其他比较有名的白酒还有汾酒、泸州老窖、五粮液、郎酒、古井贡酒等。

黄酒，是我国最古老的民族特产酒种，也是全球三大古酒之一，与啤酒和葡萄酒齐名。其用曲制酒、复式发酵酿造方法，堪称世界一绝，在中国酒文化史上占有重要地位。在我国汉族地区最著名的黄酒便是享有"现代黄酒技术成熟的标志"美誉的绍兴酒。而著名的加饭酒（花雕）更是绍兴酒中的佳品。其他比较有名的黄酒还有福建老酒、上海老酒、江西九江封缸酒、江苏丹阳封缸酒、广东珍珠红酒、无锡惠泉酒等。

除了白酒、黄酒外，当代名酒还有果酒、乳酒、啤酒和药酒。此外，许多外国酒也在我国立足生根，如威士忌、白兰地、伏特加等。

（三）酒器文化

现代酿酒技术的发展，外来文化的影响，人们生活方式和消费习惯的改变等许多因素对酒器产生了显著的影响。进入 20 世纪后，酿酒的工业化进程加快，传统的自酿自用方式逐渐被淘汰，以前常用的贮酒器、盛酒器慢慢消失，有些也只是被当作艺术品收藏起来，生活中已比较少见。因此在酒的包装上与以往相差较大，例如黄酒和白酒大多是坛装和瓶装，啤酒多采用听装、瓶装、桶装等。在饮酒器具方面，现代人不仅注重其实用性、美观性，而且也更加注重其时尚性与潮流性。现代酒杯制造材料主要以玻璃、陶瓷为主，其他材料如玉、铝、不锈钢等也有出现，但相对较少。在型号上，现代酒杯常见的有小型酒杯和中型酒杯，小型酒杯主要用于饮用白酒，而中型酒杯既可作为茶具也可作为酒具，如啤酒、葡萄酒的饮用器具。

现代科技的融入使得当代酒器更加多姿多彩，种类也更加丰富，如玻璃酒器就有水晶瓶（图 7-46）、磨砂瓶、瓷制玻璃瓶（图 7-47）等；陶瓷酒器（图 7-48）就有雕塑瓷酒瓶、

图 7-46　水晶酒杯

图 7-47　玻璃酒杯

图 7-48　陶瓷酒杯

图 7-49　人性化葡萄酒杯

青花瓷酒瓶、高温颜色釉瓷酒瓶等。外来酒器的传入也使得当代酒器更加多样化，例如源于欧洲的水晶酒器，无论放在哪儿都绽放着绚丽的光芒，与各种美酒结合更是相得益彰。

此外，对于酒杯的设计人们敢于突破传统观念，大胆创新。例如，将金属与其他材料镶嵌糅合在一起，做成精美绝伦的酒器。再如图 7-49 的人性化葡萄酒杯。由于人脸的固有轮廓以及一般葡萄酒杯的弧线造型，使得饮酒者喝酒时必须尽量把头往后仰，这不仅容易呛到自己，而且饮姿也不大雅观。设计者大概考虑到普通酒杯带来的此种不便，于是就有了这么一种人性化酒杯被巧妙地设计出来。透明的玻璃材质使得人们能尽情欣赏美酒的色泽，酒杯上的小槽使得饮酒时鼻子可以一起伸进去享受美酒的芳香。对于饮酒者来说真可谓是在视觉、嗅觉和味觉上最大限度地体会美酒带来的三重享受。

🔍 **思考题**

结合本章内容谈谈如何传承我国的饮食文化？

第八章 CHAPTER

食品文化的艺术性

8

　　食品文化艺术，是文化、生活与艺术的独特结晶。它通过食艺的调适完成对自然的转换、聚合与超离，它从"味""滋味""味道""口味""品味"进而到"韵味""意味"，是一种讲究"食味"的特定艺术。

　　从艺术和美学的角度理解生活中的食品文化，意味着生活是人的感觉、情感和理性的价值载体和通道。食品艺术在生活层面被体认，正在于食品之纳入生活的流程，秉和着生活的美感和活力，使生活因食品的形色香味而滋发醇厚的韵味。于是，一位漂泊在外的游子归国之后会感慨地说："在国外，我感到最爱国的其实是胃！"一位厨艺精绝的厨师，会在做好一桌美味之际发出由衷的感叹："谁说厨师的手上不能绣出春天！尝尝我做的菜吧，那里有春天的馨香让你回味不尽……"或者在超市、在学校，看到购买蔬菜，学着做几样新鲜菜改善生活的学子，快乐地唱起歌曲。食品似乎无所不在地激发着人们的生活情趣和欲望，只要有充裕的食品，人们的生活就充满了笑声和思想。

第一节　文化与艺术

　　文化与艺术，是由经济方式所决定的生活形态和观念形态。文化与艺术，可以在物质层面相统一，也可以超越物质层面，形成自身独立的观念表现形态；文化与艺术，可以在生活形态上凝结为特定的生活风俗、观念和传统，也可以在生活中以某种抽离的方式，显示其独异于一般生活风俗和趣味的价值追求。这是文化与艺术相融共铸的方面。而艺术的文化性与文化的艺术性并不构成包容或重合的关系，从而艺术在它呈现文化精蕴与气质的同时，也往往会表现出超离文化的趋向，在这个意义上，艺术的气质或精蕴表现出不同于普泛、流行文化与时俗的特点。而对于很多艺术来说，这最后一点恰恰是难能可贵的。

　　在所有的艺术种类和形态中，食品艺术并不是一种在形式、形态、呈现规律和艺术理念等方面表现很纯粹的艺术。食品和人最基本的饮食需求相联系，是人类基本生存欲望的投射对象，它也是所有艺术种类、形态中最为独特、抽象和内感化的一种艺术。正是因为食品艺术的消费或享用体现为味觉与触觉的美感，使得食品的感受带有身体内部空前的舒畅和精神深处难以言状的愉悦，而与这种艺术化之快乐享受相统一的那种形式或精神韵律却是无法描摹的。

第二节　食品文化的艺术性

食品文化的艺术性，讨论的对象是食品的审美艺术活动，将涉及食品的艺术性质、艺术的价值方位、视觉活动体系和食品种类的艺术特点等有关食品艺术的问题，目的在于展示食品活动的艺术规律。

作为中国食品文化，在维持生存本能获得个体生命存在的基础上，早已将食品升华到满足人的精神需求的境地，成为人们积极地充实人生、体验人生的途径。我们相信，人对动物的直接捕食，代表了一种食品文化的产生，而且还将其寄寓于日常生活中，使之不仅成为维持个体生命的物质手段，而且让日常生活成为体现个体创造、发展和完善个体独立自主人格、寻求和认同个体生命价值的目的。中国的食品文化，正是在某种意义上寄寓了中国人的哲学思想、审美情趣、伦理观念和艺术理想。因此，中国食品文化的内涵，早已超越了维持个体生命的物质手段这一表象，进而达到一种超越生命哲学的艺术境界，成为科学、哲学和艺术相结合的一种文化现象。

一、食品文化的审美艺术

所谓审美意识，就是我们通常所说的美感，即人对美的主观感受、体验与精神愉悦。美感在审美实践中产生和发展，美感是创造美的心理基础。

美学家阿多诺说："作为人工制品，艺术作品不仅进行内在交流沟通，而且还同其极力想要摆脱的，但依然是其内容基质的外在现实进行交流沟通。艺术摒弃强加于现实世界的概念化解释，但其中却包容着经验存在物的本质要素。"这就体现了一种追求自然的审美意识。这种自然醇和的审美性，才能凸显食品自身独特的艺术特性和品质及一种美的生活的实质。

中国食品的审美性，重点表现为对"味"的重视和对"和"的追求。

（一）对"味"的重视

中国文化的审美意识最初起源于人的味觉器官，这从"美"字的本义可以看出。这种审美意识，先起源于味觉，然后依次扩展到嗅觉、视觉、触觉、听觉，又从官能性感受的"五觉"扩展到精神性的"心觉"，最后涉及自然界和人类社会的整体，扩展到精神、物质生活中能带来美与美感的一切方面。由于中国文化中的审美意识最初产生于人们的日常饮食活动，所以饮食中的"味"就成为中国美学的一个重要范畴。《说文》："味，从口，未声"，其意是"滋味"。而"未"的本义，《说文》中解释为"味也，六月滋味也"，其声同"味"。《史记·律书》："未者，言万物皆成、有滋味也"，可见，"味"与"未"是音义相同的。

在古代，所谓"滋味"，是从口含食物之意引申而来的，一般是表示"口有甘味"的意思，并且"滋"有"美"的意义，再考虑到"美""味"有双声关系，人们一般所说的"口好味"（《荀子·王霸》）的"味"，与所谓"滋味""甘味"或"美味"是同义词，滋、甘、美、味，古来都是意义相近的词。

由此可见，"味"产生于饮食，本身就含有"美"的意思，这就再次证明了古代中国人的审美意识，本源于饮食中味觉的感受性。而这种将美归之于饮食中的美味观点，有一个相当长的发展过程。从出土文物看，从原始社会的陶器到殷周时的青铜器，其中绝大多数为饮食用器皿，由此可以想象出饮食在人们日常生活中所占据的重要地位。从殷代至西周，都设有专管饮食的官，且这些人在政治上有相当高的地位，这说明当时人们味觉上的享受要比声、色的享受高。当人类的整个认识和审美艺术还不曾发展到应有的高度时，人们不可避免地将美感（及其对象）与快感（及其对象）连在一起，所以将五味、五声、五色并列共举，而以五味居首，可见人们最初的审美活动产生于日常饮食中味觉对美味的快乐。中国古代的人们一开始就将人的生理感官看作审美的感官，使中国的食品文化一开始从比较低级的人生需要，跨入了较高层次的审美境界。由"味"所引起的美感，表现出了中国古代人们对美和审美活动的理解，即始终从人最基本的日常生活中去探求和体悟美，并始终以为美就是能够引起人强烈的生命感、唤醒人强烈的生命意识的东西，因此，审美活动既是一种体验，又是一种享受，需要全部身心的投入。

感官的感受，特别是人的味觉，由于是对人生最重要本能的自然欲求的满足，因而给予人生命以巨大的充实感和人生无穷的愉悦和快乐，所以在人的审美体验中，味觉是不可缺少的。正是在此意义上，古人在讲到"心觉""心悦"时说："理义之悦我心，犹刍豢之悦我口"，将理义打动人的心灵所获得的愉悦感，同美味作用于人的味觉快感进行类比，这在中国文化中是一种非常普遍的现象。

因此审美活动既是一种内心的体验活动，更是一种身体的"享受"活动，那么作为享受的感官，味觉理所当然在人们的审美活动中受到了高度重视。中国美学的这种重视味觉等"享受"器官的特点，就使美与人的欲望、享受建立了密切的联系，这就从人们普通的饮食生活中发掘出了高雅的审美情趣，从而使日常的食俗生活带上了文化与审美的意义，这与其说是中国文化将审美活动降格为饮食，还不如说是将日常饮食活动提高到了审美的境界。正因为这样，产生于饮食活动中的"味"，不仅成为中国古代美学的逻辑起点，又成为其归宿和立足点。

"味"作为中国文化的独特审美范畴，其中必然蕴含了一定的哲学思想，表现于具体的饮食现象中，便是对"淡"的追求。这当然是由于古代中国很早就进入农业社会，由采集渔猎过渡到农耕期，必然以植物果实为主要食物原料。从饮食文化看，中国人是属于以五谷杂粮为主要食物的草食民族，而植物果实无论从质地、性味、制作上，都与动物肉食有所不同，以素食为主，那么必然就会形成以"淡"为主要特征的饮食习惯。

在中国文化中，儒家推崇礼乐，节制人欲，主张饮食适宜；道家崇尚自然，倡导饮食养生；释家禁欲修行，主张清心素食。所有这些观念，都对后来饮食的尚素尚淡产生了深远的影响。特别是道家哲学，影响更是深远。老子说："为无为，事无事，味无味"，这里将饮食文化中的重要概念"味"借喻到哲学领域，表明他崇尚自然、返璞归真、无为无不为的哲学思想。老子崇尚"淡"的哲学观，对后世的饮食文化产生了重要影响，形成中国文化所特有的审美趣味，表现于具体的饮食现象，便是在饮食环境（图8-1）、饮食器具（图8-2）、宴席设计、食品材料等方面，都有意识地追求一种淡雅的意境。

图 8-1　饮食环境

图 8-2　饮食器具

中国饮食文化以"淡"为美的风格的形成，还与中国知识分子的刻意追求有关。我们随便翻开烹饪史，都会发现许多与大文学家、大画家或大书法家的名字或掌故有关的美味佳肴，如谢玄与"鲋"，张翰与"莼鲈之思"，魏征与"醋芹"，白居易亲制胡麻饼，王维的"辋川小样"，杨万里的素食豆豉，苏轼的"东坡肉""东坡羹"，陆游的素馔，倪瓒的"云林鹅"，大都在追求一种清淡素雅的饮食风格，这除了其哲学上崇尚自然、返璞归真思想的影响，美学上"寄至味于淡泊"的追求外，更多地表现出对各种欲望的反叛，便通过饮食上的清淡素雅来表现自己的生活理想和生命情趣，以及高雅脱俗的人格，而其根源，则是受到了"天人合一"思想的影响，从此出发，便有"无肉使人瘦，无竹使人俗"（苏轼）的说法，以及中国士大夫阶层对茶的特殊嗜好。清代钱塘人陆次云在《湖儒杂记》中写道："龙井茶，真者甘香不冽，啜之淡然，似乎无味，饮过后觉有一种太和之气，弥沦乎齿颊之间，此无味之味，乃至味也。"这才是中国知识分子在日常饮食中刻意追求的美学境界，这种境界的实现，源于饮食，弥漫于中国文化的各个层面，如水墨画色彩的浅淡、居室服饰的素淡、言语文字的冲淡、举止行为的恬淡等。这种风格一旦形成，又反过来影响饮食的发展，引导饮食向清淡的风格发展，而贯穿其中的审美理想和哲学观念，便是人工与自然的和合一致。

（二）对"和"的追求

中国饮食文化审美观念中所蕴含的思想还表现为"和"。"和"是中国古代文化重要的审美范畴，最初源于中国的饮食文化，其基本特征是追求天人合一、人人和同。调和鼎鼐是饮食中的一个专门术语，后被用作治理国家的代称。《说文》："鼎，调和五味之宝器也"，可见"和"最初源于饮食的调配，所以"和"表现在饮食中，主要便是"调"。饮食通常也称"烹调"，所谓"烹"，只是做熟了，而要想使饮食口味好，则全要靠"调"了。"调"，可以说是中国饮食文化所特有的方法。《吕氏春秋·本味》中对"调"有这样的描述："调和之事，必以甘、酸、苦、辛、咸，先后多少，其齐甚微，皆有自起。鼎中之变，精妙微纤，口弗能言，志不能喻。故久而不弊，熟而不烂，甘而不哝，酸而不酷，咸而不减（疑为碱），辛而不烈，淡而不薄，肥而不腻。"食物原料有各种不同的性能和味道，所谓调，就是将其怪异之味去掉，使之更符合人们的口味。此外还要调色、调形，其中最重要的还是调味。"味"大多数情况下要通过"调"才能实现，即通过人工调理，使饮食原料和作料的气味相互渗透，达到美味的至境。这种调和五味的习惯，实际上是阴阳和谐观念在饮食文化中的具体表现。古代人们从自然界的天时地利中抽象出阴、阳这一对偶范畴，进而专指男女两性，并将其扩展开去，上升为哲学、美学意义上事物两极的对立互补范畴，建立起了包括世界上万事万物在内的抽象模式。这种模式表现在饮食上，便是每一种食物都有阴阳之性，且分布不均，只有通过调和，才能阴阳平衡，既美味可口，又不会对人的身体造成伤害。这种观念后来和五行学说结合，认为所有食物都有一种相生相克的关系，这就更增加了调和的重要性。"天以五气养人，地以五味养人""夫天主阳，以五气食人；地主阴，以五味食人"，可见"和"乃是对人与天地自然关系的一种协调，而这种协调又必须以时令的变化为根据："凡和，春多酸，夏多苦，秋多辛，冬多咸，调以滑甘"。由此可见，"和"的第一层境界，是调谐人与自然的关系，从天和推导出人和，然后努力去追求天人相合，进而达到相互融合。在宇宙自然和谐相生的大系统中，个人只有汇入群体之中，个人的饮食习惯只有与天道相符合，人的生命才可以得以保存，并融入自然，成为自然的有机部分。

饮食中的"和"，还表现在和合敦睦相互情感、整合社会人际关系。"饮食所以合欢也"，中国饮食除了要通过调味把菜食加工得精美好吃外，还要注意饮食的主体——人的主观能动性，也就是说要注意到人的生理、心理及饮食者之间的融洽，概括起来即要讲究天时、地利、人和。

所以中国饮食文化中的"和"，源于最初的调味，经过对社会伦理秩序的和谐，上升到了对人精神的审美观照境界。这种境界既注意以素朴无为的人性去契合天道，又重视人为规范之和，体现中国饮食一方面执着现世人生，花样百出、异彩纷呈，另一方面又超越了具象的形式和功用，体现较高的审美价值，实现实用与审美的统一。所以中国哲学观念体现于中国饮食文化的审美观念中，就表现为"味"与"和"，其中尤以"和"为核心。这种倾向，应验了"和也者，天下之达道也"的观念，成为中国饮食文化最重要的哲学内涵和审美特征。

此外，饮食的美学还表现在质地美、节奏美、情趣美等方面。

质地美是指原料和成品的质地精粹、营养丰富，它贯穿于饮食活动的始终，是美食的前提、基础和目的。"质"，是肴馔食品，即食品之质，而非单指原料的质。饮食的根本和最终目的，是为满足进食者获得足够量的合理营养，也即达到养生的需要。"凡物各有先天……物性不良，虽易牙烹之，亦无味也。"原料的质美是一切其他诸美的基础，俗话说："巧妇难为无米之炊"即是这个道理。

节奏美是指顺序和起伏，体现在台席面或整个筵宴肴馔在原料、温度、色泽、味型、适口性、浓淡上的合理组合，肴馔进献的科学顺序，宴饮设计和进食过程的和谐与节奏化程序等。程序的注重，是在饮食过程中寻求美的享受的必然结果。它的最早源头，可以追溯到史前人类劳动丰收的欢娱活动和原始崇拜的祭祀典礼中。清乾隆年间的才子袁枚在其著名的《随园食单》上，就曾对上菜程序做过如下论述"上菜之法：盐者宜先，淡者宜后；浓者宜先，薄者宜后；无汤者宜先，有汤者宜后……度客食饱则脾困矣，须用辛辣以振动之；虑客酒多则胃疲矣，须用酸甘以提醒之。"时间节奏和空间结构，整个宴饮活动的展开、起伏、变换、高潮、收束，犹如淙淙山泉，湍缓曲折，款款而来，使与宴者如入桃花幽境，流连忘返。

情趣美可理解为感情与志趣两方面。感情中有亲情、友情，亲情是亲人间在长期共同生活中形成的血浓于水的深情，它会自然地流露于言谈举止和饮食冷暖之中，处处为亲人着想，而绝不计较自己的得失，也没有丝毫的做作和表演。友情包括的内容很多，有乡里情、同学情、战友情、师生情、病友情、酒友情、藏友情（由于共同的收藏爱好而结识）等。不论什么情，都讲真诚和热情，讲体谅和理解，在小事上谦让宽容，能同风雨共患难。在这样的感情氛围中餐饮才淋漓痛快，趣当高雅，给人真正物质与精神的双重享受。

二、食品文化的烹饪艺术

最能体现食品文化的艺术是中国的烹饪艺术。中国的烹饪艺术包括内容和形式两个方面。在实际的美食中，烹饪艺术的内容和形式是不可分割紧紧交融在一起的。

北京烤鸭烹饪艺术的内容可以包含好几个方面，其中最主要也是最重要的就是味。说味是烹饪艺术的核心，说烹饪是味的艺术，是十分公允的。自然界提供的食物，只有很少一部分具有天然的美味。人类为了获得更多、更丰富的味觉美感，就必须按照一定的目的，遵循一定的规律，对食物原料进行加工和改造，这就形成了美食的创造活动。在美食的创造活动中，逐步产生了艺术的因子，它的主要体现是原用来充饥的食物变成了主要用来品味的美食，或者在充饥的同时兼有审美的功能。烹饪艺术激活了人们潜在的味觉审美意识，引导和深化了人们的味觉审美能力。当"北京烤鸭"尚未创造出来时，人们当然无从欣赏"北京烤鸭"的美味。当菜肴的烹调中还没有出现"麻辣"或"鱼香"的味型时，人们也就无法感受到由"麻辣"或"鱼香"味引起的味觉快感。正是烹饪的创造活动，规范和指示着人们的味觉审美活动。因此，味觉审美与烹饪艺术活动是相辅相成、相互选择的关系。

同时，烹饪艺术是很少有框框的，它是开放的、自由的、能动的。山珍海味、珍禽异兽，可以烧出佳馔来；寻常菜蔬、边角废料，也能成为美食。它既可以化腐朽为神奇，又可以寓高贵于平淡，在貌似平常的蔬食中，体现出高雅不俗的美学品格。

（一）烹饪艺术的追求

烹饪艺术在可食的基础上，追求的第一境界是求真，第二境界是求变，第三境界就是求雅。

烹饪艺术追求的第一境界——求真，是以真味取胜，视故弄玄虚为敌，追求真情、真味。只有真的东西，才感人、悦人，才美。炒虾仁曾一度作为筵席中的领衔佳肴，但人们在欣赏虾仁美味的同时，更钟情于带壳的手抓虾，因为带壳的虾更能体现虾的本味，更有真味。同样的道理，鲜美绝伦的炒蟹粉也始终不能代替煮螃蟹的地位，煮螃蟹边剥边食的吃法不仅品尝到蟹的真味，而且有审美的真趣。

烹饪艺术追求的第二境界——求变，是改变原料的原始状态：形态、颜色、质地、味道。丹纳在《艺术哲学》中强调，艺术不是再现和复制，而是一种改变。他说："艺术家为此特别删节那些遮盖特征的东西，挑出那些表明特征的东西，对于特征变质的部分都加以修正，对于特征消失的部分都加以改造。"《红楼梦》中，王熙凤半是炫耀半是捉弄地向刘姥姥介绍那道有名的茄鲞的制法，这虽然可能是作者曹雪芹一种虚构、写意的笔法，但它恰恰为烹饪艺术对原料的变异做了最好的注解。在茄鲞中，变异和消失的何止是茄子？用来配茄子的母鸡不是也消失了吗。所以，烹饪艺术从根本上说，是一种组合的艺术，变异的艺术。

烹饪艺术追求的第三境界——求雅，是一种模糊的很难界定的境界，一种只能意会难以言传的感觉。艺术的极致是雅，美食的极致也应该是雅。雅而不俗，美而不艳，才是高层次的美境。那么，美食的雅，究竟指的是什么呢？大体而言，雅者，即简单也。"简则可继，繁则难久。"简，是美食的起点，也是美食的终点。

总之，烹饪艺术追求的求真是追求自然之美，求变是追求丰富之美，求雅则是追求丰富的简单，形式是简单的，内涵是丰富的，这是一种炉火纯青的美。求雅是烹饪艺术的终极追求，也是味觉审美的理想境界。美食的雅，是人的味觉审美意识和创造意识成熟的标志。随着时代的发展，人们对美食的要求处于不断变化之中，美食的标准更加多样和广泛。烹饪艺术必须紧紧把握时代的要求，不仅要满足，而且要引导人们的饮食走向，使人们吃得更科学、更合理、更味美可口。

（二）烹饪艺术的风格和流派

烹饪艺术的风格一是指具体的菜肴所表达的某种风味和格调，不同风格的菜肴表现出不同的特点，给品味者以不同的感受；二是指厨师个人对烹饪的把握，包括技能、经验、趣味、胆识、修养、悟性等个人素质的自然流露。

烹饪的流派则是一个群体和地区的概念，它体现为一个地区的烹饪特色和烹饪风格，是一个地区的地理环境、物产、民俗、经济、历史、文化等因素的综合反映。

不同的烹饪风格和流派的存在，是产生味觉美感的重要条件。一般来说，风格独特、流派鲜明的菜肴，总是个性特色突出的菜肴，同时也是在实践中被反复证明受到人们欢迎的菜肴。百菜百味是对百菜一味地挑战，这也符合味觉审美的客观规律。例如，人们到川菜馆就餐，目的就是为了获得品味川菜的特殊快感，即使辣出一身汗也是一种享受。又如，人们到广东等地旅游，总想尝一尝闻名遐迩的广东菜，体会一下"食在广州"的感觉。与此相反，缺少风格和不入流派的菜肴，常常是平庸和乏味的，至少，是很难引人入胜的。

说到底，烹饪风格就是在烹饪的过程中有自己的东西，包括自己的理解、处理、情趣和偏爱。普希金曾说过，"我不喜欢没有语法错误的俄语。"他的意思是说，完全尊重语法的规范就不会有诗的诞生，对语法规范的冒犯，有时反而是一种独特的艺术。烹饪风格的形成有着相似的道理。偏离正常的烹饪规则，或者在传统的烹饪规范中稍微加进个人的独创、独特做法，反而会出现意想不到的效果和韵味，这就是风格。

烹饪流派的形成，与风格的形成不完全相同。地区性的烹饪流派，既是烹饪个体风格的汇总，又是群体饮食习惯的综合，而且也是地域文化的反映。北方的质朴、强烈，南方的清丽、婉约，四川的重辣、喜麻，广东的淡而带生……无不与自然环境和地域文化有关。在流派的表达中，烹饪的文化内涵表现得尤其鲜明。烹饪流派的产生，使中国烹饪呈现出多样和丰富的格局，也给人们的味觉审美提供了更多的机会和更加宽广的空间。很难想象，如果缺少了不同流派的并存，中国烹饪还能有今天这样的魅力。

（三）烹饪艺术的创造者

饮食离不开烹饪，烹饪则离不开厨师。一个民族的饮食文化应该是全民族共同创造的精神财富，但从具体的烹饪技艺来看，最主要的还得归结为厨师的创造性劳动。综观中国烹饪的发展史，一个最明显的特点就是民间烹饪与专业厨师的交相辉映。说厨师是美食的创造者，是受之无愧的。

从烹饪的本质来看，它不仅是一门技术、一门手艺，而且是一门艺术。因此，严格意义上的厨师，不是工匠，而是烹饪艺术家。以艺术家的素质来要求厨师，并不过分。若厨师缺乏艺术眼光，没有艺术修养，他烹饪的作品就很难有艺术的品格，人们所向往的美食就会黯然失色。

厨师烹饪技艺的提高，其实也可以理解为自觉或不自觉地从工匠型厨师向艺术型厨师的逐步转化。

厨师水平的高低，除了先天素质的差异外，最主要的还在于对烹饪的理解，能否超越工艺技术的层次。因为只有意识到缺什么，才会主动地去补什么，才会从较高的层次上去要求自己。

对烹饪工匠来说，按照师傅传授的做法或者传统的手艺来进行烹饪，这当然也可以达到一定的水平；而对烹饪艺术家来说，却能以自己对烹饪的独特感受、认识和领会，超越原有的烹饪规范，进入一个更高的境界，即艺术创造的境界。一个高明厨师的最可贵之处，在于按照美的规律而不是按照程式来进行烹饪。正是在这一点上，体现出可贵的艺术家气质。

一般来说，作为艺术家型的厨师，至少需要具备以下几个条件：

一是慧眼，即认识能力。烹饪的前提首先是对烹饪要素的认识。而这一点，常常是提高烹饪水平的前提。例如，对烹饪原料的选择，一般厨师常囿于传统习惯的框框，不容易有所突破，而艺术家型的厨师就会充分挖掘原料多方面的潜能，灵活多变，开拓创新，为我所用。

二是巧思，即构思能力。"凡画山水，意在笔先"。凡制作佳肴，又何尝不要事先进行一番构思呢？马克思曾说："带动过程结束时得到的结果，在这个过程开始时就已经在劳动者的表象中存在着，即已经观念地存在着。"巧思虽然不是烹饪技艺的直接表达，但却是菜肴创新的核心环节。对一些创新品种来说，创造性地精心构思是十分重要的。

三是妙手，即操作能力。烹饪作为一门技术，离不开自成一体的工艺过程。烹饪是一门操作性特别强的艺术，实际操作中的细微偏差都有可能带来整体的失误。所谓"鼎中之变，精妙微纤"。

四是出新。烹饪技艺出新的一个标志，就是在技法上进入一种"化境"。"化"不是人为的努力，不是故意为之，而是一种非常自然和自由的境界。这种"信笔拈来，皆成文章"，举一反三、融会贯通的能力，使厨师的个性和风格得到充分的体现。

（四）美食家

美食家是一个模糊和并不严密的概念，可以理解为对嗜好美食的人的美称。那么有人就会说，吃，谁不会？难道还有内行和外行之分吗？是的。既然烹饪是一门艺术，菜肴可以看作艺术品，那么如何欣赏这门艺术，鉴别艺术水平的高低，就不是人人都能胜任的。美味的食品菜肴，自然是人人都能感觉的，但把对这些食品菜肴的品味提高到审美的高度，以审美的标准来进行评价，却需要有一定的甚至专门的修养。美食家高于一般人的地方，除了讲究吃外，还研究吃，因而就更加懂得吃，甚至还能吃出味道之外的不少名堂来。

在中国历史上，有一个十分耐人寻味的现象：能够大体上够得上美食家称号的，绝大部分都是文化人，包括学者、作家、画家和各种艺术家。在孔子、屈原、杜甫、李白、陆游、苏轼、李渔、曹雪芹、袁枚等文化人的笔下，都留下了不少品尝美食和有关烹饪的文字。这一独特的文化现象说明，饮食品味同文化修养之间存在着必然的联系，并不是人人都能做到真正懂吃。从这一现象也可证明，缺少文化的厨师不可能是一个完美的厨师。由于历史的原因，过去的厨师文化程度都比较低，这不能不影响到烹饪技艺的发展提高。万幸的是，在中国烹饪发展的过程中精于品味又有较高文化修养的美食家们弥补了这一缺憾。正是在既会吃又懂吃的文化人的促进和指导下，在美食家和厨师的结合和共同努力下，中国烹饪才达到了较高的水平。因此，饮食文化的创造，不仅要靠厨师的智慧和劳动，而且需要得到美食家的参与。没有美食家的讲究和挑剔，烹饪技术就很难提高。也可以说，厨师在烹饪上的不断提高和创新，得益于美食家们的批评和推动。

美食家的主要特点是具有更敏锐的品味感觉，同时他更多地从审美的要求出发，来对美食作比较科学的鉴赏。要做到这一点，就必须具备一定的条件。

首先，他有较多品味美食的实践。古人说，"操千曲而后晓声。"有了大量的实践积累才能有比较，有比较，才能有鉴别。从这一点看，可以说不少美食家是"吃"出来的。

其次，对美食的鉴赏离不开一定的文化修养和审美能力。对于同样一席菜肴，有人得到的是食欲的满足，有人欣赏的是场面的豪华，有人赞叹的是厨师的刀工，有人感到的是主人的热情，即使同样陶醉，也不可能是一样的，其中存在着感受层次上的差异。美食家与常人不同的地方，就是有一定的知识、阅历，有一定的审美情趣，能领略美食的内涵。

再次，要深入菜肴艺术的深处，还要懂得烹饪技艺。事实上，不少美食家都是擅长烹饪的行家。苏东坡曾总结出烹调猪肉的方法，制作出流传至今的"东坡肉"，他在被谪贬至黄州时还亲手做鱼羹招待客人。此外，苏东坡在谪贬至惠州时对于羊脊骨的烹调也有心得体会，先将羊脊骨煮熟，再用酒浇在骨头上，点盐少许，用火烘烤，等待骨肉微焦，便可食用。自称"如食蟹螯"。元代的大画家倪云林，不仅写出《云林堂饮食制度》，而且还以独特的烹饪方法制作了"云林鹅"。曹雪芹在《红楼梦》中创造了一个光彩夺目的美食世界，而且本人擅长于烹调，能烹制"老蚌怀珠"等非同一般的菜肴。当代大画家张大千曾说："以艺事而论，我善烹调，更在画艺之上。"他独创的"大千菜"，风味独特，格调高雅，与他的画一样，颇有大家风度。

对美食的欣赏，除了上述这些个人的条件之外，还受到整个民族的文化观和价值观的支配。美食家的指向，总是反映了一个民族的饮食追求和审美指向。

三、食品文化的造型艺术

食品造型集绘画、雕刻、造型、拍摄为一体而自成一格，融汇了中国几千年来博大精深的文化，秉承了中国文化传统的精华，别具意韵。它是运用烹饪原料进行美术创作的一门艺术，是雕塑艺术与烹饪艺术的完美结合，有如无言的诗、立体的画，不仅可以提高宴席档次、美化餐桌，还能烘托宴席气氛，给人以美的艺术享受。

（一）食雕文化艺术

食品雕刻及塑造简称食雕艺术，泛指一切以食品为原料，运用雕刻、塑造、捏制、裱制、模塑、拼装等多种技法进行造型的一门艺术。食雕艺术源于雕塑，是雕塑艺术的一个分支，其设计与制作则借鉴了其他许多艺术门类。

食雕艺术一般认为，中国的食品雕刻艺术是在古代祭奠供品造型的基础上逐步发展演化而来的。据史料记载，食品雕刻在宋时即已有之。宋人庞元英在《文昌杂录》卷三中云："唐岁时节物……寒食则有假花鸡球、镂鸡子"，雕镂的是鸡蛋。以后又有了进一步发展，食品雕刻的范围也有所扩大。《韦巨源食单》中有一道点心叫"玉露团"，食单上特地注明是"雕酥"，就是在酥酪上进行雕刻。另外在"御黄王母饭"旁也注明是"遍镂卵脂盖饭面，装杂味"，就是在鸡蛋和油脂上进行雕刻。由此可见，食品雕刻在宋时已成为一种时尚了。

早期的食品雕刻仅局限于花卉一类的题材，随着技术的日臻成熟，到明代已出现了人物、花卉、鱼鸟、虫草等不同题材的食雕作品，闻名中外的扬州瓜雕艺术就是在那时出现的。因此，把中国的食品雕刻艺术称作是一门古老的艺术，那是完全恰如其分的。食雕文化中，较有特色的是果蔬食雕、面塑、烘焙。

1. 果蔬食雕艺术

图 8-3　果蔬食雕——仙女散花

果蔬食雕艺术给人以美的享受，让人浮想联翩。如凉菜中的围边点缀，热菜中的造型装扮，汤羹中的画龙点睛，让美食与雕刻相得益彰，让珍馐锦上添花，让人不仅品其味，而且赏其目，悦其心。有许多优秀的食雕作品，使就餐者叹为观止，感觉真是妙不可言。如有一件仙女散花的食雕（图 8-3），其仙女是用西瓜雕成，艺术师充分利用了西瓜表皮的绿色以及内皮的白色，通过下刀的不同深浅程度，突出了人物各部分的着色深浅，层次分明，高高的云鬓、随风而舞的裙子、飘飞的丝带、纤纤的玉指、挽在玉臂上精美的花篮，每一样都让你惊叹不已。仙女回首散花，一朵朵鲜花飘飞散落，花则是用胡萝卜雕刻成的，通过花瓣的厚薄，借助光线的透射，来体现花不同部位颜色的深浅。欣赏着这尊艺术品，仿佛自己已随那仙女飞向天际，乘风而翔，不得不感叹艺术师的高超艺术和文化底蕴。几个外表粗糙的芋头，在普通人的眼里，是没有多少价值的，但是通过食雕艺术师的精雕细刻，几匹奋蹄飞奔的骏马会让你精神为之一振，芋头特有的褐色纹路，就如马匹身上的绒毛，艺术师充分利用芋头的这一特点来体现马的毛色，真是绝妙无比。

2. 面塑艺术

面塑艺术（即食塑）是中国北方民间在过节和祭祀活动中的一种习俗，它在我国有着悠久的历史和丰厚的文化底蕴，是中华民族艺术的瑰宝，是民间艺术的一朵奇葩。如山东烟台民间的面（食）塑艺术，已有几千年的历史，至今不衰。它与当地的生活习俗紧密相关，纯属自做自用的乡民生活艺术作品。民间制作面塑的时节很多，如烟台东县乡民俗称："清明燕，端午蛋，正月十五捏豆面。"而烟台西县又称："做春燕，捏龙凤，描花画叶欢吉庆。"这些面塑主要用于人生礼仪、岁时节令、婚丧嫁娶以及信仰民俗，不同的礼节民俗有不同的面塑代表不同的象征意义：如用于婚嫁制作的送三面塑，由姑娘出嫁后的第一个农历三月三带回婆家，象征的是燕子归巢，回报父母的养育之恩。又如在妇女生小孩满一百天时姥姥家要送百岁面塑，盼望子孙健康成长。面塑用的面可以是发酵的，也可以是死面的。其色彩有单色点红的，也有彩色描绘的，形态千姿百态。常见的有鱼，寓意连年有余财，其造像有鲤鱼、金鱼等，形象逼真。有蛇，民间称为小龙、盘龙。有刺猬、公鸡、玉兔、龙、虎、元宝等，其制作之精美生动令人叹为观止。

3. 烘焙艺术

烘焙食品（图8-4）是以面粉、酵母、食盐、砂糖和水为基本原料，添加适量油脂、乳品、鸡蛋、添加剂等，经一系列复杂的工艺手段烘焙而成的方便食品。这类食品种类繁多，形色俱佳，应时适口，既可在饭前或饭后作为茶点品味，又可作为主食，还可以作为馈赠之礼品。既满足人们生活的需求，又培养人们高尚的审美情趣，陶冶人们的道德情操。

图8-4 烘焙

在中国最具艺术表现的烘焙食品属蛋糕，无论是哪一类型的蛋糕，经过制作者的巧妙布局和精心组合，均能在蛋糕表面构成一幅惟妙惟肖、栩栩如生的景观图案。有的是形象完美、色彩鲜艳的月季花、莲花、荷花、菊花、梅花等花卉；有的是水中漫游的鱼，正在戏水的鸳鸯以及“二龙”戏珠；有的如空中飞翔的白鹤，腾飞的“巨龙”；有的是高耸入云的山峰、林鸟和潺潺流水；有的是开屏的孔雀、飞奔的骏马、挺拔苍劲的松树、闹梅的喜鹊以及丹凤朝阳；有的是园林风格的亭、台、楼、阁等。这些造型别致、象征意义有别的各式蛋糕，不但能让人一饱口福，满足人们的生理需要，而且能让人们在绚丽的色彩和精美的造型面前，受到艺术的熏陶，心理上享受到愉悦。如象征着童真与纯洁的白色婚礼大蛋糕能给婚礼增加隆重、圣洁、热烈、高雅的气氛，并能长久地留在人们的记忆中。

食品雕刻艺术在其发展的漫长进程中，经过历代厨师的积极探索和努力，发展到现代，无论在雕刻技法还是形式和题材上都有了长足的进步，特别是近年来，随着中西烹饪文化交流的加深以及人们对生活情趣的更高追求，食雕这门融汇了中国几千年来博大精深的文化，秉承了中国文化传统的造型艺术，以其独特的风姿在餐桌上大放异彩，更加受到人们的喜爱和欢迎。

图8-5 糖画的制作

（二）糖画艺术

糖画，顾名思义，就是以糖做成的画，它亦糖亦画，可观可食（图8-5）。民间俗称“倒糖人儿”、“倒糖饼儿”或“糖灯影儿”。糖画作为一种民间艺术，历史比较悠久。相传它是在古代"糖丞相"制作技艺的基础上演化而来的。据褚人获《坚瓠补集》载，明代风俗新年祀神，要熔化糖霜，印铸成各种动物和人物作为祭品。新年来临之际，上至帝王下至普通百姓，都要祭祀祖先和神灵，在祭祀的供品中就有一种用糖制成的供品。用糖制成的供品放不了多久就熔化了，后来就改为用纸做供品，而糖画这种艺术则从供桌上流向民间。据褚人获《坚瓠补集》载，明代将糖熔铸成多种动物及人物作为祀品，所铸人物"袍笏轩昂"，俨然文臣武将，故时戏称为"糖丞相"。由于糖画有好看、好吃、好玩的特点，制作工艺又简便易行，既可观赏又可食用，观之若画、食之甘甜，很是招人喜爱，所以在民间得以传承至今。

糖画艺人，挑起担子，装上一炉一锅一石板，带上一铲一凳一转盘，街头巷尾、集市村庄随地设档，现做现卖。其挑子的一头是画案，一头是"转盘"，盘上画着各种动物，购买人花上少数钱就可以转上一次，转着龙就是龙，转着凤就是凤——颇有些博彩的意味。艺人在进行绘制糖人之前要先熬糖。熬糖前先准备一块大理石板，上面刷上油，油刷得要薄一些，这样可以防止糖粘在大理石板上。熬糖的目的是把糖液摊成糖片，以便在糖画绘制中使用。糖画艺人一抖、一提、一顿，这么三下五下，将糖汁洒在白色的大理石台面上，顷刻间，各种花草鱼虫、龙凤鸟兽、戏剧人物等图画便跃然石上，形象生动，妙趣横生。少顷，石板上的"糖稀"渐凉渐干，再粘上一支竹签，然后轻轻地撬起来，就是一幅甜蜜的画了。这种极具表演性和趣味性的糖画，在 20 世纪四五十年代时，总是让围观者看得如醉如痴，或啧啧称赞或报以喝彩。每到春节前，卖糖画的摊点就十分红火，红绿黄橙等色的糖画在阳光下晶莹透彻，很是诱人，再加上糖画又有代表吉祥如意的内涵，百姓踊跃购买，成为家居或馈赠亲朋的佳品。

如今，随着中外文化交流的日益频繁，糖画艺术也频频出现在各种大型的文化、旅游和经贸活动中。糖艺是食品艺术的极致，如同饰物中的宝石。美轮美奂的糖艺作品能折服任何人，它将是食品造型艺术的新宠。今天，糖艺已经悄悄登上了食品艺术的舞台，而且渗透到更广泛的食品领域。如：中西餐烹饪、糖果、展台、展示等，都在纷纷融入糖艺。糖画，这种小小的民间传统艺术，正向世人展现其不凡的魅力。

第三节　食品文化与艺术学及美学

食品文化的艺术学和美学，往往存在着交相辉映、你中有我、我中有你这种微妙的关系。不仅是烹饪艺术方面的审美角度，还是食物拍摄艺术的美学角度，都充分地体现了这种关系。英国摄影师用蔬菜食品拍摄出的画面，在世界上曾颇具反响。

图 8-6 中的乡村风景包括椰菜制成的树木、马铃薯制成的岩石、罗勒和香草制成的小草、坚果制成的乡间小道，手推车则由面包框加装蘑菇轮子制成，气球由苹果、芒果、草莓、香蕉、大蒜、柠檬和酸橙雕刻而成。图 8-7 中烤面包构成了阿尔卑斯山风景的背景，有斯第尔顿奶酪和切达干酪岩石、薄脆饼干的屋子、花椰菜云彩和面包屑铺就的乡间小路。图 8-8 中神秘洞穴是由花椰菜、角瓜和蜗牛构成的海底世界，而稻米和意大利粉形成暗礁。在此洞穴里，胡萝卜从面包岩石上悬挂下来充当石钟乳。图 8-9 中托斯卡纳的住宅充满美

味，有新鲜的意大利面窗帘和桌布、新鲜马铃薯制成的碗、新鲜巴尔马干酪制成的墙。图 8-10 中山丘因雕刻的切达干酪带来了生机，面包棒形成了码头，大蒜球在湖上充当小船。汽船由面包制成，上面有芹菜充当烟筒。图 8-11 呈现的是狂怒的大海和暴风雨的天空，它们由红色卷心菜制成，而船体是一个小胡瓜，舵手室是嫩豌豆形成的，而桅杆是直立的芦笋。图 8-12 则是用鱼类来构造海景画，包括牡蛎、扇贝和螃蟹构成的前景，鲭和鲱打造的海洋，钱鱼、鳕鱼和西鲱制成的海岸。百里香竖立成树木，而船只则是葫芦上插上一片嫩豌豆当桅杆。图 8-13 中的托斯卡纳风景是由面包棒打造的小屋、手推车和岩石，意大利冷肉用于装扮天空、树木和山丘。

图 8-6 乡村风景

图 8-7 阿尔卑斯山风景

图 8-8 神秘洞穴

图 8-9 托斯卡纳住宅

图 8-10 山丘码头

图 8-11 暴风雨

图 8-12　海景

图 8-13　托斯卡纳风景

据英国《每日邮报》报道，以上菜肴艺术品是由英国食物摄影师卡尔·华纳拍摄的。在购买这些食材之前，华纳先构想出一张画面，然后将自己的想法预先绘制成草图。再以蔬菜、肉类、乳制品以及鱼类产品为原料，摆成各种各样的风景。为了防止制造风景的食物腐坏，他先将作品的每部分拍摄下来，然后利用计算机组合，大多数作品都要几天时间才能制作好，其间还使用烧针和超强力胶水。若不是使用了一些化学原料，而且创作周期太长导致食物不新鲜，否则真的可以"品尝"这些风景了。

由此可见，食品文化与艺术学、美学之间的那种微妙的、剪不断理还乱的关系，是值得我们进一步去探究和体会的。

🔍 思考题

　　谈谈对食品文化的艺术性的理解。

食品文化的传播性

一个民族食品文化的形成，有其社会根源和历史根源。中国是个多民族的国家，56个民族居住在 960 万平方千米的土地上。人口最多的民族——汉族主要居住在东部平原地区，众多的少数民族则主要分布在西北、东北、西南地区。由于各民族的历史背景、所处地理环境、社会文化及饮食环境不同，造成了各民族的食品文化的差异。东部平原的耕作条件好，盛产稻米、小麦，形成了典型的汉族农耕文明，饮食业主要是以五谷为主，这和那些以耕作业为主的少数民族如朝鲜族、傣族、壮族等是一样的。蒙古族、鄂伦春族、怒族和牧区藏族，由于居住在寒冷地区，又多畜肉，为抵御严寒，所以以高热量的肉食为主食。维吾尔族则喜欢用大米、羊肉、胡萝卜等做抓饭，以及拉面、烤羊肉。哈萨克族的风味小吃更为特别，用奶油混入幼畜肉装进马肠内蒸熟制成"金特"和肉碎拌香料蒸成"那仁"。

各民族在形成自己民族食品文化的基础上，通过相互之间的交流，实现了优秀食品文化的传播，并在各民族相互交流的过程中，不断创新中华民族的食品文化。

食品文化传播不同于其他文化传播的一个最大特点，就是受传者绝不是被动拿来。饮食习惯是无法在短时间内全面改变的，甚至在一定程度上，也不可能全面改变，所以食品文化的传播必须是逐步地渗透与融合。

第一节　食品文化的传播途径与方法

据历史记载，历史上的集市、庙会、作坊、茶馆等既是那个时期人们获取信息的场所，又是食品文化传播的场所。当时的商贩、布道者等充当了极好的信息传播者和"意见领袖"，碑碣、壁画（图 9-1）、手抄毛边书就是最为壮观的媒介，而口头语言则是最方便、最直接、最有力的传播工具。可以说，人际传播和群体规范在那个时候得到了极好的运用。现代，电视、网络等传播媒介和现代交通体系更是加快了食品文化的传播，促进了食品文化在全国乃至全球的交流传播。

图 9-1　河北张家口宣化辽墓壁画——茶道图

中国食品文化如此丰富多彩，是同中国多民族的群体分不开的，是同中华民族的强势文化基础相联系的。比如在唐代，域外文化使者们带来的各地食品文化，如同一股股清流，汇进了大唐食品文化的海洋，虽然在一段时间还保留着域外食品文化的特色，但是最终还是被唐代的食品文化所同化、融合，成为绚丽多彩的唐代食品文化。可见，包括食品文化在内的中国文化不是中华民族中任何单一民族的文化，而是融合中华大地所有民族的文化。中华文化是"多元一体"的文化，她不仅兼容了汉民族本身的不同文化元素，而且还融合了各少数民族文化元素及外来文化元素。这种整合既是社会发展的结果，也是社会变迁和文化传播的产物。

一、食品文化传播的途径

中国食品文化传播存在境内不同地域间、民族间的交流传播和中国食品文化向境外传播两种情况。食品文化是流动的，处于内部或外部多元、多渠道、多层面的持续不断的传播、渗透、吸收、整合、流变之中。在不同的历史时期和背景下，传播途径有所不同，但总的概括起来包括以下几种情况。

1. 自然传播

在传统社会里，人类都依靠大自然，当人口增加到一定数量时，便要寻找新的地方。于是在迁徙过程中，就会造成文化传播的结果。随着各族人口不停地移动或迁徙，一些民族在生存空间上交叉存在、相互影响。

2. 商贸传播

随着商品经济的发展，不同地区之间的商贸往来也是文化传播的通道。如隋唐时期从长安通往西域再往中亚的丝绸之路。

3. 战争传播

历史上有很多大规模的食品文化传播都是跟战争或异族侵入直接相关。战争传播常常是我国历朝历代食品文化传播的重要途径。

4. 移民传播

除了人们自发流动性迁徙外，有时各国政府出于经济上、政治上和社会发展的考虑，也鼓励移民甚至强制移民。移民也是食品文化传播的重要途径。

5. 宗教传播

宗教是食品文化传播的重要媒介。如我国的茶文化等食品文化随着唐朝高僧鉴真远渡日本而广为传播。

现在，随着交通日益发达，现代人的流动性大大加强，人员的流动和物流的发达促进了食品文化的交流传播，如川菜、粤菜等各大菜系在我国各大中城市随处可见，麦当劳、肯德基遍布街头。网络、电视、图书、期刊等现代传媒的繁荣，也加速了食品文化的全球化传播，每年举办的各种烹饪比赛、各种烹饪节目、食品知识的宣传和普及，都带动了食品文化的交流传播。

二、中国不同地域的食品文化传播现象与行为

中国幅员辽阔，由此产生地理环境的差别，同这种地理环境相适应，造成了不同地域在食品文化上的差异，从而形成了各具特色的地域性饮食习俗和传统。差异的存在，是食品文化交流和相互传播的必要条件。在这些差异中，以黄河流域及其以北地区为代表的麦作地区食品文化和以长江流域及其以南地区为代表的稻作地区食品文化的差别就格外明显。尽管这种差异自古以来始终存在着，但是经过先秦至明清两千多年的发展和南北交流，形成了相互交融的中国食品文化。

从历史的角度分析，中国南北食品文化相互传播的途径主要有两个渠道：一是战争，二是移民。

在历史上，由于战争，客观上促进了食品文化的交流和融合。历史上许多大规模的文化传播往往都是与战争或异族入侵相联系的。这是一种血与火的文化传播方式。在古代，经济资源主要是土地，因此，土地占有量的多少，决定着该民族力量的强弱。文化的交流，特别是强势文化向弱势文化的伸展，就成为战争这种特殊交往形式的副产品。

秦汉两代的君主通过战争对包括西南、江南、岭南在内的广大南方地区进行版图上的扩张，一方面促进了这些地区的发展，另一方面使得南方的物种得以向北方传播。魏晋南北朝时期南北对峙，双方都想通过战争实现领土的扩张，就是在这样的一种环境下，南北也有食品文化交流。南北朝时期，宋元嘉二十七年，太武帝亲率大军南侵，围鼓城（今江苏徐州），遣使向守城索要甘蔗、柑橘等南方的特产，留宋守将给之。太武帝尝过之后居然认为"黄甘幸彼所丰，可更见分"，再次索要（《宋书·张畅传》），可见北方统治者对南方饮食喜好之深。

在历史上，人口迁移有自发流动和政府行为的移民两种，这两种形式的移民都会造成较大范围内的文化传播。先秦至南北朝时期，每一个朝代都出现过人口迁移现象，这些迁移人口的行为方式、价值观念、风俗习惯对迁移地区产生了重要影响，其中食品文化传播表现尤为突出。《华阳国志·蜀志》中说："然秦惠文，始皇克定六国，辄徙其豪侠于蜀，资我丰土，家有盐铜之利，户专山川之材，居给人足，以富相尚。故工商致结驷连骑……"，北方的饮食风格也许就在此时影响了四川乃至整个西南地区。

当历史上那些迁徙民族因为某种原因而返回故地或向新的居留地再次迁徙时，他们便自然地将自己吸收了新因素的食品文化带回故地或新的地区，这也就促进了食品文化的传播。如隋唐统一中国之后，中央政权势力及于边陲，于是自东汉以来逐渐进入黄河流域的西陲边疆各少数民族又大都重返故土；又如徐达大军进逼北京，元顺帝率蒙古权贵等大批人返回草原，这些人的饮食习惯已经不是原来的草原饮食文化了。

在现代，由于交通、通讯和传媒日益发达，人员流动加大，网络宣传和电视各种食品知识宣传、食品广告无处不在，地区间的食品文化交流更加频繁，在各大小超市和餐馆中，既有当地的传统食品和菜点，也有异地的食品和菜点，而且还存在着相互交融和渗透的现象。各种糖酒交易会、食品博览会、全国性烹饪比赛和评比活动，更是极大地促进了我国食品文化的交流传播，缩小了我国食品文化的地区差异。

三、中国食品文化的对外传播现象和行为

博大精深的中国食品文化之所以长盛不衰，一方面是因为其本身不断发展、根深叶茂的缘故；另一方面与从古至今无数中国人不断地向外传播，进而影响了世界各地的食品文化有着重要的关系。在中国饮食发展过程中，有三次大规模的食品文化交流。第一次是在西汉时期，自张骞出使西域以后，中原与西域往来频繁，中外食品文化得以交流，由于当时航海技术水平较低，对外交往是以陆路为主。第二次是在唐宋时期，这一时期是中国的封建盛世，随着社会经济文化的发展，中国与外国的物质文化交流日益发达。与第一次相比，这一时期的对外交流不再局限于陆路交流，而是陆海并重。第三次大规模的食品文化交流是在明清时期，明清时期是我国饮食发展的鼎盛时期，这一时期无论是食品物料的开发、烹饪技术的发展，还是饮食理论都达到了一个前所未有的高度。明清时期的食品文化交流，尽管受到中国官方政策的影响，明代实行"海禁"，清代"闭关锁国"，但是中国的食品文化还是通过种种渠道向外传播，同时也吸收大量海外饮食的精华，进一步丰富了中国传统食品文化的内涵。在漫长的历史过程中，我国食品文化对外传播的途径最为常见的就是商业贸易传播、宗教传播和移民传播行为。

1. 商贸传播

贸易作为物质文化传播的途径是不言而喻的，实际上，精神文化也以贸易作为重要的传播途径，只是这种文化传播不是从传播文化的目的出发达到的效果，而是一种无意识的传播行为。在古代漫长的岁月中，中国对外贸易长期处于世界领先地位，来来往往的商人将大量的中国物品流入世界市场。

早在秦汉时期，中国就开始了食品文化的对外传播。据《史记》《汉书》等记载，西汉张骞出使西域时，就通过丝绸之路同中亚各国开展了经济和文化的交流活动。张骞等人除了从西域引进了胡瓜、胡桃、胡荽、胡麻、胡萝卜、石榴等物产外，也把中原的桃、李、杏、梨、姜、茶叶等物产及食品文化传到了西域。在原西域地区的汉墓出土文物中，就有来自中原的木制筷子。

中国的食品文化对朝鲜的影响也很大，这种现象大概始于秦代。据《汉书》等记载，秦代时"燕、齐、赵民避地朝鲜数万口"。这么多的中国居民来到朝鲜，自然会把中国的食品文化带到朝鲜。朝鲜习惯使用筷子吃饭，朝鲜人在使用烹饪原料搭配饭菜上，都明显地带有中国的特点。甚至在烹饪理论上，朝鲜也有中国的"五味""五色"等说法。

唐宋时期，大量的阿拉伯商人前来中国经商，广州、泉州等地常常聚居着数以万计的阿拉伯商人，他们把大量的中国先进的古代文化信息带回到阿拉伯地区，其中自然包括丰富的中国食品文化。

在古代漫长的岁月中，中国对外贸易长期处于世界领先地位（图9-2）。从物质文化方面看，中国通过陆上和海上的"丝绸之路"流向世界的物品很多，茶叶是其中重要的一项。它们作为中国文化传播的物质载体，对输出国国家的生活习惯、文化发展产生直接或间接的影响。

图 9-2 商人的贸易活动

中国文化传入欧洲并影响了那里的思想启蒙运动，其传播的途径却是得益于两个并非特意为此的因素，一个是明清之际欧洲来华传教士的返欧活动，另一个就是 17 世纪初荷兰与英国旨在殖民扩张的东印度公司的贸易，仅英国东印度公司在 1600—1833 年，就向欧洲输入了大量中国商品。

威尼斯作家鲁思梯谦在根据马可·波罗（1254—1324 年）在中国的经历主持编写的《马可·波罗游记》中向西方满怀热情地介绍中国，为后世留下了永久性的光辉历史记录，其中包括了食品文化在内的中国信息，被该书以震撼人心的力量传播开来。迄今为止，中外学者倾向认为：享誉世界的比萨饼和意大利面条、意大利饺子都是马可·波罗介绍中国食品文化的结果。

2. 宗教传播

宗教传播是中国食品文化传播的一个重要途径，尽管宗教的信徒们主观上并没有去传播食品文化，但他们在传播宗教的同时，也传播了与宗教有关的文化成果，在一定程度上使宗教成为包括食品文化在内的文化传播的重要途径。

中国饮食中素菜的发展以及素菜体系的形成，佛教徒的功劳实不可没。佛教的发源地——印度，那里的佛教徒并没有食物的严格规定。因为僧侣托钵乞食，对食物的荤素并没有选择的余地。佛教初到中国的时候，也没有食肉的禁律，之所以形成现在的素食文化，最关键的人物是南朝的梁武帝，这个虔诚的佛教徒认为食肉就是杀生，就是违反佛教戒律，因此大力提倡素食，禁止僧侣食肉，并靠皇权势力对饮酒食肉的僧侣加以惩处。于是，佛教寺院禁断了酒肉。僧侣常年食素也影响了在家的居士，他们有的常年食素，有的初一、十五吃素。吃素人数的增加促进了全素肴馔的发展。

市井的饮食行业为满足佛教徒的需要，经营和发展全素肴馔；僧侣聚居地寺庙，特别是僧徒众多的古寺名刹，有充裕的闲暇和雄厚的经济力量，也会研究创造出与其口味相合的全素肴馔。这就进一步促进了素食文化的发展。

受中国食品文化影响更大的国家是日本。公元8世纪中叶，唐朝高僧鉴真东渡日本（图9-3），带去了大量的中国食品，如干薄饼、干蒸饼、胡饼等糕点，还有制造这些糕点的工具和技术。日本人称这些中国点心为果子，并依样仿造。当时在日本市场上能够买到的唐果子就有二十多种。

图9-3 鉴真东渡日本

鉴真东渡还把中国的食品文化带到了日本，日本人吃饭时使用筷子就是受中国的影响。唐代时，在中国的日本留学生还几乎把中国的全套岁时食俗带回了本国，如元旦饮屠苏酒，正月初七吃七种菜，三月上旬摆曲水宴，五月初五饮菖蒲酒，九月初九饮菊花酒等。其中，端午节的粽子在引入日本后，日本人又根据自己的饮食习惯做了一些改进，并发展出若干品种，如道喜粽、饴粽、葛粽、朝比奈粽等。唐代时，日本还从中国引入了面条、馒头、饺子、馄饨和制酱法等。

16世纪中叶以后，西方文化以天主教传教士（后来又有基督教传教士）为媒体相继进入中国，此后直至20世纪前期，极大地影响了中国社会的政治和生活。传教士们在中国长期生活，直接认识中国饮食生活，同时将自身的饮食生活习惯、观念、知识等展示给中国，在返回国内时又直接将中国食品文化传播至国内。

3. 移民传播

中国历史上很早便出现，并一直存在着往海外移民的现象，华侨遍布世界各地，成为中华食品文化向海外传播的群体力量。不同历史时期和不同人群（或个人）外移基本是迫于战乱、自然或社会灾难，是生计艰难逼迫所致，而且外移者大多是社会下层的庶民大众。由于小农自然经济和宗法制度的长久影响，这些外移者一是多聚居，联系紧密；二是大都从事低微的体力劳动谋生。前者决定了群体故土文化的维系，延长了其漂泊离散的历史过程；后者则决定了许多人以经营中式餐馆为谋生手段。中华肴馔的独特魅力对世界各地的人们具有普遍而强烈的异文化吸引力，而对于移居的中国人来说又是技艺简易、成本低廉、劳动密集（因而更适于中国式家庭经营）的最易于从事的职业。前者是自古已然的传统，后者则主要是近代以来的现象（以移居地的城市化和商业发展的一定程度为前提）。

中国人很早就开始批量移居国外，正如中国交通史学者所指出的那样："有史以来，中国人民在移民的方式下，把中国的先进文明传播到许多地域，尤其是在中国周围的民族地区和国家，使那里的土著民族得以开化，提高生产力，促使其社会发展。"这种古代移民及其影响，包括了朝鲜半岛、日本列岛及中国广大的周边地区。因此很早便形成了至今为国际食品文化学者所认同的"中华食品文化圈"。中国与朝鲜半岛的文化联系紧密，由来久远，考古发掘与研究表明，这种联系自史前时代开始至近现代始终未间断过。汉武帝元封三年（公元前 108 年），汉帝国在今朝鲜半岛北部地区设玄菟、乐浪、真番、临屯四郡，是这种紧密文化联系的历史必然结果。通过朝鲜半岛，中国文化进入了日本列岛。这一历史开端也是以人口大批量外移为标志的。考古发现和包括日本学者在内的国际学界一般认为，公元前 3 至公元前 2 世纪就有来自中国的"准备有武装的有组织集团"进入日本，这一过程至少可以从公元前 4 至公元前 3 世纪以前日本的绳纹（日本新石器时代文化，约从公元前 1 万年至公元前 3 世纪）后期开始。关于秦始皇"遣振男女三千人，资之五谷种种、百工而行。徐福（渡海）得平原广泽，止王不来"的历史记录与传说也正与此印合。对于绳纹末期和弥生初期两次大规模进入日本列岛的中国和朝鲜半岛移民，日本学界分别称为"第一次渡来人"和"第二次渡来人"（过去称为"归化人"）。正是这些移民促成了日本列岛由绳纹文化向弥生文化（日本早期铁器时代的文化，约相当于公元前 3 世纪到公元 3 世纪）的飞跃发展。

中国人的外移，在历史上是个断断续续的持久过程，而当大的战乱、动乱及各种严重的自然和社会灾难来临时，则往往出现较大的移民潮。如南宋末年，东南亚一带的中国移民已有相当规模，其中，商人占了相当大的比重。"中国贾人至者，待以宾馆，饮食丰洁。"其饮食用料主要有，谷类：稻、麻、粟、豆等；肉料：鱼、鳖、鸡、鸭、山羊、牛等；果实：木瓜、椰子、蕉子、蔗、芋、槟榔等；香料：沉檀香、茴香、胡椒、红花、苏木等；酒：以桄榔、槟榔、椰子等酿成；煮海为盐。宋建溪（今福建武夷山市）"主舶大商毛旭……数往来本国"，影响甚大。因仰慕中华文化和华人群体的存在，有的国家"亦有中国文字，上章表即用焉"。中国商船频繁往来于南洋诸国间，所销之货除丝绸绵绢织物外，用作食器具的漆碗碟、青瓷器等为大宗。中国商船"抵岸三日，其王与眷属率大人到船问劳，船人用锦藉跳板迎，肃款以酒醴，用金银器皿、禄席、凉伞等分献有差。既泊舟登岸，皆未及博易之事，商贾日以中国饮食献其王，故舟往佛泥（等国）必挟善庖者一二辈与俱。朔望并讲贺礼，几月余，方请其王与大人论定物价……船回日，其王亦酾酒椎牛祖席……"许多国家都很喜欢中国的白瓷器、酒、米、粗盐等物。各国民众对中国膳食的爱慕，既是中国商人用于谋求商业利益的感情投资，也为华侨在彼处的落脚谋生提供了便利和机会，这也是数百年后中国餐馆遍布世界各地的前兆。"北人（即中国人）过海外，是岁不还者，谓之住番；诸（蕃）国人至广州，是岁不归者，谓之住唐。"由于唐帝国的空前繁盛及其在世界的巨大深远影响，以后直至明，甚至清前期，南洋及世界许多地方都仍以"唐"和"唐人"称中国和中国人。宋徽宗（1082—1135 年，1100—1125 年在位）崇宁间（1102—1106 年）曾以诏令要求各邻国不可再以"汉"或"唐"指称中国而易以"宋"，却并不见效。《明史》记载此情说："'唐人'者，诸番呼华人之称也，凡海外诸国尽然。"至明代时，南洋地区华侨数量已极可观，随同郑和航海的马欢所撰《瀛涯胜览》记述所经爪哇国时说："国有三等人：一等回回人……一等唐人，皆是广东、（及福建）漳（州）、泉（州）等处人窜（即避难）居此地，食用亦美洁，多有从回回教门受戒持斋者。"

泰国地处海上丝绸之路的要冲，加上和中国便利的陆上交通，因此两国交往甚多。泰国人自唐代以来便和中国的汉族交往频繁，公元 910 年之际，我国广东、福建、云南等地的居民大批移居东南亚，其中很多人在泰国定居，中国的食品文化对当地的影响很大，以至于泰国人的米食、挂面、豆豉、干肉、腊肠、腌鱼以及就餐用的羹匙等，都和中国内地有许多共同之处。在中国的陶瓷传入泰国之前，当地人多以植物叶子作为餐具。随着中国瓷器的传入，当地人有了精美实用的餐饮器具，这使当地居民的生活习俗大为改观。同时，中国移民还把制糖、制茶、豆制品加工等生产技术带到了泰国，促进了当地食品业的发展。

中国食品文化对缅甸、老挝、柬埔寨等国的影响也很大，其中以缅甸较为突出。许多中国商人旅居缅甸，给当地人的饮食生活带来很大的变革。由于这些中国商人多来自福建，所以缅语中与食品文化有关的名词，不少是用福建方言来拼写的，像筷子、豆腐、荔枝、油条等。

中国的食品文化对印度尼西亚的影响历史悠久。历代来到印度尼西亚的中国移民，向当地人提供了酿酒、制茶、制糖、榨油、水田养鱼等技术，并把中国的大豆、扁豆、绿豆、花生、豆腐、豆芽、酱油、粉丝、米粉、面条等引入印度尼西亚，极大地丰富了当地人的饮食生活。

清中叶以后到民国的一百多年间，基于同样的历史原因，中国人惜别故土，舍生历险远涉重洋，赴美、去欧、渡日……造成了星布世界的格局。许多国家的"唐人街"（图 9-4）"中华街"，正是华侨社会性聚居的写实反映。他们在新的生息地保持着故土的文化，在展示和传播中华文化的同时，也在逐渐渗入当地的主体文化。正是他们的这种传播作用，才使世界更直接、真切地认识和感受到了中国食品文化的独特魅力，才对中国餐饮有了非常广泛和积极的认同。

图9-4 唐人街

美国华人移民高潮始于 19 世纪后半叶，当时美国为了开矿和建铁路，需要大量廉价而又能吃苦的中国劳动力。于是，受西方文化影响最早又有较强闯海意识的广东等东南沿海地区的劳苦民众，纷纷在极其艰难困苦的条件下越海赴美谋生。而当矿开完了、铁路筑成了之后，这一代华侨就只有开餐馆和办洗衣房两种基本职业可供选择了。20 世纪上半叶，华人在美国的数量还很少，来华侨餐馆就餐的顾客主要是两类人：一是唐人街的唐人；另一类是唐人街以外的美国人。唐人街的餐馆中，是较多保留故土风味的广东菜；而唐人街以外的中国餐馆则需适应美国人的习惯，因为美国化了的中国菜更容易被接受和喜爱。后者即是在美国土地上扎了根的本土化了的中国食品文化，是中美结合的中国食品文化，同时也可以称作一种新的美国食品文化，即"美国式的华夏食品文化"。对此美国圣若望大学亚洲研究所教授李又宁博士指出："对绝大多数的老美来说，孔夫子、林钦差大人，以及当代许多风云人物，一问摇头三不知；可是一谈到一些'名菜'，精神一振，笑口常开。"林语堂先生的《唐人街》以社会学的观察、哲学的思考和文学的描述，为我们真实而生动地再现了华侨在美国开饭店和洗衣店的充满艰难的历史。

20 世纪 70 年代以后，是华人（大陆和台湾）又一番向世界扩散的高潮。出于"淘金"、求学、闯世界等各种各样的原因涌向海外的这股持续的移民潮，是开放的世界、信息时代和我国社会尚未充分发展总态势下的必然。如何认识这一时代现象是明天历史学家的事。但数十万计的中国人为着各自的目的，通过各种渠道走到世界各地却是一个基本事实。他们如同历史上的华侨一样，同样也是中华食品文化的海外承续与传播者。不同的是，由于时代进步和外移者群体素质的提高，两者的作用是不能同日而语的。比如，美国的中式餐馆顺应时代要求，大力发展外卖服务，"外卖使华夏饮食真正进入了美国的日常生活……纽约市的中餐外卖，菜单已相当系统化、统一化"，它以物美价廉赢得了广大美国人的青睐。

随着改革开放的深入，西方的一些先进的食品加工理论、技术设备、简单的烹饪方式不断被学习和借鉴。在食品方面，西式快餐、日本料理、泰国菜、韩国烧烤等异国风味日渐流行，这不仅对中国食品文化构成挑战，更是中国食品文化蓬勃发展的机遇。中国食品借鉴西方食品文化中标准化思想和科学技术的应用，可更好地促进中国食品文化的传播。近年来我国进行的中国菜统一英文译名，我国不断派出烹饪专家和技术人员到国外讲学和参加世界性的烹饪比赛，使更多的海外人士了解了中国食品文化，喜爱中国食品。

综上所述，可以发现，中国食品文化的形成发展史也可以说是中国食品文化的传播史。传播不但使中国饮食的文明成果得以代代相传，而且，使得其本身日益丰富和强大。

第二节 食品文化传播与现代生活的关系

中国食品文化历史悠久，内涵丰富，已经深深植根于中国人的饮食习惯中。中国食品文化不仅随着各种途径传播到世界各地，影响当地的饮食习惯，同时中国食品文化也是一个开放体系，也在接受各种外来的影响。随着食品文化传播的加速和西方食品文化的传播，深深地影响了现代生活。

一、食品原料和种类更加丰富

现在，人们吃的蔬菜有 160 多种，在比较常见的百余种蔬菜中，汉地原产和从域外引入的大约各占一半。在汉唐时期，中原内地通过与西北少数民族交流，引入了许多蔬菜和水果品种。比如蔬菜有苜蓿、菠菜、芸薹、胡瓜、胡豆、胡蒜、胡荽等；水果有葡萄、扁桃、西瓜、石榴等；调味品有胡椒、砂糖等。与此同时，西域的烹饪方法也传入中原，如乳酪、胡饼、羌煮貊炙、胡烧肉、胡羹、羊盘肠等的烹饪方法都是从西域传入中原地区的。在汉代传入的诸种胡族食品到魏晋南北朝时，已逐渐在黄河流域普及开来，受到广大汉族人民的青睐。经过漫长的历史过程，这些从西域传播过来的食品已经成为现代人的日常食品了。

几个世纪以来，由于自觉或不自觉地对外开放，尤其是近年来提倡的优质高效农业，从世界各地引进了许多优质的食品原料。植物性原料如洋葱、樱桃番茄、奶油生菜、西蓝花、凤尾菇等，动物性原料如牛蛙、珍珠鸡、鸵鸟等广泛用于烹饪。随着科学技术的发展，许多珍稀的食品原料人工培育成功，如猴头菇、银耳、牡蛎、对虾、鲍鱼等，这些珍稀原料产量大大超过野生的，极大地扩大了这些食品的传播范围，满足了更多人的需求。

由工业化生产的食品原料，如味精、果酱、鱼露、蚝油、咖喱、芥末、可可、咖啡、啤酒、奶油、苏打粉、香精、人工合成色素等，它们在食品工业和餐饮业中的应用，改变了食品的原有风味，质量也有所提高。新的食品原料的引进和生产，对传统烹调工艺产生了很大的冲击。如味精逐步取代高汤（用鸡、鸭、肉、骨等料精心熬制的鲜美原汤），传统加工过程也相应发生了改变。

近年来，生物科技在食品中的应用越来越广，它不仅改变了原有食品原料的品质，而且还合成了许多原料。生物科技可以用来改进农产或畜产的品质以方便加工，比如说增加番茄的硬度以利于运输，控制玉米的油脂氧化酶以省略冷冻玉米的热烫操作等，以防止因热烫带来的组织改变。遗传工程还可以用来提高产品的生产速率及生物转化率，产生新的香味，产生胆固醇分解酶、脂肪修饰酶等，它也可以用来改变饱和脂肪酸与不饱和脂肪酸的比例。

二、食品加工设备发生了翻天覆地的变化

在现代，作为传统能量来源之一的木炭和煤在烹饪上的地位变得越来越微不足道。煤气、天然气、液化气、汽油、柴油、酒精、太阳能、电能等越来越多地应用于烹饪。能源的革命引起的是炉灶、炊具的革命，煤炉、气灶、酒精灶、微波炉、电磁炉、电炉、烤箱等被广泛应用于烹饪活动。其次是卫生、机械化的操作设备的使用。现在许多餐厅的厨房设备除了上述炊具外，还普遍使用冰柜、炒冰机、紫外线消毒柜、自动洗碗机、切肉机、刨片机、绞肉机、不锈钢工作台和其他饮食机械设备。值得一提的是，我国现在已经出现了许多大型的厨房设备生产企业，可以生产出灶具、通风脱排、调理、贮藏、餐车、洗涤等 300 余个规格和品种的厨房设备。因此工作环境清洁，污染减少，劳动强度下降，工作效率提高，改变了中国"烹调技艺世界一流，厨房设备未入流"的局面。

当今国际上食品工业新产品有 90% 以上是采用新技术手段完成的。如冷杀菌设备、超临界流体萃取设备、超声波设备、挤压加工设备等大量的食品加工机械与设备在食品工业中普遍应用。由于技术进步，许多工业化生产的食品货架期延长，便于较远距离销售，这也促进了食品文化的交流传播。

三、传统食品向现代食品工业的发展

几千年来，中国传统的食品都是由手工制作而成，包括主食和各种菜肴的制作，每一个工序靠的都是手工。手工制作的特点是：耗时多；一次成品制作量小；每一个环节的把握纯粹凭借经验；卫生条件难以保证。随着妇女逐渐走向社会、生活节奏的加快和人们营养卫生意识的加强，人们迫切需要方便快捷、营养卫生食品的出现。于是随着科技的进步，工业食品开始步入人们的生活。工业食品是传统烹饪食品的派生物，是现代科学进入烹饪领域的结果，也是为了适应现代快节奏的生活和人们的营养卫生意识。如今，已经出现了许多生产工业食品的企业，一些传统烹饪的食品如包子、饺子、馒头、面条、馄饨、月饼还有咸菜、各种酱制品等都有专门的食品加工工厂。还有一些半成品如鱼香肉丝、辣子鸡丁、酱排骨、西湖牛肉羹等配料齐全，只需加热即可。工业食品的出现既减轻了手工烹饪繁重的体力劳动、节省了时间，又使大批量食品的生产质量更加规范化和标准化，更有利于通过现代流通环节传播到更远的地方。

自从食品生产迈入工业化的轨道，中国的食品工业逐渐走向成熟，开始出现集团化的经营，每个食品集团都打造自己的品牌。从吃到喝，从零食小食品到各种真空包装的肉制品，从调味品到原材料等，品牌概念已经渗透到食品的方方面面。现代食品工业和餐饮业依托于科技和发达的物流，建立标准化的生产制作规范，产品通过超市等渠道进入千家万户，不仅促进了食品工业的发展，也进一步带动了农业等相关产业的发展。

四、食品营养安全的理念进一步加强

强调食品各种营养成分的搭配是中国烹饪视美味为第一的要求，而西方饮食基本是从营养的角度出发。通过中西食品文化交流传播，人们的营养和安全观念得到加强。中国的传统食品，特别是菜肴，在制作上讲究的是"和"。油盐酱醋，酸甜苦辣，鱼肉禽蛋，菜蔬豆瓜，烹煮烧烤，冷炙火锅，种种不同的物体、滋味和烧法，都能"和"在一块，共同为美味佳肴发挥作用。"五味调和"是中国食品文化中的一大特点。但随着社会经济的发展，并随着对食品科学、食品营养知识的更深了解，人们已不再满足于食品的色香味形，不再满足于用嘴吃饭，而开始用脑吃饭，即重视食品的营养卫生和安全，强调食品各种营养成分的搭配。富含硒、钙等微量元素的功能食品和卫生安全指标高的绿色食品等越来越多，越来越受到人们的喜爱。膳食结构也有质的变化，更讲究其合理和营养的平衡，强调"三低两高"，即低糖、低盐、低脂肪、高蛋白质、高纤维。历史上留下来的大鱼大肉、厚油浓汤饮食习惯正在改变。目前许多高校都开设了营养学课程，使学生能够运用营养学的知识科学合理地烹饪，制作出营养丰富、风味独特的菜点。当然，中国烹饪与现代营养学密切结合的同时，仍然没有也不可能放弃长期指导中国菜点制作的传统食治养生学说。食治养生学说虽然比较直观、笼统、模糊，带有经验型烙印，但有宏观把握事物本质的长处。正是由于中西医学的结合，西方食品文化的交流传播，传统食治养生学说与现代营养学的相互渗透，宏观把握与微观分析两种方法的相互配合，使得中国烹饪向现代化、科学化迈出了更快的步伐。从 20 世纪 80 年代开始，鸡鸭鱼鲜和蔬菜水果的利用率提高，破坏营养素和有损健康的做法减少，推出了不少营养菜谱、食疗菜谱、养生菜谱。食用含碳水化合物为主的谷物比例相对减少，含蛋白质较多的动物、豆类和菌类原料食量相对增加。人们开始注意饮食平衡对身体健康的重要性，于是食疗药膳食品与保健食品迅速兴盛起来。

第三节　食品文化传播的任务和目标

对于人类来说，饮食生活不仅是营养的摄取手段，而且成了文明和文化的标志，它已渗透到政治、经济、军事、文化和宗教等各个方面。中国的食品文化在世界上享有盛誉，近2000年前的淮南王发明了豆腐，诸葛亮发明了馒头，唐代又开发了面条、点心之类……，这些都是了不起的发明，直到现代还影响着我们的生活乃至全人类的生活。然而，在看到这些辉煌历史的同时，我们也感到了中国食品文化正在面临的种种挑战和危机。由于技术落后等原因，许多传统食品已失传，许多深受老百姓喜好的食品变得陈旧没落。因此，只有利用电视、网络等现代传播媒介和传播手段，传播我国食品文化的精粹，才能更好地弘扬中国食品文化，让传统文化与现代科技结合，服务现代生活。

一、弘扬中国食品文化，提高食品文化软实力

中国共产党第十七次全国代表大会报告中提出了一个重大的战略决策，就是要推动社会主义文化大繁荣大发展，要兴起社会主义文化建设新高潮，强调要提高国家文化的软实力。2008年1月22日，全国宣传思想工作会议代表座谈会召开，强调要提高国家文化的软实力。中国食品文化有着丰富的技术和文化内涵，中国的精神文明许多方面都与饮食有着千丝万缕的联系，大到治国之道、小到人际交往都是如此。食品文化作为中国传统文化的一个重要部分，随着历史的不断发展和科技的不断进步，自身也在不断发展和进步。我们应该在促进中西结合的基础上，加强对自身文化的发掘和科学的整理、传播，使东方食品再铸辉煌。

当然，悠久的中华民族文化也是不断吸收、融合外来的先进文化发展起来的。正因为如此，中华民族文化的主流是创新的文化，是先进的文化，也是全世界各民族敬仰的文化。食品文化也不例外。例如，发达国家20世纪90年代才关注的功能性食品研究，其实就源于数千年前中国"医食同源"的思想。对于这个优势，是忽视还是发扬，不仅关系到一个民族的自信心和凝聚力，更影响到我国在世界经济、科学、技术领域中的竞争实力。正如十六大报告所提到的"文化的力量，深深熔铸在民族的生命力、创造力和凝聚力之中"。我们有责任、有义务认真研究中华食品文化的历史、现状和内涵，系统调查、抢救、分析和开发我国各地传统食品。弘扬传统绝不是保守旧有的传统，弘扬意味着保护优秀的、合理的内容，积极吸收、融合外来先进的、科学的东西。

政治是国家形象，经济是国家命脉，文化是国家脊梁。弘扬中华食品文化、推动传统食品，尤其是主食品的进步，不仅是提高国民生活水平、增强国民身体素质的迫切需要，更是发展我国农业、食品产业的迫切需要，也对振奋民族精神、实现中华民族的伟大复兴具有重要意义。

食品文化不仅包含加工技术，它还关系到其所在地区的自然环境、农业结构、社会环境、历史沿革、经济水平等，因此对食品文化的研究和发掘，需要营养学、食品学、农学、经济学、社会学和历史学等多方面学科的专家合作和努力。只有对中华食品进行全面、系统、科学的调查，才能对它有更加深刻和深入的理解，并发掘出其蕴藏的无穷魅力。

借鉴西方食品先进科学的研究方法对我国传统食品进行整理和改进，是传播和弘扬我国

食品文化的重要方面。欧美的许多食品包括面包、乳品、酒类等，经过多年科学的研究，无论从营养到风味，从规格到标准，还是从原料到加工、流通，都形成了一套系统的理论和技术。中国的火腿传到欧洲，欧洲人并不照搬，而是吸收改进，后来居上，现在我们又得"西天取经"。中国还有许多外国不太了解的传统食品，如油条、馒头、包子等，发掘、整理、改进这些中国人特有的食品，使之得到更好的传播和弘扬，只能靠自己。对它们的科学整理和开发，不仅是提高中国人饮食水平的需要，也是弘扬我国食品文化、推动人类食品文化进步的使命。

二、构建食品文化壁垒，振兴我国食品工业

现代，当贸易全球化对各国农业和食物生产带来严重影响时，食品文化成为保护本国食物生产和安全的最有效手段之一。

例如，美国在生活和娱乐方面对世界其他国家和地区的影响和渗透无所不在。可口可乐和麦当劳快餐风靡世界，不仅仅是一种经济现象，更重要的是一种文化现象。食品文化作为美国软实力的一部分，已经和许多其他国家平民百姓的日常生活联系在一起。

许多国家都十分重视自己的食品文化，保护和发扬自己的食品文化，甚至把它作为维护民族权益、保护本国农业的一种战略。如日本、法国、韩国等曾提出了"身土不二"（身为国人，消费不能依赖他乡）的消费理念。

日本的大豆发酵食品——"纳豆"（图9-5），日本北海道大学的教授指出"……对营养丰富、易消化，可与欧美的干酪媲美的纳豆，……改变纳豆在食品中的地位，使之成为真正先进的文明食品。这样就可以使它扩大消费市场，甚至成为外国人也喜欢的美食，从而提高本国特产大豆的身价，因此要大力提倡食用纳豆"。日本学者锲而不舍地对纳豆挖掘与发展，不仅使它成为现代方便食品，而且随着其抗血栓、抗氧化等功能的发现，它成为更受欢迎的功能食品。而纳豆规格所要求的小粒大豆市场，保护了日本豆农，抵御了

图9-5 日本纳豆

美国大粒大豆的进入。日本人在明治维新前不吃牛肉，后来从欧美传进了牛肉的吃法，但他们并没有把美国进口牛肉定为高档，而是把本国"和牛"的雪花纹理肉推为顶级肉品，从消费者的心理上形成一道抵御进口牛肉的关卡。

忽视自己的食品文化在我国有许多教训。例如葡萄酒在我国本是传统食品，唐代诗人"葡萄美酒夜光杯，欲饮琵琶马上催"的名句，使葡萄酒成为餐桌上的甘露。直到20多年前，葡萄酒一直是我国餐桌上不习惯喝烈性白酒的人，特别是妇女、老人的嗜好饮料。那时，国产葡萄酒，如长城红葡萄酒、民权红葡萄酒等，酒精度较低，略带甜味，香醇可口，符合中国人的口味。1988年我国葡萄酒产量一度达30多万吨，可是后来，盲目"崇洋"，行业把自己传统的甜葡萄酒定为"低档次酒"，结果餐桌上本来能喝一些甜葡萄酒的人，反而没有了自己喜爱的饮料，只好在"干白"或"干红"葡萄酒中掺上"雪碧"以适应自己的口味。

因此，弘扬民族文化，开发传统食品，确立这些食品原料的特殊规格、标准，不仅对保护和发挥我国农业的优势十分必要，而且对振兴食品产业有重要意义。

无论是哪个国家都十分重视自己传统食品文化。传统的东西固然有缺点，那就更需要爱护、指导和帮助，使它更加完善，满足国民的更高要求。因为它不仅是养育了本民族数万年的营养源，还是和本国农业唇齿相依的伴侣。数万年形成的食品文化，是数百代，亿万前辈用生命换来的生活经验结晶，它的价值远非大白鼠的饲育试验可比。因此人们有义务关心、帮助和指导食品文化的进步，并深刻领会中国共产党第十九次全国代表大会精神"坚定文化自信，推动社会主义文化繁荣兴盛"。

三、传承食品文化，构建健康生活方式

中国食品讲究医食同源。早在 2000 多年前的春秋战国时期，人们对食物结构就提出了"五谷为养、五果为助、五畜为益、五菜为充"之说，其科学意义至今令人叹服。《齐民要术》列举了当时中国传统的食物原料，包括谷类（含豆类）10 多类 200 余种，蔬菜 20 多类 100 多个品种，鱼肉蛋百余种。这些都体现了中国传统饮食结构的特点：食物原料多样，以植物性谷类食物为主，兼食水果，以动物性食物为补，多食蔬菜。可以说和现代美国营养学者总结出的膳食营养指南金字塔不谋而合，却比它早了 2500 多年。美国之所以提出膳食营养指南金字塔，就是为了纠正西餐在食物搭配上的不平衡。

中国传统食品功能作用，有的已经逐渐为现代医学所证明。例如，中国传统养生学认为薏苡仁性凉、味甘淡，用它做的食品对治疗积热而发的痤疮和热毒产生的扁平疣有一定的作用。1982 年平野京子教授用现代实验方法证明了薏苡仁中的木瓜蛋白酶可把体内的病变细胞分解，因此有助于治疗痤疮和扁平疣等皮肤病，甚至有一定的抗癌作用。传统中医认为黄花蒿（传统中药习称为"青蒿"）性味苦、辛，寒，凉，可治伤暑，疟疾。2015 年诺贝尔医学奖获得者屠呦呦受到《肘后备急方》中提到的"青蒿一握，以水二升渍，绞取汁，尽服之"的启发，从黄花蒿中提取青蒿素并证实其在疟疾的治疗中发挥巨大作用。

中国各地由于地理气候条件不同，种植着许多种粮食作物，因此中国传统食品重视五谷搭配，五谷为养。人们相信五谷可以带来全面的营养，具有全面的保健功能，所谓"五味、五谷、五药"养其病。现代营养学的研究可以说正在逐步证实或揭示"食五谷治百病"的道理。

随着社会经济的发展，人们对食品科学、食品营养知识的更深了解，现代食品不仅要求嗜好性，更应注重营养功能、生理功能和文化功能。用科学营养指导传统食品的改善和开发，对传统的食品文化去芜存菁，传播健康和谐的食品文化知识，引导人们健康合理饮食，这不仅关系到中华传统食品的发展与进步，甚至还关系到民族的强盛和振兴。

第四节　酒文化的传播及社会影响

一、酒文化的传播

先秦关于中国与域外各国食品文化的交流在文献中记载较少。秦汉以来中外文化交流随

着历史的推移而不断地抒写着各个时期各有特色的篇章，酒文化的交流也是如此。

古代酿酒汉乐府《羽林郎》："昔有霍家奴，姓冯名子都。倚仗将军势，调笑酒家胡。胡姬年十五，春日独当垆""就我求清酒，丝绳提玉壶。就我求珍肴，金盘脍鲤鱼"。这里记载了汉代长安城胡人经营的酒店，年方十五的胡姬当垆卖酒的情景。据载，此时胡人的一些饮食制作方法已传入中国，比如胡羹、胡饭、胡炮、外国豉法，而有关酒的有外国苦酒法，均可见诸《齐民要术》等。

确实，汉以来随着丝绸之路的开拓，一方面是中国食品文化走向世界，另一方面外来的食品文化也输入并融合到中国食品文化中来。据《太平广记》卷233所引《古今注》："乌孙国有青田酒核，莫知其树与实，而核大如五六升瓠。空之盛水，俄而成酒。刘章曾得二枚，集宾设之，可供二十人""因名其核曰青田壶，酒曰青田酒"。记录了乌孙国的青田酒在汉时传入。

汉时还有一种"瑶琨碧酒"来自远域，汉郭宪《别国洞冥记》："瑶琨去玉门九万里，有碧草如麦，割之以酿酒，则味如醇酎。"又"汉武帝坐神明台，酌瑶琨碧酒"。用这种如麦的"碧草"酿成美酒，据推测是一种粮食酒，汉武帝品尝，说明已以珍贵的佳酿身份跻身于帝王的食谱中去了。

晋时开始，今越南中南部（古称为林邑）的杨梅酒已有输入。晋嵇含《南方草木状》："林邑山杨梅其大如杯碗，青时极酸，既红，味如崖蜜，以酝酿，号梅花酎，非贵人重客不得饮之。"其书中还记载了诃梨勒果酒，"诃梨勒树似木梡，花白，子形如橄榄，六路，皮肉相着，可作饮"。这是南亚酒品输入的一些概况。

唐朝中外文化交流发达，外国酒的输入也更加增多，如有"三勒浆"之称的诃梨勒、菴摩勒、毗梨勒，还有龙膏酒，煎澄明酒，无忧酒等，唐苏鹗《杜阳杂编》中就有相关记载。

宋代就已出现古代制酒图，如窦子野《酒谱》记载诃陵国（在今印尼爪哇岛）人以柳花柳子为酒。岳珂《桯史》记外国侨民，在番禺酿制味甘如崖蜜的美酒。宋、元之际暹罗酒传入，这种蒸馏的烧酒对中国酿酒业有一定影响。《广东通志》卷52引《外国名酒记》："乌丸有东墙酒，诃陵有柳花椰子酒，波斯、拂菻有肉汁酒，南蛮有槟榔酒，扶南有安石榴酒、土瓜根酒""赤土国有甘蔗酒，真腊有明芽酒，波斯有三勒浆酒，以暹罗酒为第一"。其中，赤土国在今马来半岛，出产甘蔗所制之酒，在明代极受欢迎。真腊，今柬埔寨，所产明芽酒为当地名酒之一。扶南在今柬埔寨，拂菻古代称东罗马帝国及其所属西亚地中海一带。这些记载可以看到外国名酒的纷纷输入。

明代万历年间，澳门已经成为欧洲葡萄酒的到岸码头，其酒用玻璃瓶包装，装潢精美。葡萄酒发源于西亚地区，公元一世纪前后开始逐步流传于世界各地，中国的葡萄酒的酿制也有两千多年的历史，开始于汉武帝时期。明清西洋葡萄酒的输入受到欢迎，《红楼梦》中也有宝玉饮西洋葡萄酒的描写。另外啤酒的输入也值得注意。啤酒发源地为阿拉伯，约有四千年的历史，传到中国大约是近一百年的事，这种被誉为"液体面包"的酒越来越受到人们的青睐。

由古代至近代，由现代到当代，中国的酒文化受到外国酒文化的影响是由小到大，由弱到强，由接纳而到借鉴，由推动而到挑战应战，值得认真地去梳理总结一番。这种洋酒文化从酒的制造、酒的味道、饮用的酒具、酒的历史与民俗等诸多方面极大地丰富了中国传统的酒文化。今日饮酒者口味的审美、精神的享受，又如造酒者包装上的中西文化碰撞与互动，酿酒技术工艺的交流，甚至酒具的设计等，人们都会发现外来酒文化的影响是既深又广的。

二、酒文化与现代营销

中国的酒业自 20 世纪"西风东渐"以来便不断受到碰撞、挑战、冲击，本土传统的白酒生产业面临着严峻的现实。在 20 世纪 80 年代有了一个前所未见的结构大调整，即啤酒大规模发展，在 20 世纪 90 年代又出现了以葡萄酒为主的果酒生产的迅猛发展，而白酒生产企业也展开了彼此激烈甚至可以说是有些"残酷"的竞争，于是传统的白酒生产便处于来自两个方面的挤压中，走进了一个峡谷，白酒产业何去何从已是企业家感到困扰的一个重大问题。

然而挑战也带来极大的机遇，困境往往是生命力重新拓展的转折点。要从传统酒业的峡谷中冲出去，便需要现代企业家更善于借鉴，勤于思考，勇于开拓。美国管理学家通过对 80 家企业的深入调查研究后得出结论："强有力的文化是企业取得成功的新的'金科玉律'。"一种新的企业管理学的智慧"企业文化"渐渐深入人心，在这方面中国成功的酒业企业家也做出了积极向上的实践。我们先来看几个实例。

（一）茅台酒文化与茅台文化酒

贵州茅台酒作为国酒，长期鲜花簇拥而花开不败，特别是在当今越演越烈的白酒企业竞争中越战越勇，其企业文化战略是至关重要的。

20 世纪末，茅台酒厂集团公司总经理在 21 世纪中国名优白酒质量与市场发展战略研讨会上发表了论文《迎接文化酒时代的春天》。他们提出 21 世纪将是"文化酒"的时代，"文化酒"这一理念将"酒文化"提升到一个新的历史层面，将制酒企业置身于充满朝阳的层次，一改人们所谓白酒业已属"夕阳产业"的心态。

《迎接文化酒时代的春天》将传统白酒生产经营轨迹划分为三个阶段：

其一，作坊酒阶段。主要特征是：工艺传统、手工操作、生产能力落后，传播方式多为文人咏颂或民间口碑相传，经营思想是"酒好不怕巷子深"，因而市场狭小。这时白酒的质量、口感等，并无太大差别，只是因为酒师高明而个别作坊的酒稍好。

其二，工业酒阶段。中华人民共和国成立以后，白酒生产由作坊变为工厂，工艺进一步健全完善，生产能力进一步扩大，建立了质量体系，酒质稳步提高。厂家只抓生产，市场由政府划分和控制。

其三，品牌酒阶段。由于市场经济的来到，生产厂家树起品牌大旗，揭开了市场竞争的序幕。第一阶段是"广告酒"阶段，企业用广告作先锋，打响品牌声誉，塑造品牌形象，用广告开辟广阔市场，开创了白酒空前超常规发展的先河。第二阶段是"名牌酒"阶段，当广告大战的尘埃落定后，企业重新溯本求源，在质量上下功夫，对品牌塑造做出更深思考，开始了中国白酒业真正的"名牌战略"之路。

这几个白酒的发展阶段，"折射了相对应的与社会经济历史形态对称的演变轨迹：作坊酒体现了农牧经济的原始，工业酒反映了工业经济的局限，品牌酒虽然是一种进步，但仅仅是一种新的社会经济形态到来之前的混沌阶段。今天，当知识已成为社会经济发展的根本动力时，文化对于酒业发展的重要意义也因此凸现，从而使中国白酒迎来了一个可能孕育着深刻质变的全新发展阶段，那就是'文化酒'时代。从某种意义上说，所谓'文化酒'，就是中华民族数千年文明史的一种缩影，是人类社会历史发展过程中精神财富和物质财富的总和，是人类文明的结晶。既具有形而下的属性，又具有形而上的品质，是综合反映人类政治、经济、文学艺术、社会生活等以液态形式出现的一种特殊食品"。这里提出了 21 世纪"文化酒"时代的观点。

茅台作为国酒第一品牌，基于自身深厚的酒文化底蕴基础，创新性地提出年份酒的概念，成功对品牌进行升级。2000 年，茅台率先推出 50 年陈酿年份酒，随后，五粮液、酒鬼、水井坊、泸州老窖、沱牌、衡水老白干等都推出了年份酒，据有关资料和行业协会的不完全统计，在我国销售额排序前 100 名的白酒企业中，已有近 60% 的企业推出了年份酒，年份酒销售额高达 50 亿元。

（二）泸州老窖与"卖文化"

泸州老窖中国又一传统名酒——泸州老窖集团提出了一个观点："统治酒类销售的是文化""中国白酒业所面对的是一个'卖文化'的时代焦点课题"。

为什么要"卖文化"？目前，一方面我国经济有了很大发展，人民生活水平有了明显提高；另一方面，进入了高科技时代，人们的生活节奏加快，工作多变动、高竞争，易导致心理压力增大。因此，人们对精神生活、情感需要日趋强烈，在消费领域中就直接反映出文化消费倾向。具有这种消费倾向的消费群体，在现实中往往借助购买和消费感性化商品来实现情感寄托，实现情感和实现自我价值等层次的需要。

泸州老窖集团又是怎样去"卖文化"的呢？

其一，出酒大典。他们有 4 个历经 400 多年历史的国宝酿酒窖池，在 20 世纪末于窖池举行了隆重的"泸州老窖·国窖酒"出酒大典，邀请嘉宾参观了窖池酿造的全过程，并将这批 1999 年生产的"泸州老窖·国窖酒"，分装成 1999 瓶，每瓶 1999 毫升，逐瓶编号，且不在社会上流通，因此具有极高的珍藏、观赏和品尝价值。出酒大典的成功举行，极大地增强了"泸州老窖"的品牌扩张力。

其二，拍卖大典。出酒大典制造出 1999 瓶国窖酒，聚集了稀缺资源、高技术含量以及历史、文化、情感为一体，显示出极高的品位，因为不上市流通，因此具珍贵收藏价值。为了使 20 世纪这批浓香型白酒绝版极品的身份充分烘托和展示出来，并得到消费者的感受和认同，又特意举办了拍卖大典。他们抽取出编号为 0009、0099、0999、1999 的 4 瓶公开拍卖，其中 1999 号最终以 18 万元成交。他们又将 4 瓶酒拍卖所得的 40 多万元，奖励给四川省 10 位有卓越贡献的科学家，从而这一"拍卖大典"既充分张扬了"泸州老窖·国窖酒"的高文化附加值，又赢得了社会声誉，使这一品牌的美誉度进一步得到提升。

其三，赠酒大典。他们又将这批绝版品中的编号为 0003 号和 0002 号的两瓶酒分别赠送给香港、澳门首任行政长官，将 0001 号酒暂时珍藏在"泸州老窖"酒史陈列馆中。这种隆重而神圣的赠酒大典，高扬"美酒敬英雄"的主题，从而揭示了泸州老窖"为祖国酿精品、为英雄造美酒"的民族工业精神和敬业精神。

其四，品酒大典。"泸州老窖·国窖酒"为了显示其酒质之美，他们曾邀请 20 多位中国著名的酒类专家进行考究品尝，最后专家们称赞其酒："无色透明、窖香优雅、绵甜爽净、柔和协调、尾净香长、风格典型。"品酒大典不仅充实、丰富了"泸州老窖·国窖酒"的品牌内涵，而且极为有效地传播了其品牌魅力。

这"四个大典"给企业带来了巨大的社会效益，也收到了明显的经济效益，2000 年在全国白酒市场销售很不理想的形势下，"泸州老窖"的销售量却比上年增长了 50%，显然这种文化策略是值得借鉴的。

（三）五粮液窖泥成功进入国家博物馆

中华世纪坛"世纪国宝展"，在第一号展柜上，一块不起眼的灰褐色泥巴，与秦始皇陵的划船陶俑、中国最早的人造铁器等考古文物一起，令参观者瞩目。和其他展品相比一个最大的特征是，这块参展的古窖泥依然"活着"，它来自于长江之滨的五粮液古窖池，至今已有六百多年的历史，每克的古窖泥里含有几百种、约十亿个参与五粮液酿造的微生物，被科技界称为"微生物黄金"。考虑到要保证这块古窖泥的沿途安全，四川专门派出警务人员护送这块"泥巴国宝"进京。之后，通过捐赠与收藏仪式，五粮液窖泥被国家博物馆安放在珍藏特展馆，成为最朴素但最珍贵的骨灰级国宝，再次登上中国白酒至尊殿堂。这一事件看似水到渠成，但从传播状态看，众多酒界、考古界权威的评价均成为此营销案例中最恰到好处的传播元素。五粮液在近十几年市场竞争中赢得阶段性胜利之后，通过这种几乎不可复制的高端营销，给予消费者以强烈的附加价值感，加固品牌忠诚度。

（四）汾酒与酒文化旅游

汾酒是又一名酒，其营销人员注意到自古以来到杏花村游赏的人络绎不绝，于是确立要把汾酒集团建设为中国酒文化特色旅游基地。他们将旅游工作与销售工作结合起来，把旅游宣传同企业宣传、产品宣传结合起来，通过宣传酒文化来提升汾酒品牌形象，引起游客游览兴趣。整个工程有 20 个项目，下文介绍其中的一条旅游线路从中体会其营销策略。

其一，参观古老的名酒生产线。先展示汾酒酿造生产，"地缸分离发酵，清蒸二次清"，这是汾酒酿造的特色。其次展示万吨粮食，粮仓总贮粮可在 3 万吨以上，且实现电脑自动化管理。三展示传统酒库和万吨"酒海"，汾酒出厂前都必须经过酒库贮存，少则三年，多则数十年，集团贮酒能力在 30 万吨以上，名酒贮存能力在 5 万吨以上。四展示成装线，由洗瓶、验瓶、灌装、压盖、灯检、贴标、装箱等工序构成。

其二，参观公司酒文化名园醉仙居。1993 年在这里建成全国第一家酒器酒具博物馆，收藏了上至三代下至民国的一千余件饮酒器或盛酒器，均为真品（图 9-6）。此外收集到中华人民共和国成立以来名人书画作品三千余幅，其中有毛泽东亲笔手书的《清明》诗。建成三座碑廊，将上百名家作品雕刻成碑。游人在这里可以进一步体会到酒文化的魅力。

图 9-6　有趣的酒壶

其三，领略乡村风光，于名酒产地品名酒。建设花园式的工厂，绿化美化环境，杏林成片，梧桐槐柳成行，体会大自然和现代文明的完美结合，还可以在此悠闲地品尝名酒。

（五）企业酒文化的研究

业内人士曾这样概述过：市场经济的转轨变型使中国的一些白酒厂家在经过了地方战、金牌战、价格战、广告战、返利战等浅层次的竞争以后，转而实行独特的"文化营销"。企业从对酒文化的重视到转而研究酒文化，开发利用酒文化。这是渐入渐深的酒的文化之战了。企业研究酒文化较早的要数汾酒厂，在 20 世纪七八十年代出版了《杏花村里酒如泉》《杏花村酒歌》。此后全国的名优酒厂先后推出研究成果：《酿造国酒的人们》《泸州老窖史话》《郎酒史话》《剑南春史话》《五粮液史话》《全兴史话》《在神秘的茅台》《古井贡酒》《中国杜康酒志》《陇南春酒话》《杜康仙庄故事集》《杜康酒歌》《西凤酒文化》《中国绍兴酒文化》《绍兴酒文化》《中国第一窖》《剑南春历史真迹》《五粮液环境建筑艺术》等。1989—1990 年，中国酒文化丛书编委会还为双沟酒、董酒、四特酒等一批名优酒编写了一套酒文化书籍。这些企业在研究本企业酒文化的同时，也对历史积淀认真回顾、梳理、发掘、总结，体会其底蕴，把握其脉动，凸现其特色，从而服务于当前，又瞻瞩于未来。

第五节　茶文化的传播及社会影响

茶叶的外传最初是作为茶叶商品经丝绸之路向西亚传播的。一是通过来华的僧侣和使臣，将茶叶带往周边的国家和地区；二是通过派出的使节以馈赠礼品的形式与各国上层交换；三是通过贸易交流，将茶叶作为商品向各国输出。在与各国交往的漫长历史中，中国种茶制茶技术与饮茶文化不断向外传布。到目前为止，世界茶叶产区的最北界限已到北纬 49 度，最南达南纬 22 度，垂直分布从低于海平面地区到海拔 2300 米地区。全世界产茶的国家和地区已达 50 多个，形成了东亚、东南亚、西亚、欧洲、东非、南美六大茶区。随着种茶区的扩大，饮茶人数的增加，茶文化也日益发展，已经成为一些国家和地区社会风俗和民族文化的一部分。

一、茶叶向国外传播的简况

唐代国事兴盛，茶的栽培、制造、品饮等各方面的深入发展使唐代成为茶业史上的重要时期。唐王朝的外交开放，派出使节出使西域、文成公主下嫁吐蕃，使得长安遍布各国遣唐使及商人的舍馆，成为当时世界的国际文化、贸易、经济中心。这一时期也是中国茶对外传播的重要时期。

中国的茶（图 9-7），最早传到朝鲜和日本。通常认为日本输入茶叶的时间当从高僧最澄来华时算起，实际上茶传入日本的时间更早。隋文帝开皇年间（581—601 年），即日本圣德太子时代将茶传入日本。日本文献记载，公元 729 年即日本圣武天皇天平元年 4 月 8 日在宫廷举行了大型饮茶活动，召百名僧侣入宫讲经，并赐茶给百僧。公元 804 年 9 月日本最澄到浙江天台山国清寺学习佛教，公元 805 年 5 月回国时带回茶籽，种在京都比睿山东麓日吉神社边。同一时期，到中国学佛的僧人还有空海与永忠，都将中国饮茶的生活习惯带回日本。荣西到宋朝学禅，同时学习了有关茶树、茶具、点茶方法和知

图 9-7　中国茶——安溪铁观音

识，回国后把茶籽赠送给京都的洛西栂尾的明慧上人。很快，在栂尾种出了优质茶，茶的栽培由此推广到日本各地。荣西还著述《吃茶养生记》，对茶的保健作用和修身养性功能进行详尽叙述，由此，荣西被认为是日本茶道的真正奠基人。

茶传入韩国的时间比日本早，据可靠记载，公元632—646年新罗统一三国后，不仅传入饮茶习俗，也学会茶艺，讲究水质。朝鲜在公元828年（唐文宗太和二年），遣唐使金大廉从中国带回茶籽，种在智异山下的华岩寺周围，随着禅宗的发展，种茶在朝鲜半岛曾推广到51个地域。当时朝鲜的教育制度规定，除"诗、文、书、武"必修之外，还必须学习"茶艺"。韩国同日本一样，全面引入中国植茶、制茶和饮茶技艺及茶道精神。但与日本不同的是，日本注重完整的茶道仪式，日本茶道是在吸收中国唐朝茶艺、宋代茶道思想和中国民间打茶会形式的基础上，又结合本民族特点创造而成的。而韩国更注重茶礼，把茶礼贯穿于社会各个阶层。韩国重点吸收了中国茶文化中的茶礼、茶规，形成了带有民族特色的茶文化。韩国茶礼是高度仪式化的茶文化，它以茶礼仪式为中心，以茶艺为辅助形式，通过茶事活动来怡情修性，最终达到精神升华的完美境界。

公元850年左右，阿拉伯人将中国茶带往西域各国，16世纪由威尼斯传入欧洲。17世纪，茶的种植传播很快，1780年英国东印度公司商人从中国输入茶籽到印度试种，因种植不当而未成功。1834年又派专人来学习，并购买茶籽、茶苗，招募制茶技工，制茶得以在印度发展。斯里兰卡1824年首次由荷兰人从中国输入茶籽，1839年又从印度阿萨姆引种种植，1841年再次从中国引入茶苗，聘制茶技工，1867年开始商品生产。印度尼西亚直到1872年由斯里兰卡引入阿萨姆种及中国种茶树才试制成功。

北美洲茶叶最初由英国东印度公司输入，红茶、乌龙茶、绿茶等都大量输入美国。南美洲种茶始于1812年，中国茶与制茶技术同时传入巴西。

非洲的肯尼亚1903年从印度引种茶树，并成为当今世界主产茶国之一。

澳大利亚最早在1940年从中国引种茶树，试种在塔斯马尼亚等地。

越南、老挝、缅甸等东南亚国家与中国毗邻，很早就向中国西南地区的少数民族学习茶事，越南在1825年开始大规模经营茶场，缅甸在1919年创办了专门从事红茶生产的茶场。

俄罗斯是在1567年，两名哥萨克人伊万·彼得洛夫和布纳什·亚里舍夫将中国茶叶传到俄国。1618年，中国驻俄国大使赠送沙皇中国名茶。1735年，俄国商队贩运中国茶到国内。当时的茶叶十分昂贵，只有贵族才能享用。1847年，俄国在黑海沿岸的萨克姆植物园试种茶树成功。

在欧洲，将中国茶文化用自己的思想来表达的首推英国。400多年前的一位叫托马斯·加尔威的英国茶商就写过《茶叶和种植、质量与品德》一书，介绍中国的茶叶和茶文化。更为奇妙的是，茶在英语里最初就称为"cha"，直到19世纪下半期，英国上层社会受法国人的影响，才按中国福建方言发音为"tea"。如今cha的称法在英语对话中也是常见的。

中国茶和茶文化在欧洲的传播是通过商业贸易进行的。中国茶叶进入英国，最初是从葡萄牙、荷兰等转口的，当年东印度公司船只去广州运茶叶回英国，后来又在福建厦门设立了采购茶叶的商务机构，直接进口武夷茶。到18世纪末，伦敦有茶馆2000个，还有许多"茶园"，提供政客名流议论国事、青年人跳舞、文人雅士抒发情怀之处。之后，茶被视为时尚饮料，从宫廷传到民间后形成了喝早茶、午后茶的习惯，现在英国是国外消费茶最多的国家。

在清顺治七年（1650 年）的时候，中国茶就已经成批地销往欧洲。1685 年为 9.08 吨，到雍正十二年（1734 年）时，增加到 402 吨，到光绪十二年（1886 年），达到 133930 吨，可见中国茶在欧洲很受欢迎。

美国是在 1776 年独立运动前后开始大量饮用中国茶。在乾隆四十年（1784 年）美国派船——"中国皇后号"，从纽约抵达广州，运来西洋参，运回茶叶及其他物产。如今，美国人饮茶中加入柠檬、糖及冰块的习俗，称为"冰茶"。

二、茶文化传播的社会影响

茶叶商品的流通和消费，自然地就带有商品文化的色彩。可以说，一种消费方式就带有一种文化方式。从茶叶向世界各国的传播来看，如前所述，从语言学方面而言，世界各国对茶的称呼大都采用了中国原来的发音。茶叶通过陆路和海路两大途径向外传播，形成了外国语中两大类不同的读音模式：与中国陆地接壤或邻近的国家与地区，大都直接音译中国"茶"的语音，使用中国北方话"茶"的发音；从海路传播茶的国家（日本除外）都将茶读作清塞音声母"t"，即来源于闽南话的"茶"的发音"te"。从行为文化的角度来看，世界各国的茶式茶艺虽千姿百态，但其核心内涵总会保留着某一时代的中国痕迹，如日本茶道动作大多沿袭于中国宋人的模式。从功利的角度看，引入茶叶商品文化的国家侧重点不同，或关注其药用价值，或欣赏其天然成分。由于东西方文化的差异，西方国家在接受中国茶产品时首先关注茶的商品价值，随后才考虑其文化背景，如茶最早传入欧洲时就被视为药物。世界各国在接受中国茶产品的同时，也接受了与茶相关的附属产品，这其中包括茶包装、茶用具、茶设施等物品，并通过这些物品来体验中国茶文化的综合魅力。茶文化融入了各国的食品文化之中，既丰富了当地的食品文化内涵，也促使茶文化的表现更加活泼生动。

从茶叶商品文化在国内的传播来看，茶文化通过各种表现形式给社会带来各种有益的影响。

茶馆是中国社会各阶层交流思想、传播友谊、解决民间争议的场所。茶馆在古代被称为茶坊、茶肆、茶轩、茶斋、茶阁、茶寮、茶店、茶社、茶园、茶铺、茶室、茶楼等。从历史上看，茶馆的出现可上溯到饮茶习俗开始普及的唐宋时代，兴盛于明清时代。作为一种群众性活动的场所，茶馆是随着城市经济和市民文化的发展而自然兴盛起来的。20 世纪初流行于江浙一带的"吃讲茶"习俗（甲乙双方发生了民事纠纷，邀请乡里邻居多人在茶馆里听取两人对事件的阐述和辩论，理亏的一方，将在众人的舆论威慑之下承认缺失，大家的茶钱也自然由理亏之人全付），就生动体现了茶馆在解决民间争议中所发挥的"和"的作用。茶馆所发挥的重要的信息沟通的作用，随着时代的变迁而表现得更加丰富。现代茶馆里经营内容和经营模式更加多元化，在茶馆里可以品茶、看戏、听歌、上网、吃美食、学艺术、看文艺表演、听各类文教艺术经济讲座、商务会谈等，在这里传统的、现代的、中国的、外国的，各类多元文化的交融，几乎都能够得以体验。

茶庄也是弘扬茶叶商品的重要场所。遍布在中国各地的装修风格各异的售卖茶叶的茶庄，既提供了丰富茶叶，又传播了茶文化。

茶园经济对解决"三农问题"提供了一个良好的思路。我国茶园种植面积不断扩大，茶叶商品的价格也逐年递增，企业集团化运营，茶叶品牌的不断塑造，促使茶叶质量和茶叶品牌价值不断提升。农民增收和加快农村经济发展，茶叶生产功不可没。

茶文化的传播和发展，对社会风气的净化产生了有益的影响。当今的现实生活，随着市场经济的发展，处于转型期的中国，社会思潮多元化，而在以追逐物质财富为主流导向的影响下，人们生活节奏快捷，竞争压力增大，人心浮躁，心理易于失衡，人际关系趋于紧张。茶文化是一种温和、雅静、健康的文化，它能使人们通过参与茶文化活动来放松身心，净化心灵、丰富心灵。以"和"为核心的茶道，提倡和诚处世，以礼待人，自信自尊，爱人爱己，惜福惜缘，与我国政府所倡导的构建和谐社会、全面建设小康社会的方向是一致的。

和平与发展是21世纪的两大主题。世界多极化、经济一体化和文化多元化，是全球性的三大趋势。21世纪是茶饮料世纪已成为共识，全世界将有更多的人消费茶叶，欣赏茶文化。茶文化中人与自然和谐共处的思想，以人为本，以和为贵，以茶联谊，以茶休闲的道德修养和群体功能，都有益于现代社会的内涵。

中国茶的对外传播和友好交流，是中国儒家"修身齐家平天下"思想的一个体现。通过食品文化，与世界人民友好往来，以茶作为联结友谊的桥梁，天下茶人无不感慨道，中国的茶，传播的不仅是友谊，更是和平。

🔍 思考题

谈谈未来如何传播好我国的食品文化？

参考文献

［1］伊迪丝·汉密尔顿．希腊方式——通向西方文明的源流［M］．徐齐平译．杭州：浙江人民出版社，1988.

［2］荷马．奥德赛（古希腊）［M］．陈中梅译．南京：译林出版社，2003.

［3］爱伦·戴维森．牛津食物指南［M］．英国：牛津大学出版社，1994.

［4］易丹．触摸欧洲［M］．成都：四川人民出版社，2000.

［5］Carlos Rangel. The Latin Americans：their Love-Hate Relationship with the United States［M］. New York and London：Harcourt Brace Jovanovich，1977.

［6］George Foster. Culture and Conquest：America's Spanish Heritage［M］.Chicago：Quadrangle Books，1966.

［7］塞利格曼．非洲的种族［M］．费孝通译．北京：商务印书馆，1982.

［8］阿杜·博亨．非洲通史：殖民统治的社会影响：新的社会结构（第七卷）［M］．北京：中国对外翻译出版公司，1991.

［9］王书光．我国饮食文化的地域差异［J］．中学地理教学参考，2002（9）：12-13.

［10］庄晓东．文化传播历史、理论与现实［M］．北京：人民出版社，2003.

［11］安鲁等．秦至南北朝时期南北饮食文化的交流［D］．合肥：安徽农业大学学报（社会科学版），2004（2）：109-112.

［12］侯波．明清时期中国与东南亚地区的饮食文化交流［D］．广州：暨南大学学报，2006.

［13］王学泰．华夏饮食文化［M］．北京：中华书局，1993.

［14］徐兴海．食品文化概论［M］．南京：东南大学出版社，2008.

［15］赵荣光．中国饮食文化概论［M］．北京：中国高等教育出版社，2003.

［16］姚伟钧．汉唐时期胡汉民族饮食文化交流［N］．光明日报，2004-11-2.

［17］李里特．中华食品的机遇和挑战［J］．农产品加工，2003（2）：9-11.

［18］杨永生．中国文化产业作用研究［D］．北京：首都师范大学学报，2007.

［19］李里特．弘扬中华食品文化［J］．中国食物与营养，2005（9）：47.

［20］李里特．中华传统食品的科学与价值［J］．食品科技，2004（1）：8-11.

［21］江文章．神奇的药膳食品——薏苡．中华食苑（第二集）［M］．北京：中国社会科学出版社，1996.

［22］徐少华．中国酒与传统文化［M］．北京：中国轻工业出版社，1991.

［23］王献忠.中国民俗文化与现代文明［M］.北京：中国书店，1991.

［24］王赛时.国际茶文化交流的历史成就与现代审视［J］.食文化研究，2006（2）：4-14.

［25］徐永成.21世纪茶文化将成为世界文化［J］.茶叶，2000（3）：161-163.